EXAM PRESS®
Linux試験学習書

図解で
パッとわかる

LPIC LinuC

エンキャリア株式会社
橋本明子
松田貴之
小井塚早央里

本書内容に関するお問い合わせについて

このたびは翔泳社の書籍をお買い上げいただき、誠にありがとうございます。弊社では、読者の皆様からのお問い合わせに適切に対応させていただくため、以下のガイドラインへのご協力をお願い致しております。下記項目をお読みいただき、手順に従ってお問い合わせください。

●ご質問される前に

弊社Webサイトの「正誤表」をご参照ください。これまでに判明した正誤や追加情報を掲載しています。

正誤表　https://www.shoeisha.co.jp/book/errata/

●ご質問方法

弊社Webサイトの「書籍に関するお問い合わせ」をご利用ください。

書籍に関するお問い合わせ　https://www.shoeisha.co.jp/book/qa/

インターネットをご利用でない場合は、FAXまたは郵便にて、下記“翔泳社 愛読者サービスセンター”までお問い合わせください。
電話でのご質問は、お受けしておりません。

●回答について

回答は、ご質問いただいた手段によってご返事申し上げます。ご質問の内容によっては、回答に数日ないしはそれ以上の期間を要する場合があります。

●ご質問に際してのご注意

本書の対象を越えるもの、記述個所を特定されないもの、また読者固有の環境に起因するご質問等にはお答えできませんので、予めご了承ください。

●郵便物送付先およびFAX番号

送付先住所　〒160-0006　東京都新宿区舟町５
FAX番号　03-5362-3818
宛先　（株）翔泳社 愛読者サービスセンター

※ 著者および出版社は、本書の使用による LPIC および LinuC 試験の合格を保証するものではありません。
※ 本書に記載された URL 等は予告なく変更される場合があります。
※ 本書の出版にあたっては正確な記述に努めましたが、著者および出版社のいずれも、本書の内容に対してなんらかの保証をするものではなく、内容やサンプルに基づくいかなる運用結果に関してもいっさいの責任を負いません。
※ 本書に記載されている会社名、製品名はそれぞれ各社の商標および登録商標です。

はじめに

本書をお手に取っていただきありがとうございます。

パソコンやスマートフォン上で使用できる様々なサービスが世の中にある昨今、サービスの基盤となっているサーバに、また、サーバのOSとして広く利用されるLinuxへも興味を持たれる方も多いことでしょう。

Linuxの学習を始めるにあたり、資格の勉強は最適ですが、少しハードルが高いな、と感じる方もいるかもしれません。

本書はそんなLinuxの学習を始めようとされている方に向けて執筆させていただきました。

IT系の勉強というと、とにかくカタカナや英語の略字が出てきて、慣れていないと覚えるのが大変だったり、前にも見たことあるけど何のことだったかな？と疑問に思うことが出てくることでしょう。

そんなときに本書を辞書的に使ってもらえればと思います。各技術にアクセスしやすいよう、1ページごとに主要な技術の図解と説明を掲載しています。

また、この本だけでも学習ができるよう、Linuxとは何か、また、Linuxの前提となるコンピュータの基礎、前提知識なども含め、順番に紹介していきます。見えない、触れないソフトウェアの概念をなるべく図解し、イメージしやすいように作りました。図解での説明が難しいコマンドの挙動は、実行例を記載することでコマンドの実行前後でどのようになるかを解説しています。

実際にコマンドが実行できるように、付録としてLinuxの実行環境の構築についても取り上げていますので、ぜひ、付録の実行環境を構築し、Linuxに触れながら本書を読み進めていただければと思います。

本書をきっかけに、Linuxをはじめ、ITインフラへの知識や興味を深めていただければ幸いです。

2023年2月　　著者

CONTENTS

第3章 Linuxの基本

第4章 Linuxを管理する

本書の使い方

本書は、LPICやLinuCの受験対策を進める前の下準備として、Linuxの基礎を学習するための書籍です。

LPICとLinuC

Linux関連の主な試験には、**03**でも説明している通り、LPICとLinuCの2種類あり、本書はどちらの試験の基礎学習にもピッタリです。なお、Linux Essentials試験にも対応しています。詳しくは各試験の公式ページをご確認ください。

LPIC	https://www.lpi.org/ja

LinuC	https://linuc.org/

本書の使い方

本書は1ページごとに1項目ずつ学びます。

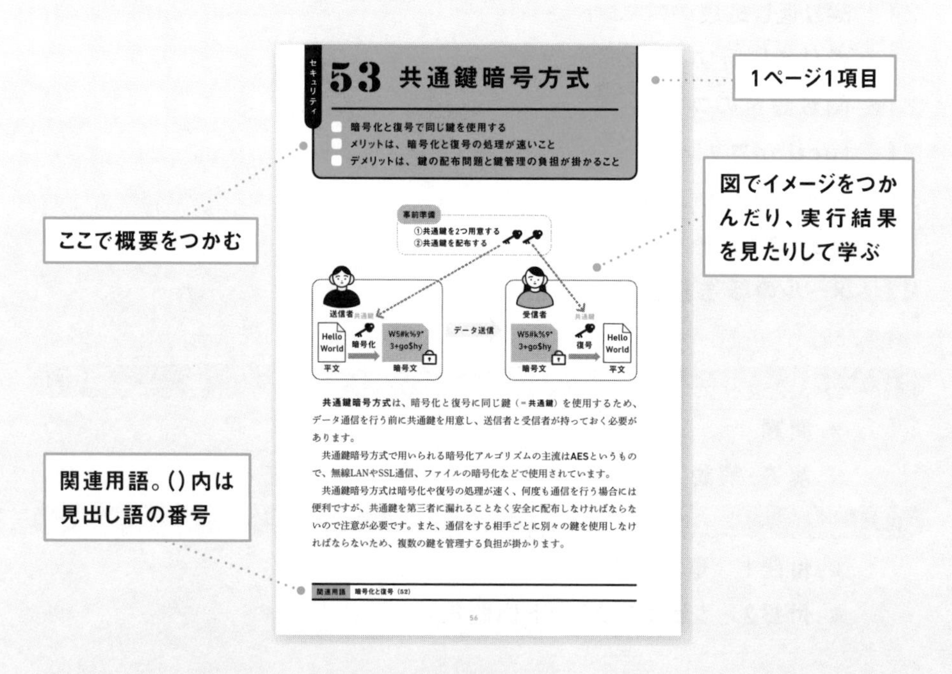

セキュリティ
53 共通鍵暗号方式
暗号化と復号で同じ鍵を使用する
メリットは、暗号化と復号の処理が速いこと
デメリットは、鍵の配布問題と鍵管理の負担が掛かること
事前準備
①共通鍵を2つ用意する
②共通鍵を配布する
送信者
共通鍵
Hello World
暗号化
W5#k%9*3+go$hy
平文
暗号文
データ送信
受信者
復号
共通鍵暗号方式は、暗号化と復号に同じ鍵（＝共通鍵）を使用するため、データ通信を行う前に共通鍵を用意し、送信者と受信者が持っておく必要があります。
共通鍵暗号方式で用いられる暗号化アルゴリズムの主流はAESというもので、無線LANやSSL通信、ファイルの暗号化などで使用されています。
共通鍵暗号方式は暗号化や復号の処理が速く、何度も通信を行う場合には便利ですが、共通鍵を第三者に漏れることなく安全に配布しなければならないので注意が必要です。また、通信をする相手ごとに別々の鍵を使用しなければならないため、複数の鍵を管理する負担が掛かります。
関連用語 暗号化と復号（52）
56
1ページ1項目
ここで概要をつかむ
図でイメージをつかんだり、実行結果を見たりして学ぶ
関連用語。()内は見出し語の番号

用語解説の他、多くの問題を用意しています。学んだことを確実に定着させることができます。

第 1 章

Linuxとは

この章では、そもそもLinuxとは何かといった点を中心に学習します。

その他に、Linuxに関連のある用語をまとめています。Linuxの成り立ちに関わりのあるUNIXやLinuxの種類、資格などとともに、出てきた用語についても学習しましょう。

01 Linux（リナックス）

- UNIX互換のOS
- OSSのひとつ
- 厳密にはカーネルにつけられた名称

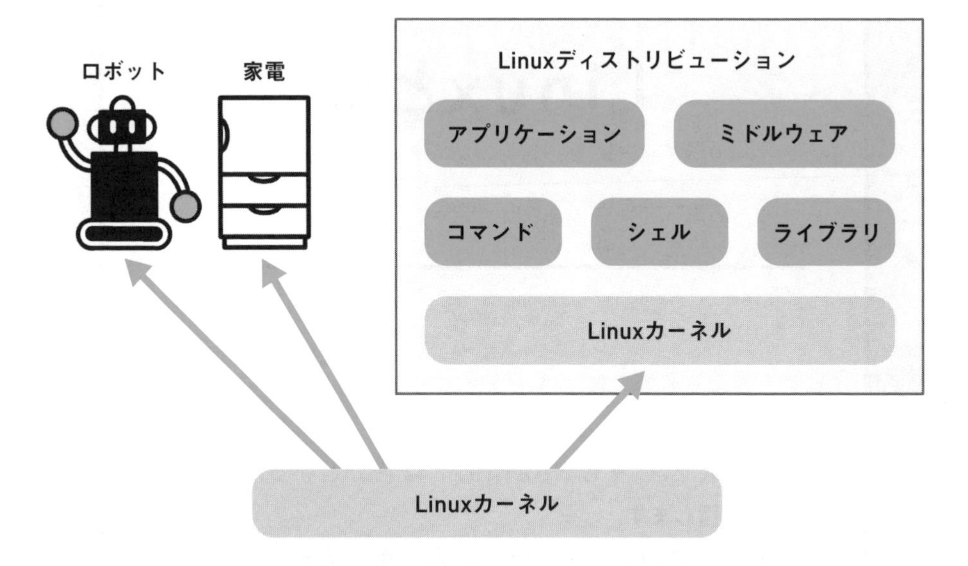

Linuxは**UNIX**互換のOSです。リーナス・トーバルズ（Linus Torvalds）氏によって開発され、1991年に公開されました。公開後もコミュニティのメンバーにより開発が続けられています。また、OSSのひとつであるため、メンバーでなくても自由に改変ができ、サーバ用のOSや、ロボット、家電などに組み込まれるOSなど、さまざまな用途に派生しています。

Linuxという言葉は厳密には**Linuxカーネル**のことを指しますが、広義の意味としてLinuxカーネルを含み利用しやすい形にまとめたソフトウェア群である**Linuxディストリビューション**を指すことがあります。

関連用語　UNIX（02）　OS（17）　OSS（23）　クライアントサーバシステム（06）　Linuxカーネル（168）

02 UNIX（ユニックス）

- 現存する最も古いOS
- マルチタスク・マルチユーザを実現したOSの1つ
- CUIで操作を行うことが多く、軽量

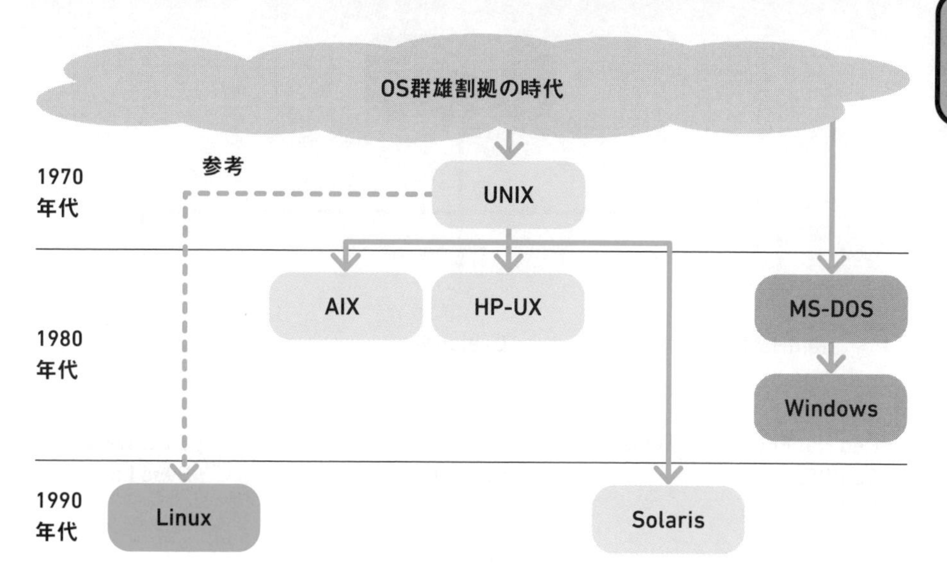

UNIXは現存する最も古いOSです。1970年ごろに**AT&Tベル研究所**で開発されました。**マルチタスク・マルチユーザ**を実現したOSであり、**CUI**で操作を行うことが多く、軽量で素早く動作します。ソースコードがほぼ無償で提供されていた経緯があり、多くの派生OSが登場しました。現在では、一定の基準を満たし認証されたものをUNIX、それ以外をUnixと表記します。

UNIXの中で代表的なOSはIBM社のAIX、HPE社のHP-UX、Oracle（オラクル）社のOracle Solaris（ソラリス）などが挙げられます。

Linuxではもともと UNIXの仕組みである**SystemV**（システムブイ）を参考にしていたことから、Linuxを学習する際は、SystemVという文字を見かけることもあるでしょう。

関連用語　Linux（01）　CUIとGUI（05）

03 Linuxの系統

- Linuxはディストリビューションの形で配布されている
- Linuxディストリビューションは大きく3つに分けられる
- 系統はRedHat系、Debian系、Slackware系

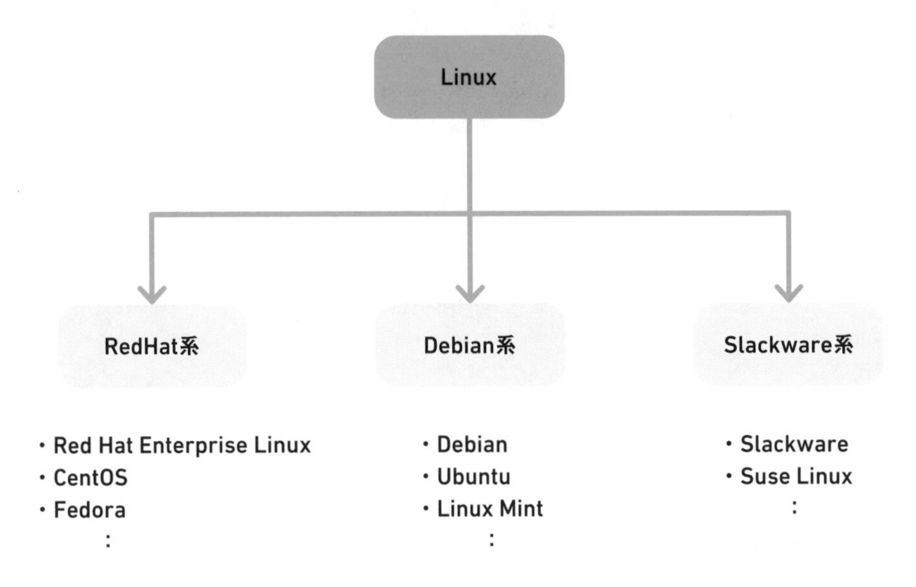

ここで取り上げるLinuxはLinuxの配布形態である**Linuxディストリビューション**を指します。Linuxディストリビューションには多くの種類がありますが、**RedHat系**（レッドハット）、**Debian系**（デビアン）、**Slackware系**（スラックウェア）の3つの系統に分けることができます。

主にアプリケーションの管理方法に違いがあり、RedHat系はrpm、Debian系はdebという仕組みを用いているため管理が容易です。Slackware系はユーザに管理がゆだねられているため、Linuxについての知識がある程度ついてからチャレンジするとより深くLinuxを知ることができるでしょう。

本書ではRedHat系とDebian系のアプリケーションの管理方法に触れます。

関連用語　ソフトウェアの全体像（16）　パッケージとは（136）　パッケージ管理コマンド（140）

04 Linuxの資格

- Linuxの知識・スキルを証明する主な資格はLPICとLinuCがある
- LPICは世界基準の範囲
- LinuCは実務を基準にした範囲

Linux Professional Institute

LPIC

- 世界基準
- 9か国語で配信
- 2000年から配信

LinuC

LinuC

- 実務を基準
- 日本語および英語で配信
- 2018年から配信

日本においてベンダーに依存しないLinuxの資格はLPIが提供するLPICとLPI-Japanが提供するLinuCがあります。どちらもレベル１からレベル３まであり、それぞれの資格の特徴は次の通りです。

LPIC（エルピック）は試験範囲が世界基準で決められており、グローバルな資格です。全世界の180以上の国で配信されていますので、海外でも広く通じる資格といえます。

LinuC（リナック）はエンジニアの実務に焦点をあてた資格です。配信先はLPICに比べ少ないものの、Linuxのほかに周辺の技術である仮想化／クラウド、セキュリティやOSSなどの知見を深められる資格といえます。

いずれも目的に合わせ選択するとよいでしょう。

関連用語	Linux（01）

05 CUI（シーユーアイ）とGUI（ジーユーアイ）

- UIは、ユーザとコンピュータの接点のこと
- CUIは、キーボードで操作すること
- GUIは、マウスや指で直感的に操作すること

```
CentOS Linux 7 (Core)
Kernel 3.10.0-229.el7.x86_64 on an x86_64

localhost login: study
Password:
Last login: Wed Dec  9 04:09:57 on tty1
[study@localhost ~]$
[study@localhost ~]$ df -h
Filesystem               Size  Used Avail Use% Mounted on
/dev/mapper/centos-root   42G  3.7G   38G   9% /
devtmpfs                 911M     0  911M   0% /dev
tmpfs                    921M   84K  921M   1% /dev/shm
tmpfs                    921M  8.7M  912M   1% /run
tmpfs                    921M     0  921M   0% /sys/fs/cgr
/dev/mapper/centos-home   21G   65M   21G   1% /home
/dev/sda1                497M  124M  374M  25% /boot
[study@localhost ~]$
```

CUI

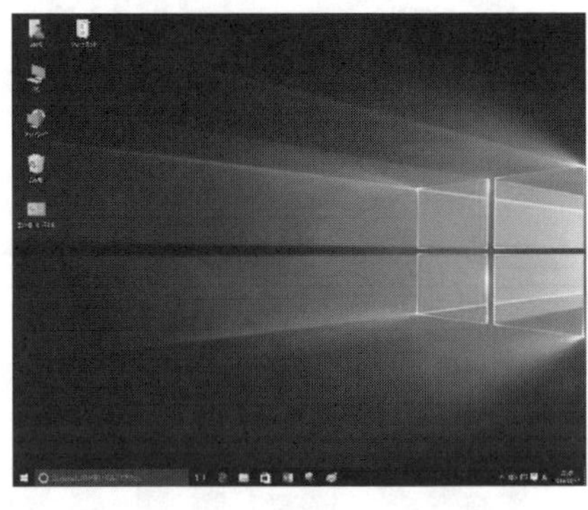

GUI

CUIとGUIはUIの一種です。**UI**はUser Interfaceの略で、ユーザとコンピュータの接点を意味します。主にコンピュータの操作性や操作方法を表す用語です。

CUIはCharacter User Interfaceの略です。Characterという英語には様々な意味がありますが、ここでは「文字」という意味で使われます。キーボードを用いて文字のみで操作することをCUIといいます。

GUIはGraphical User Interfaceの略です。Graphicalという英語は「図の」という意味があり、マウスや指を用いて直感的に操作を行うことをGUIといいます。

LinuxではCUIが多いですがGUIもサポートしています。

関連用語	Linux（01）

06 クライアントサーバシステム

- クライアントはサービスの利用者のこと
- サーバはサービスの提供者のこと
- 組み合わせた仕組みがクライアントサーバシステム

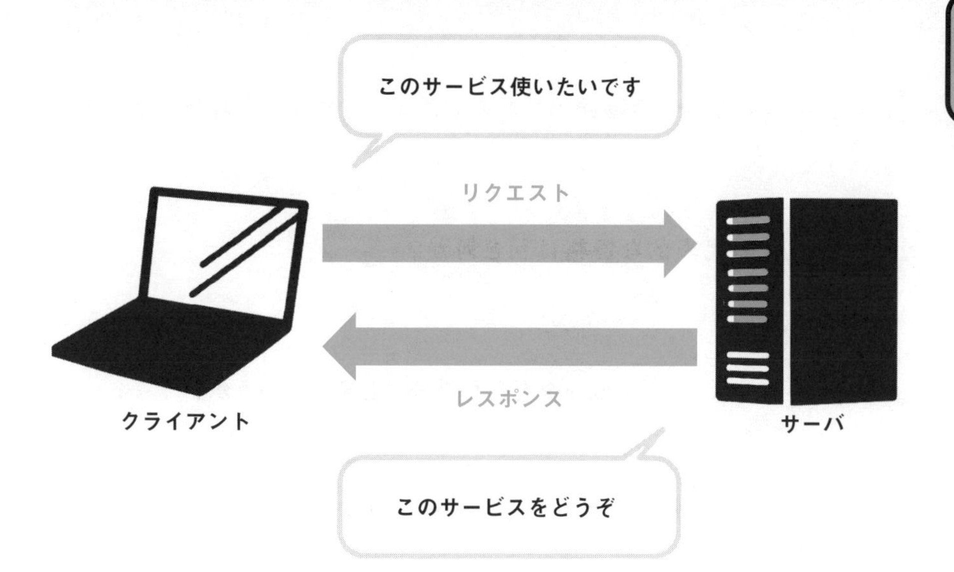

サービスは利用する側と提供する側に分かれます。利用側のコンピュータやプログラムを**クライアント**、提供側のコンピュータやプログラムを**サーバ**と呼びます。

クライアントがサーバに対し**要求（リクエスト）**を出し、そのリクエストに対してサーバが**応答（レスポンス）**をします。この一連のやり取り全体を**クライアントサーバシステム**、短くして**クラサバ**などと呼びます。

例えば、インターネットで情報を検索するときはEdgeやChromeなどのブラウザがクライアント、検索サービスを提供するGoogleやYahooなどがサーバです。

関連用語　Linux（01）　ネットワーク（29）

章末問題

1 リーナス・トーバルズ氏によって開発された、UNIX互換のOSを何というか?

2 現存する中で最も古く、マルチタスク・マルチユーザを実現したOSを何というか?

3 Linuxの系統は3種類ありますが、それぞれ何系と呼ばれるか?

4 Linuxの代表的な資格は何と何か?

5 文字ベースでコンピュータを操作することを何というか?

6 サービスを提供するコンピュータやプログラムのことを何というか?

解答

1 Linux

2 UNIX

3 RedHat系、Debian系、Slackware系

4 LPIC、LinuC

5 CUI

6 サーバ

第 2 章

コンピュータの基本

この章ではLinuxが動作するコンピュータに焦点を当て、主にコンピュータとはそもそも何かについて学習します。

まず、コンピュータを構成する機器、つまり、ハードウェアのことや、OSのほかにどのようなソフトウェアがあるのかについて解説します。

また、現在ではネットワークにつながらないコンピュータはほとんどないため、ネットワークの基本の用語や、ネットワークにつながるからこそ、より気を付けなくてはいけないセキュリティについてなど、コンピュータ全般の基本的な用語についても学んでいきます。

07 コンピュータの五大装置

- コンピュータは5つの装置で構成される
- 種類は入力、記憶、制御、演算、出力
- それぞれ連携しあい、コンピュータを構成している

①入力装置
②記憶装置
├主記憶装置
└補助記憶装置
③制御装置
④演算装置
⑤出力装置

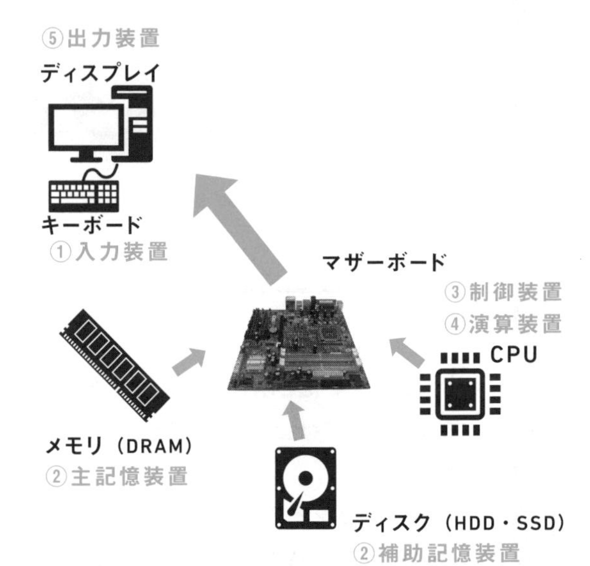

コンピュータは主に5つの装置から成り立っていると言われます。それは、入力装置、記憶装置、制御装置、演算装置、出力装置です。これらはコンピュータの基盤である**マザーボード**に接続されています。これらの装置は相互に電気信号をやり取りしあい、連携し、コンピュータとして動作をしています。

入力装置はデータや指示をコンピュータに伝える役割で、**制御装置**は他の装置に指示を出し、制御します。**演算装置**はプログラムを実行する役割があり、**記憶装置**は名前の通りデータを保存する役割です。**出力装置**はコンピュータからのデータを出力・表示する役割をもっています。

関連用語　マザーボード（08）　CPU（09）　メモリ（10）　ディスク（11）

ハードウェア

08 マザーボード

- コンピュータの各装置を接続するための基盤
- 接続したい装置と同じ規格を使用する必要がある
- 接続された機器はBIOSによって制御される

マザーボードとはコンピュータなどの電子装置を構成するために必要な電子回路の基盤のことです。

コンピュータのマザーボードには一般的に**07**で紹介した五大装置などが接続されます。接続するための決まりごとを**規格**といい、マザーボード側と装置側は同じ規格を揃えないと動作しません。コンピュータを自作する際などは規格や型番など、互換性があるかに注意が必要です。

マザーボードの設定や制御はマザーボード上の**BIOS**（バイオス）と呼ばれるファームウェアによって行われます。**ファームウェア**とは、ハードウェアの制御を行うソフトウェアのことです。

関連用語　コンピュータの五大装置（07）　ソフトウェアの全体像（16）

09 CPU（シーピーユー）

- CPUはコンピュータの頭脳に当たる部品
- 制御装置と演算装置を兼ねる
- 性能評価はクロック周波数とコア数

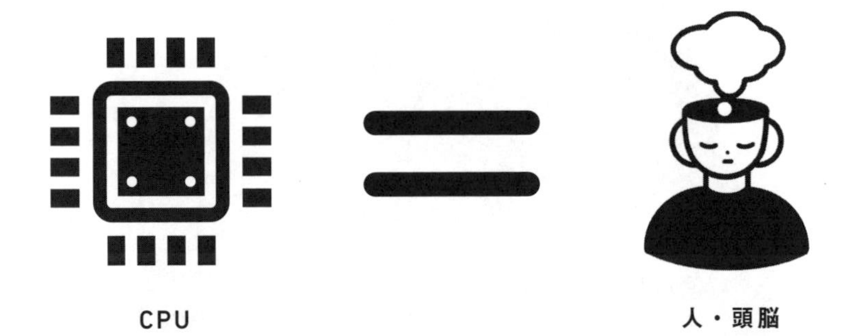

CPU（Central Processing Unit）は日本語では**中央演算処理装置**と呼ばれ、コンピュータの頭脳に当たる部品です。コンピュータの五大装置の中では**制御装置・演算装置**の役割を担います。

性能はクロック周波数とコア数で確認することができます。**クロック周波数**は1秒間にどのくらい処理ができるかという単位で、**コア数**は制御や演算を行うCPUの核部分の個数を言います。どちらも数値が大きい・数が多いほど性能が高いと言えます。

CPUを製造しているメーカーとしては、Intel（インテル）やAMDが有名です。

関連用語	コンピュータの五大装置（07）

10 メモリ

- メモリとはコンピュータの作業場所に当たる部品
- 動作が高速でCPUと直接読み書きを行える
- 電源を切ると内容は失われる

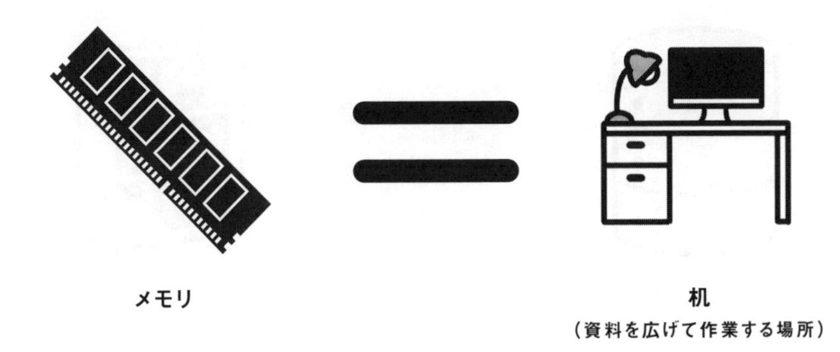

メモリとはデータを記憶する部品のことでコンピュータの作業場所に当たります。コンピュータの五大装置のなかでは**記憶装置**に該当し、さらに細かい分類で言うと、**主記憶装置**に分類されます。

メモリは大きく分けて、読み書き可能な**RAM**（ラム）（Random Access Memory）と読み取り専用の**ROM**（ロム）（Read Only Memory）に分類されますが、一般的にコンピュータの部品でのメモリはRAMのことを指しています。

RAMは動作が高速でCPUと直接読み書きが行えますが、電源が供給されていないと記録を保持できない仕組みになっています。

関連用語　コンピュータの五大装置（07）　CPU（09）

11 ディスク

- ディスクとはコンピュータのデータの保存場所
- メモリに比べ低速でCPUと直接読み書きはできない
- 電源を切っても内容は失われない

ディスク

棚
（資料を保管する場所）

ディスクとはデータを記憶する部品のことで、コンピュータのデータの保存場所に当たります。コンピュータの五大装置のなかでは**記憶装置**に該当し、さらに細かい分類で言うと、**補助記憶装置**に分類されます。

主に磁気でデータを保存する**HDD**（Hard Disk Drive）や、半導体にデータを保存する**SSD**（Solid State Drive）が有名です。

メモリに比べ速度は低速になるため、CPUと直接の読み書きはできませんが、電源を切っても内容が失われないため、展開前のプログラムデータや、作成したドキュメントなどデータを保存するために使われます。

関連用語　コンピュータの五大装置（07）　CPU（09）　メモリ（10）　ディスク管理の全体像（149）

ハードウェア

12 コンピュータの基本原理

- CPU・メモリ・ディスクの連携原理
- ディスクからメモリにロードし、CPUが処理をする
- ノイマン型コンピュータが元となっている

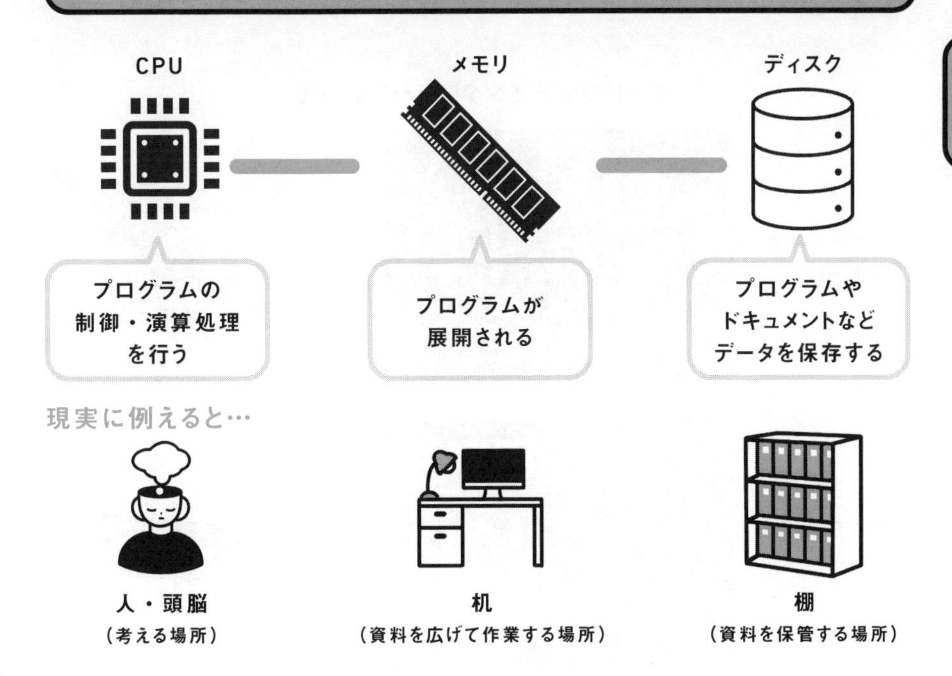

ここまで紹介してきたCPU・メモリ・ディスクが連携しあうことで基本的なコンピュータの動作を実現できます。

具体的には「ディスクに保存されている実行前のプログラムデータをメモリに呼び出し、CPUが実行する」「メモリ上で動作しているプログラム上で作成したデータをディスクに保存する」といった動作です。

このような原理で動作するコンピュータを**ノイマン型コンピュータ**と呼びます。1946年にアメリカの数学者ジョン・フォン・ノイマン氏が提唱したので、その名前が由来とされています。

関連用語　コンピュータの五大装置（07）　CPU（09）　メモリ（10）　ディスク（11）

13 インタフェース

- 何かと何かの接点
- ハードウェアインタフェース＝機械同士の接点
- ケーブルやポートの形状や規格を指す

ハードウェアインタフェースの一例

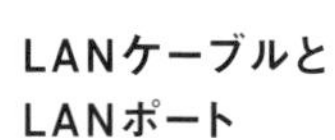

LANケーブルと
LANポート

USBメモリと
USBポート

インタフェースとは、日本語で「界面」という意味ですが、IT業界では主に何かと何かの接点になるもの全般を指します。ハードウェアのインタフェースというと、機械同士を接続するもの、物理的なもの同士の接点の部分を言います。例えば、LANケーブルとLANケーブルの差込口（ポート）や、USBメモリとUSBの差込口などです。

主にケーブルの形状や、差込口の形状、また、その規格を指して、インタフェースまたはハードウェアインタフェースと呼びます。

関連用語	インタフェースのup/down（179）

14 PCI（ピーシーアイ）

- 周辺機器を接続させるための規格
- 主にコンピュータの機能拡張のための機器を接続する
- 接続機器をPCIカード、接続端子をPCIスロットという

PCIはPeripheral Component Interconnectの略で、直訳すると周辺部品の相互接続となります。実際には**拡張カード**と呼ばれるコンピュータの機能を拡張させるためにマザーボードに差し込む機器の接続規格です。具体的にはグラフィックの表示を向上させるグラフィックカードや、LANケーブルを接続できるネットワークインタフェースカードなどがあります。なお、現在はPCIの後継の**PCI Express**が主流となっています。

PCIで通信する拡張カードを**PCIカード**、PCIカードを差し込むスロットを**PCIスロット**といいます。

関連用語	マザーボード（08）

ハードウェア

15 USB（ユーエスビー）

- コンピュータに周辺機器を接続するための規格
- 様々な装置を接続可能
- 電源を付けたまま接続・認識ができる

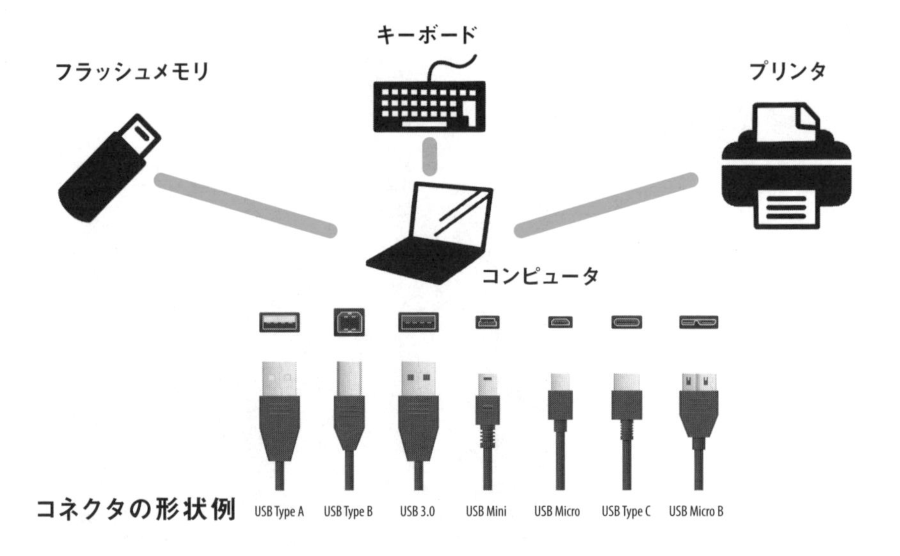

コネクタの形状例

USBとはUniversal Serial Busの略で、コンピュータに周辺機器を接続するための規格です。接続できる周辺機器は、主にマウスやキーボードなどの入力装置や、フラッシュメモリなどの記憶装置、プリンタなどの出力装置と様々です。

周辺機器の接続は電源を落として行うのが一般的ですが、USBは電源を入れたまま機器を抜き差しできる**ホットプラグ**の機能があります。また、周辺機器を接続したときに自動的に設定が開始される**プラグアンドプレイ**に対応しており、その利便性の高さから現在外部装置を接続する際の標準的な規格になっています。

関連用語	コンピュータの五大装置（07）

16 ソフトウェアの全体像

- コンピュータ上で動作するプログラム全般のこと
- ユーザが起動して操作するのがアプリケーション
- ユーザの操作を助ける役割を担うのがシステムソフトウェア

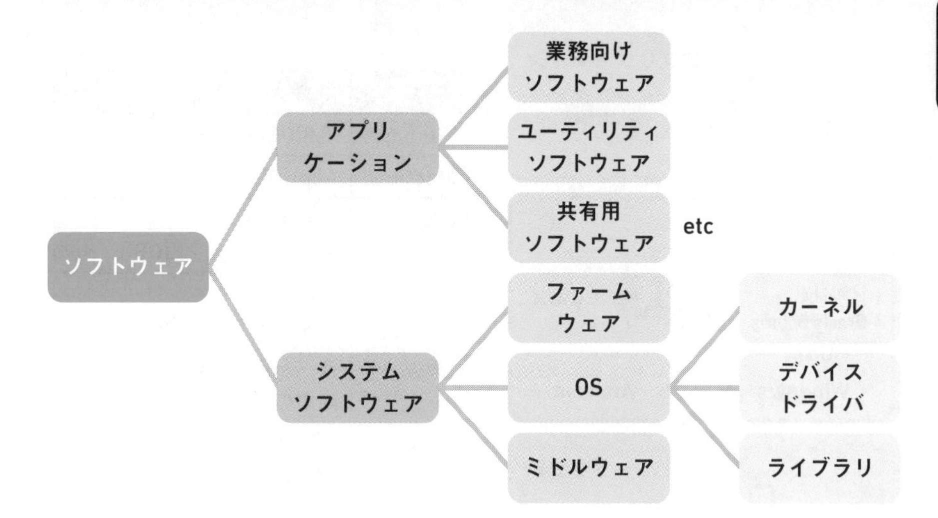

ソフトウェアとは主にコンピュータ上で動作するプログラムのことを指し、様々な種類に分類できます。

アイコンをクリックするなどのユーザ操作で起動し、利用するのが**アプリケーション**です。具体的には、業務向けのワープロソフトや、電卓などのユーティリティソフトウェア、ビデオ会議ツールのような共有用のソフトウェアなどがあります。

システム側で起動し、ユーザの操作を手助けするのが**システムソフトウェア**です。電源投入直後にハードウェアを制御する**ファームウェア**や、コンピュータを操作するための**OS**、サーバの機能を提供する**ミドルウェア**などがあります。

関連用語　OS（17）　プログラム（19）

17 OS（Operating System）

- コンピュータの操作をするためのソフトウェア
- カーネル、デバイスドライバ、ライブラリで構成される
- WindowsやLinuxなど様々な種類が存在する

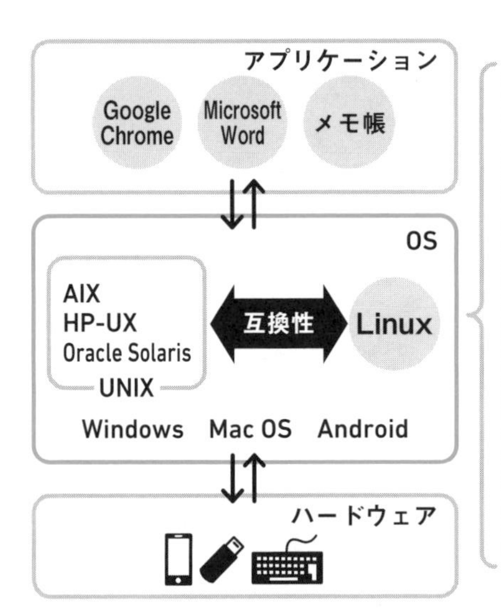

名称	用途
Windows	汎用PC用のOS
MacOS	Apple社製PC用のOS
iOS	Apple社製 スマートフォン用OS
Android	汎用の スマートフォン用OS
UNIX	サーバ用途で使われる 商用のOS
Linux	サーバ用途で使われる OSSのOS

OSはコンピュータの操作をするためのソフトウェアです。ハードウェアやソフトウェアを管理し、必要に応じてその間の橋渡しや調整役を担っています。例えば、データの保存のためファイルを管理したり、プログラムが動作するメモリを場所が重複しないよう管理したり、プロセスを効率よく実行できるように管理したりします。また、役割によって、**カーネル**、**デバイスドライバ**、**ライブラリ**といったプログラムに分けられています。

OSには**Windows**や**Linux**など様々な種類が存在しており、用途により使い分けられています。

関連用語　Linux（01）　ソフトウェアの全体像（16）　OSの構成要素（18）

18 OSの構成要素

- カーネルはOSの中核を担うプログラム
- デバイスドライバはデバイスを操作するプログラム
- ライブラリはプログラムの部品となるプログラム

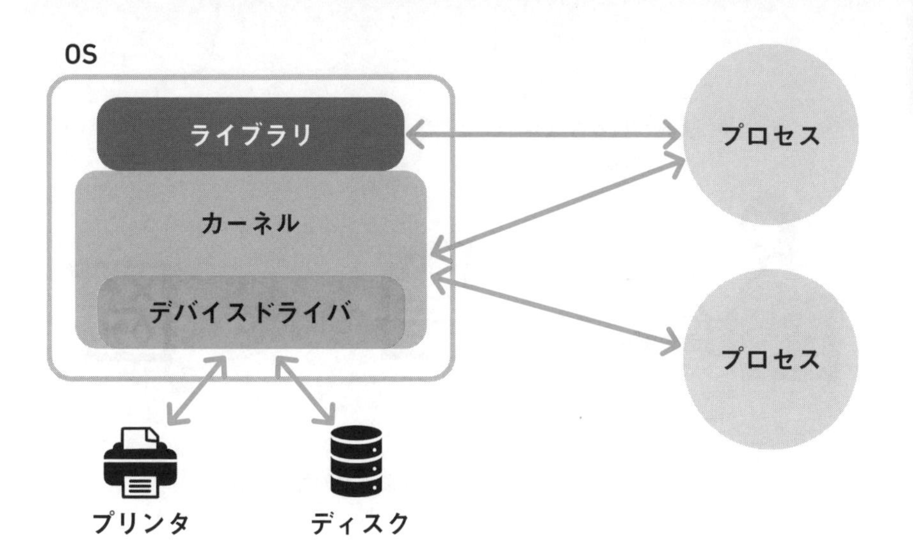

OSはカーネル、デバイスドライバ、ライブラリから構成されています。

カーネルはOSの中核を担うプログラムです。OSの役割であるメモリ管理、ファイル管理、プロセス管理、ネットワーク管理など、各種管理を行います。**プロセス**とは実行状態のプログラムのことです。

デバイスドライバはプリンタやディスクなどのデバイスを操作するためのプログラムです。

ライブラリはプログラムの部品となるプログラムです。プログラムの共通部分を抜き出してライブラリにしておくことで、本体のプログラムを簡素化することができます。

関連用語　OS（17）　プロセスとは（110）　デバイスファイル（143）　Linuxのカーネル（168）

ソフトウェア

19 プログラム

- コンピュータが実行する作業順序を記したファイル
- ソースコードをコンパイルすることで作成される
- プログラミングでソースコードを作成する

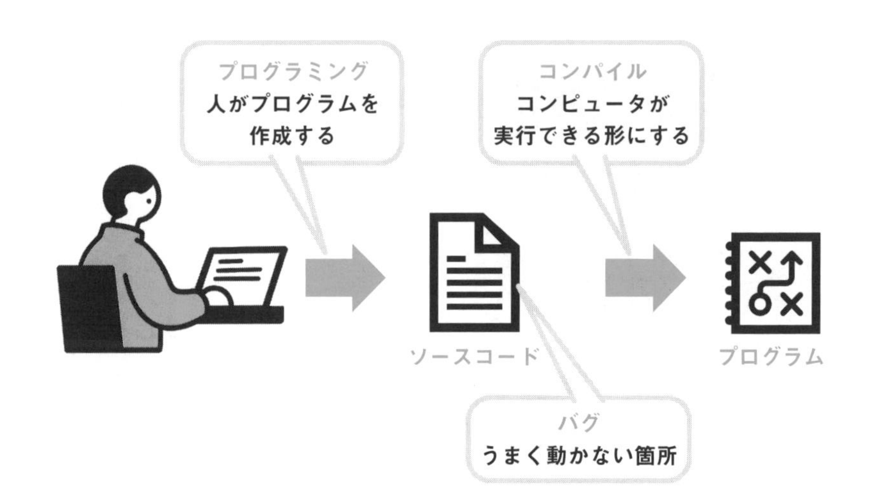

プログラミング
人がプログラムを作成する
コンパイル
コンピュータが実行できる形にする
ソースコード
プログラム
バグ
うまく動かない箇所

プログラムは、コンピュータが実行する作業順序を記したファイルのことです。

プログラムのもとになるファイルを**ソースコード**といい、ソースコードを作成する作業を**プログラミング**といいます。ソースコードは人間に読めるテキストファイルですが、実行するにあたり、コンピュータに読める形にする必要があります。このコンピュータが読める形に翻訳する作業を**コンパイル**といいます。

プログラムがうまく動かない箇所のことを**バグ**といい、バグを探して修正する作業を**デバッグ**といいます。

関連用語　コンパイラとインタープリタ（20）　プログラムのアルゴリズム（21）

20 コンパイラとインタープリタ

- プログラミングの言語処理には2種類ある
- インタープリタ型は1行ずつ翻訳して実行
- コンパイラ型はすべて翻訳して実行

インタープリタ型

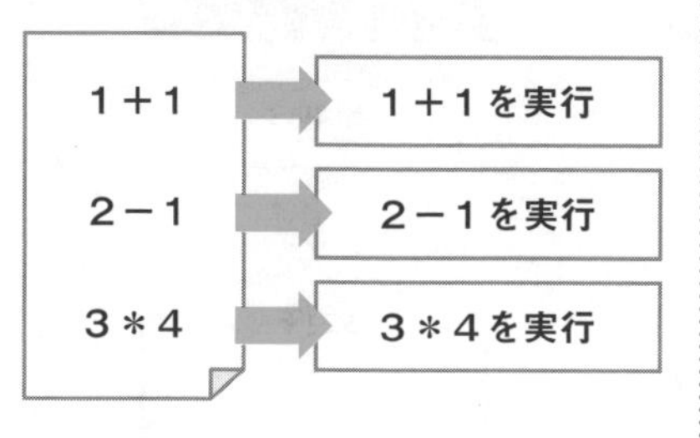

実行速度：△　デバッグ：○

<言語例>
シェルスクリプト、VBA、Python、Ruby、PHPなど

コンパイラ型

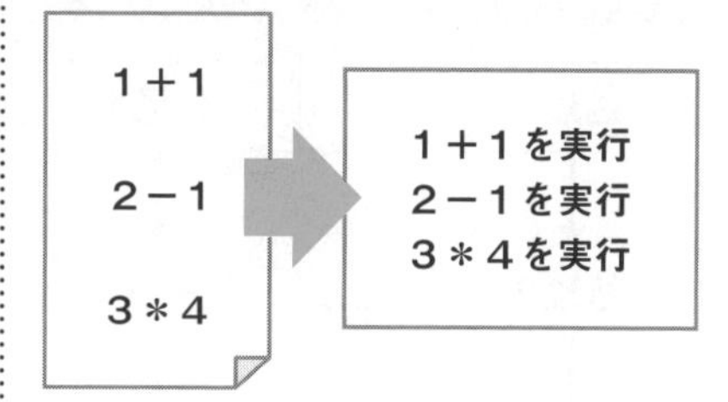

実行速度：○　デバッグ：△

<言語例>
C言語、Javaなど

プログラミングの言語処理には、インタープリタ型とコンパイラ型の2種類があります。

インタープリタ型はソースコードを1行ずつ翻訳して実行します。そのため、すべての命令を実行し終えるまでコンパイラ型に比べると時間がかかりますが、デバッグが手軽にできます。インタープリタ型には、**シェルスクリプト**などがあります。

コンパイラ型は一度すべての命令をプログラムに翻訳して実行します。そのため、翻訳するのに時間がかかりますが、インタープリタ型に比べてすべての命令を速く実行し終えることができます。コンパイラ型には、**C言語**などがあります。

関連用語　プログラム（19）　シェルスクリプト（206）

ソフトウェア

21 プログラムのアルゴリズム

- 問題を解決するための手順や計算方法のこと
- ここではプログラムの処理手順のこと
- 順次処理、繰り返し処理、条件分岐処理がある

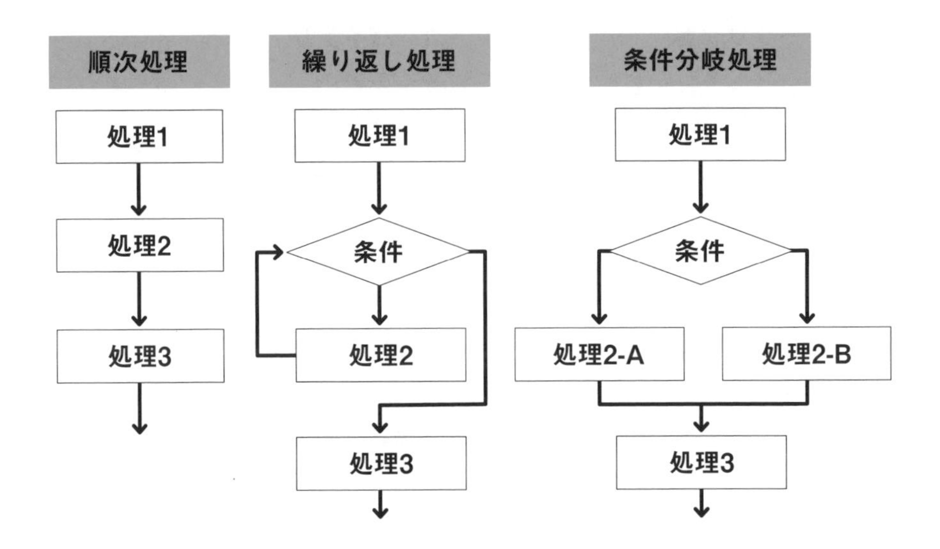

アルゴリズムとはもともと「問題を解決するための手順や計算方法」を示す言葉で、IT業界の中で使われる場合、プログラムの処理手順のことを指します。

プログラムは順次処理、繰り返し処理、条件分岐処理の組合せで動作します。**順次処理**は上から順番に処理を実行することです。基本の動作ですが、他の２つの処理と区別をするため順次処理と名前がついています。**繰り返し処理**は名前の通り特定の条件の中で同じ処理を繰り返します。**条件分岐処理**は特定の条件によって処理を変えることです。

関連用語	プログラム（19）　条件分岐処理のコマンド（213）　繰り返し処理のコマンド（214）　条件を検証するコマンド（215）

22 変数

- 値を入れておく名前付きの箱のこと
- 箱の値は出し入れできる
- 計算結果などを格納することが多い

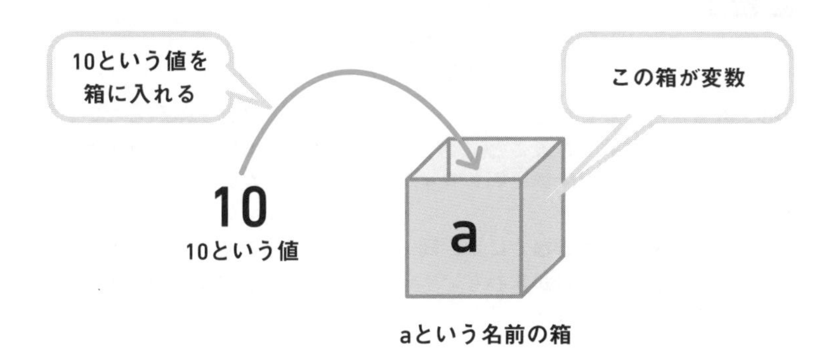

変数とは、値を入れておく名前が付けられる箱のようなものです。変数は値の出し入れが可能で、計算結果などを格納して後から参照するときなどに使用します。様々な応用が利くためプログラム作成に欠かせない要素のひとつです。概念を覚えておくと、Linuxのシェルの理解に役立ちます。

変数は、電卓のメモリ機能と同様の機能をもちます。電卓ではメモリという名前ですが、プログラムでは変数を多く使いますので、任意の名前を付けることができます。プログラミング言語により、変数に格納する値を文字や数字などで指定する場合と指定しない場合があります。

関連用語　プログラム（19）　シェル変数（63）　環境変数（64）　シェルの特殊な変数（211）

23 OSS（Open Source Software）

- ソースコードが無償で公開されているソフトウェア
- OSSはOSIが定義・認定している
- 利用にあたり守るべき規約が設定されている

OSSの基準

1. 自由な再頒布ができること
2. ソースコードを入手できること
3. 派生物が存在でき、派生物に同じライセンスを適用できること
4. 差分情報の頒布を認める場合には、同一性の保持を要求してもかまわない
5. 個人やグループを差別しないこと
6. 利用する分野を差別しないこと
7. 再頒布において追加ライセンスを必要としないこと
8. 特定製品に依存しないこと
9. 同じ媒体で頒布される他のソフトウェアを制限しないこと
10. 技術的な中立を保っていること

OSSとはOpen Source Softwareの略で、ソースコードが無償で公開されているソフトウェアのことです。基本的にOSSの開発や改善は有志によって組織されるコミュニティにより行われます。追加や修正により作られる二次的著作物を**派生物**と呼びます。

OSSは**OSI**（Open Source Initiative）という団体に定義・認定されており、満たすべき基準は10個あります。主にOSSが自由であることを定義づけるものです。OSSのソースコードは無償で公開されていますが、その扱いについては守るべき**規約（ライセンス）**が設定されています。

関連用語　ライセンス（24）　OSSライセンス（25）　コピーレフト型ライセンス（26）　パーミッシブ型ライセンス（27）

24 ライセンス

- IT業界で使われる場合、ソフトウェアライセンスを指す
- 日本語では使用許諾と訳すことが多い
- ソフトウェアを使うにあたり決められた約束事

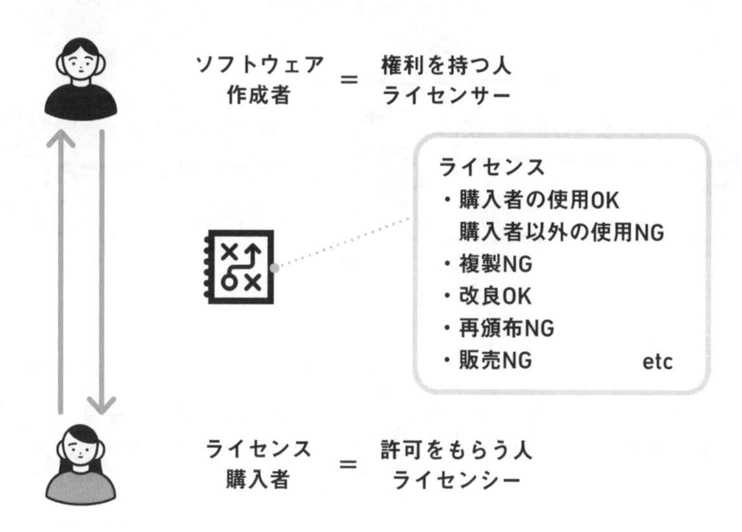

ライセンスとは、許可証や免許証などの意味を持つ英単語ですが、IT業界で使われる場合、大半はソフトウェアライセンスのことを指し、**使用許諾**と訳されることもあります。

ソフトウェアライセンスとは、ソフトウェアをどのように使ってよいか、どのように使うのはダメかなど、使い方を定めた約束のことです。

ソフトウェアを購入すると使用権を得られるパッケージライセンスや、複数ライセンスを一括購入して安くなるボリュームライセンス、OSSに適用されるOSSライセンスなど、○○ライセンスという言葉は他にも多くあります。

関連用語　OSSライセンス（25）　著作権（28）

ソフトウェア

25 OSSライセンス

- OSSに適用されるライセンスのこと
- 利用者がOSSを取り扱う際の約束事
- コピーレフト型とパーミッシブ型のライセンスがある

一般的なパッケージライセンス

OSSライセンス

OSSはソースコードが無償だからといって何をしてもいいわけではありません。やっていいこと、ダメなことをまとめた**OSSライセンス**が適用されます。OSSライセンスは開発者からソースコードの利用者や他の開発者に対しての、許可事項や禁止事項、要請事項、免責事項等が含まれています。一般的なパッケージライセンスと異なり、プログラム自体の使用の可否ではなく、ソースコードの扱いや再頒布に対する決まり事を記しています。

OSSライセンスには大別すると**コピーレフト型**と**パーミッシブ型**のライセンスが存在します。

関連用語　プログラム（19）　OSS（23）　コピーレフト型ライセンス（26）　パーミッシブ型ライセンス（27）

26 コピーレフト型ライセンス

- 開発者の著作権を保持する
- 派生物を含めて自由であるべきという考え方
- 代表的なライセンスはGPL、AGPLなど

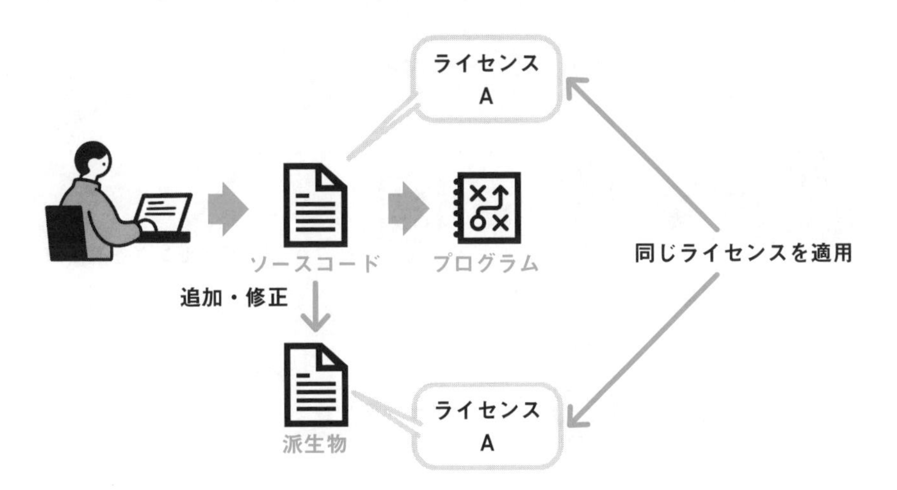

コピーレフト型ライセンスは、**コピーレフト**の考え方を踏襲するライセンスのことです。これは、「OSS開発者の著作権を保持しつつ、派生物も含めてすべての人が利用、改変、再頒布できるべき」という考え方です。コピーレフト型のライセンスを利用する場合、どのライセンスも基本的にはソースコードの追加・修正後にも元のソースコードと同等のライセンスを適用する必要があります。

代表的なコピーレフト型ライセンスに**GPL**（General Public License）や**AGPL**（Affero General Public License）があります。例えば、Linuxカーネルのソースコードは GPLが適用されています。

関連用語　Linux（01）　プログラム（19）　ライセンス（24）　OSSライセンス（25）

27 パーミッシブ型ライセンス

- 開発者の著作権を保持する
- 最低限の制限を設けるライセンス
- 代表的なライセンスはMIT License、Apache Licenseなど

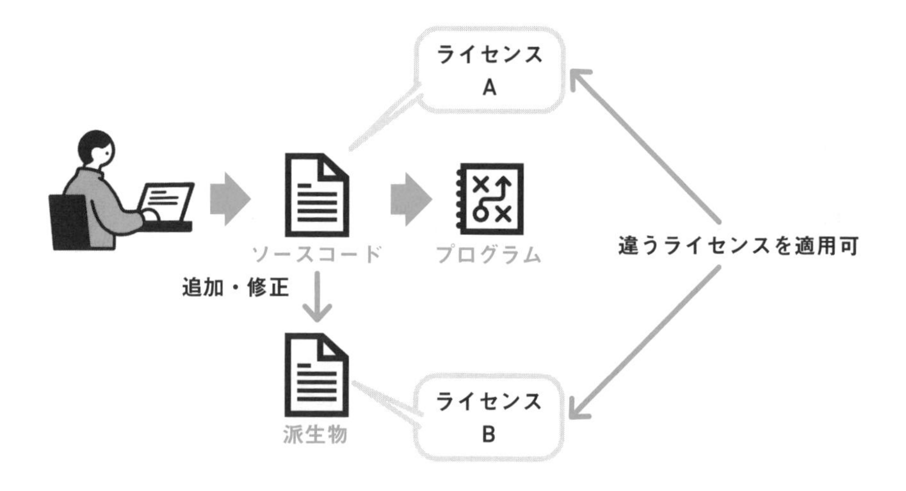

パーミッシブ型ライセンスも、OSS開発者の著作権を保持、また、派生物も含めてすべての人が利用、改変、再頒布できるようなライセンスです。コピーレフト型と違うのは、最低限の制限しか設けていない点です。ソースコードに追加・修正をした後、派生物に適用するライセンスに指定はなく、公開の義務もありません。無償提供も、販売提供も認められています。**非コピーレフト型**とも呼ばれます。

代表的なパーミッシブ型ライセンスには米国マサチューセッツ工科大学（MIT）で考案されたライセンスが起源の**MIT License**やWebサーバのApache（アパッチ）で有名な**Apache License**などがあります。

関連用語　プログラム（19）　ライセンス（24）　OSSライセンス（25）

28 著作権

- 著作物を保護するための権利
- 著作物＝思想・感情を創作的に表現したもの
- 著作権が消滅している創作物＝パブリックドメイン

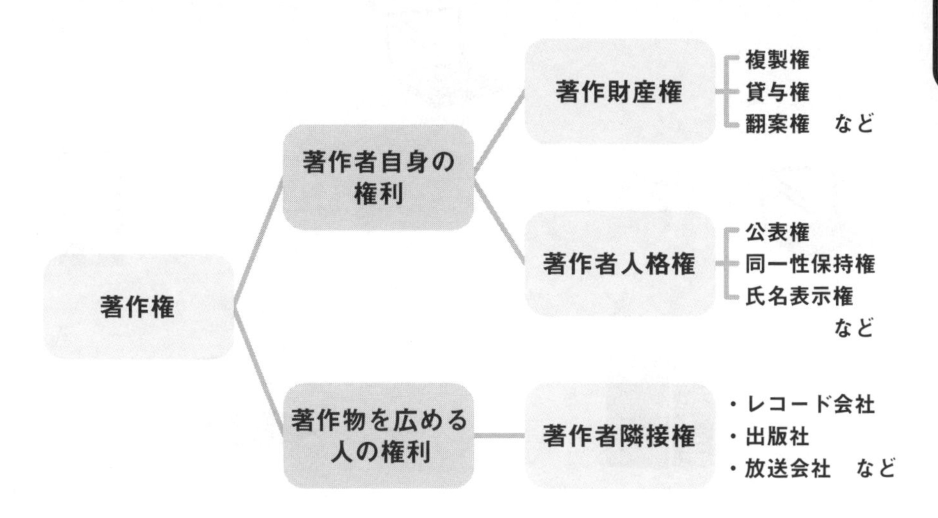

著作権とは著作物を保護するための権利です。著作物とは、思想・感情を創作的に表現したもの全般を指し、文学や音楽、ソフトウェアは著作物にあたります。

著作権は詳細に分類できますが、コピーできる権利や公開できる権利を守っているものととらえるとよいでしょう。OSSライセンスを理解するためにも、著作権とは何か、ソフトウェアライセンスとは何か、概要を押さえておきましょう。

著作権が消滅しているもの、放棄されたもののことを**パブリックドメイン**といいます。

関連用語　ライセンス（24）　OSSライセンス（25）

29 ネットワーク

- 一般的には、人やモノ等が網状に繋がっている構成のこと
- ネットワークの3要素は「繋がる」「運ぶ」「ルール」
- コンピュータネットワークも、この3要素から構成される

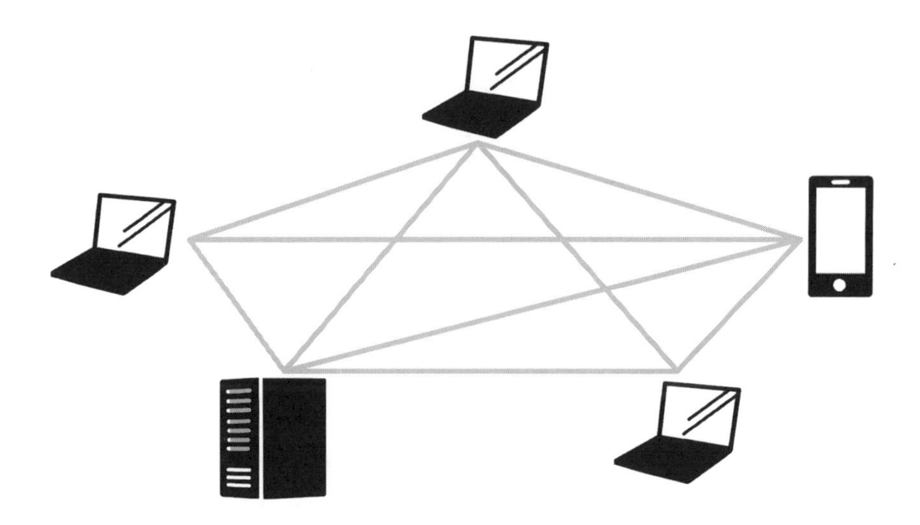

一般的に**ネットワーク**とは、人やモノなどが網状に繋がっている構成のことで、日常生活の中では人脈や交通網、電話網などもネットワークです。

どんなネットワークも「繋がる」「運ぶ」「ルール」の3要素から成り立っています。例えば、物流ネットワークは、交通網で各地が繋がっていることで、物を運ぶことができます。また相手に確実に荷物を届けるためには、交通規則や納期などのルールを守ることが必要です。

コンピュータの場合は、「決められたルールに従って、情報を運ぶために、2台以上のコンピュータが繋がっている状態」のことを**コンピュータネットワーク**と呼びます。また、コンピュータネットワークで用いられる決められたルールのことを**プロトコル**といいます。

関連用語　プロトコルとポート番号（30）

30 プロトコルとポート番号

- プロトコルはコンピュータが通信をするための約束事
- ポート番号は、通信アプリケーションを識別する番号
- 0〜1023までのポート番号をウェルノウンポートという

ポート番号	プロトコル	説明
20, 21	FTP	ファイル転送の際に使用するプロトコル
22	SSH	暗号化したリモート接続を行う際に使用するプロトコル
23	Telnet	暗号化していないリモート接続を行う際に使用するプロトコル
25	SMTP	メールを相手のメールサーバまで送信する際に使用するプロトコル
53	DNS	ドメイン名とIPアドレスの名前管理を行うプロトコル
67, 68	DHCP	IPアドレスなどの情報を自動的に設定するためのプロトコル
80	HTTP	Web通信を行う際に使用するプロトコル
110	POP3	電子メールを受信するためのプロトコル
123	NTP	ネットワーク経由で時刻同期を行う際に使用するプロトコル
443	HTTPS	暗号化されたWeb通信を行う際に使用するプロトコル

プロトコルとは、コンピュータ同士がネットワークを利用し、互いに通信するための約束事で、通信したい内容により様々な種類があります。同じプロトコルを使用することで、メーカーやOSが異なっていても互いに通信をすることが可能です。

ポート番号は、コンピュータがデータ送信を行う際に、通信先のアプリケーションを識別するための番号です。ポート番号は0番〜65535番まであり、主要なサービスやプロトコルが使用するために0番〜1023番までが予約されています。これを**ウェルノウンポート**といい、**IANA**（アイアナ）（Internet Assigned Numbers Authority：運営している組織としてはICANN）に管理されています。

関連用語　ネットワーク（29）　TCP/IP（31）

31 TCP/IP（ティーシーピー アイピー）

- インターネットで標準的に利用されているプロトコル
- TCPとIPを中心とするプロトコル群の総称
- TCP/IPは4階層の通信モデルから構成される

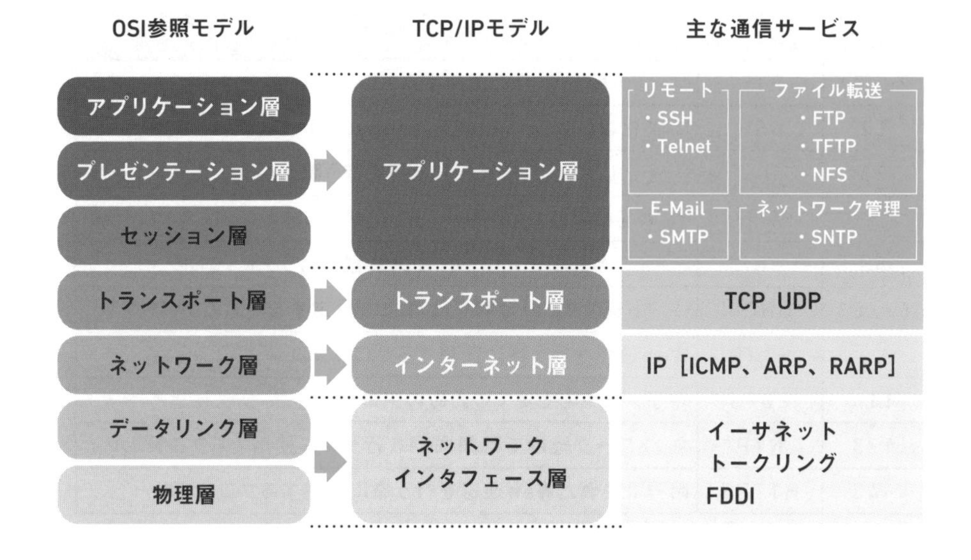

TCP/IPは、現在インターネットで標準的に利用されている通信プロトコルで、**TCP**と**IP**という2つのプロトコルを中心とするプロトコル群の総称です。

以前は、各社が独自の規格を使用していたため、異なるメーカー同士では通信ができませんでした。そこで国際標準化機構ISOがコンピュータの通信機能を階層化した**OSI参照モデル**を作成し、コンピュータ通信をする際のルールを策定しました。しかし、OSI参照モデル自体は普及せず、現在インターネットでは、TCP/IPという4階層の通信モデルが使われています。TCP/IPは、**アプリケーション層、トランスポート層、インターネット層、ネットワークインタフェース層**で構成されています。

関連用語　ネットワーク（29）　プロトコルとポート番号（30）　IPアドレス（32）　TCPとUDP（41）

32 IP(アイピー)アドレス

- インターネット上の住所のようなもの
- 32ビットを8ビットずつに区切り10進数表記
- IPv4の枯渇対策としてIPv6が開発された

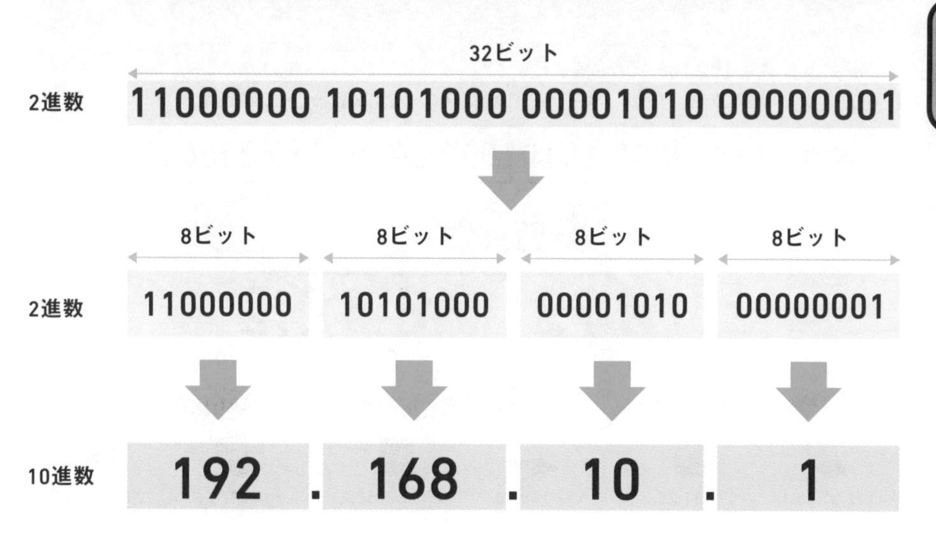

IPアドレスはサーバやパソコン、スマートフォンなどネットワーク通信を行う機器に割り当てられる、インターネット上の住所のようなものです。

IPアドレスは**32ビットの2進数**で構成されますが、通常は人間にも分かりやすいように8ビットずつ10進数に変換して、「.（ドット）」で4つに区切って表記します。

IPアドレスには、**IPv4**(アイピーブイフォー)と**IPv6**(アイピーブイロク)があります。一般的に使用されているのはIPv4ですが、IPv4は約43億個（2^{32}）しかなく、インターネットの急激な普及によってIPアドレスが足りなくなったため、IPv6が開発されました。IPv6は128ビット構成のため、約340澗(かん)個（2^{128}）使用することが出来ます。

関連用語　TCP/IP（31）　IPアドレスの設定（177）

ネットワーク

33 ネットワーク部とホスト部

- IPアドレスはネットワーク部とホスト部の2つの要素からなる
- ネットワーク部はIPアドレスが属するネットワークを表す
- ホスト部はネットワーク部に属する各ホストを表す

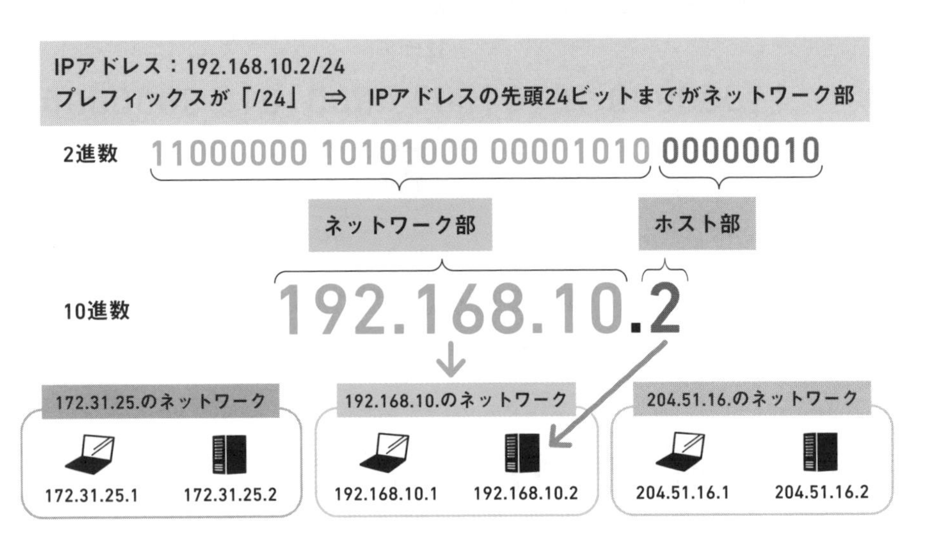

32ビットで構成されるIPv4のIPアドレスには、ネットワーク部とホスト部の2つの要素があります。**ネットワーク部**はそのIPアドレスが所属するネットワークを示し、**ホスト部**はそのネットワークに所属する各ホスト（コンピュータ）を示します。

ネットワーク部とホスト部の境界は、**プレフィックス**というIPアドレスの後ろに記載される「/24」という表記から判別出来ます。これは、32ビット中、先頭の24ビットがネットワーク部、残りの8ビットがホスト部であることを表します。例えば「192.168.10.2/24」と表記された場合、先頭の24ビット、つまり192.168.10.のネットワークに所属し、2の番号が割り当てられています。この「/24」などでネットワーク部を表記する方法を**CIDR**（サイダー）といいます。

関連用語　IPアドレス（32）　サブネットマスク（34）

34 サブネットマスク

- ネットワーク部とホスト部の境界を識別する数値
- IPアドレス同様に32ビットで構成される
- 2進数表記の時、ネットワーク部を「1」、ホスト部を「0」で表す

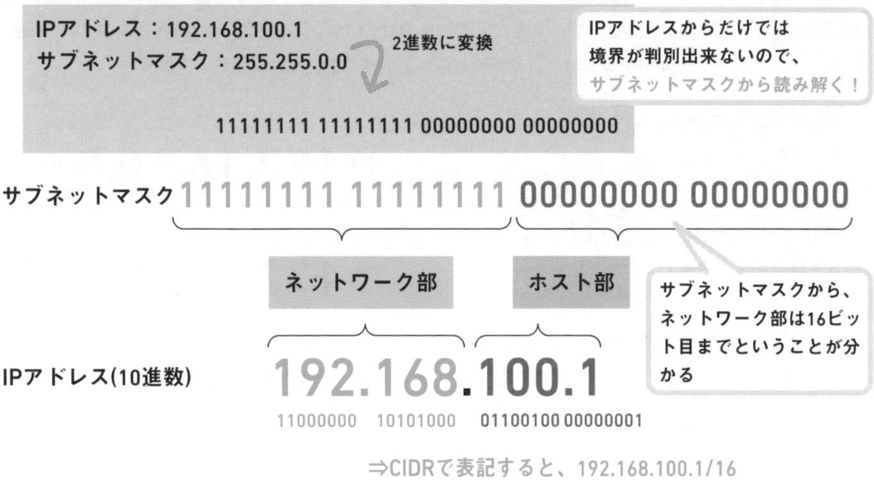

IPアドレス：192.168.100.1
サブネットマスク：255.255.0.0
2進数に変換
11111111 11111111 00000000 00000000

IPアドレスからだけでは境界が判別出来ないので、サブネットマスクから読み解く！

サブネットマスク 11111111 11111111 00000000 00000000

ネットワーク部　ホスト部

サブネットマスクから、ネットワーク部は16ビット目までということが分かる

IPアドレス(10進数)　192.168.100.1
11000000 10101000 01100100 00000001

⇒CIDRで表記すると、192.168.100.1/16

IPアドレスのネットワーク部とホスト部の境界を識別するものには、プレフィックス以外にも**サブネットマスク**という値があり、IPアドレスとセットで表記されます。

サブネットマスクもIPアドレスと同様に、32ビットで構成され、8ビットずつ10進数に変換して表記します。サブネットマスクを2進数で表記すると、先頭から「1」が連続して並び、「1」から「0」に切り替わる部分がネットワーク部とホスト部の境界となります。

CIDR表記やサブネットマスクを用いることで様々な大きさのネットワークを識別できます。

関連用語　IPアドレス（32）　ネットワーク部とホスト部（33）

35 ネットワークアドレスとブロードキャストアドレス

- ホスト部のビットが全て0のアドレス：ネットワークアドレス
- ホスト部のビットが全て1のアドレス：ブロードキャストアドレス
- 特別な用途のアドレスで、ホストへ割り当てることが出来ない

IPアドレス：172.16.10.30/24　(2進数表記⇒ 10101100 00010000 00001010 00011110)
先頭から24ビット目までがネットワーク部、それ以降がホスト部

ネットワークアドレス
ホスト部のビットが全て「0」
10101100 00010000 00001010 00000000 ➡ 172.16.10.0

ブロードキャストアドレス
ホスト部のビットが全て「1」
10101100 00010000 00001010 11111111 ➡ 172.16.10.255

割り当て可能なホスト数
ホスト数 ＝ $2^{\text{ホスト部のビット数}} - 2$
＝ $2^8 - 2 = 254$ ➡ 254個

IPアドレスのホスト部のビットが全て「0」となるアドレスを**ネットワークアドレス**といい、ネットワーク自体を表します。一方、IPアドレスのホスト部のビットが全て「1」となるアドレスを**ブロードキャストアドレス**といい、同じネットワークに属する全てのホストにデータを一斉に送信します。

ネットワークアドレスとブロードキャストアドレスは、どのようなネットワークでも確保しなくてはいけないものであり、コンピュータやネットワーク機器などの特定のホストに割り当てることは出来ません。

また、各ネットワークでパソコンやサーバなどのホストに割り当てて使用可能なIPアドレスの数、つまり、割り当て可能なホスト数は、2のX乗（Xはホスト部のビット数）からネットワークアドレスとブロードキャストアドレスの2つを引くことで求めることが出来ます。

関連用語　IPアドレス（32）　ネットワーク部とホスト部（33）

36 LAN（ラン）とWAN（ワン）

- LANは限られた範囲のネットワーク
- WANは遠く離れた拠点のLANを相互接続するネットワーク
- WANは電気通信事業者が構築、管理を行う

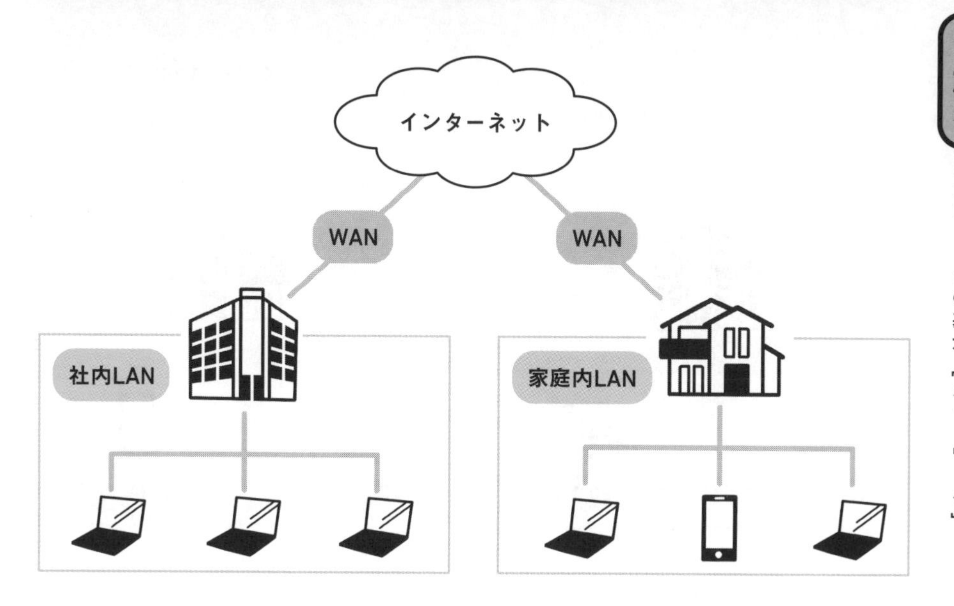

LANはLocal Area Network（ローカルエリアネットワーク）の略で、会社や家庭などの限られた範囲のネットワークのことです。会社で使用するネットワークを**社内LAN**、家庭内で使用するネットワークを**家庭内LAN**といい、構築や管理は会社や家庭でそれぞれ所有者自身が行います。LAN内では、**プライベートIPアドレス**というIPアドレスを使用します。

WANはWide Area Network（ワイドエリアネットワーク）の略で、遠く離れた拠点のLANを相互接続するためのネットワークです。電気通信事業者が構築、管理を行い、サービスとして提供します。WAN内では**グローバルIPアドレス**というIPアドレスを使用します。

関連用語　グローバルIPアドレスとプライベートIPアドレス（37）

ネットワーク

37 グローバルIPアドレスとプライベートIPアドレス

- グローバルIPアドレスは、インターネット上で使用
- グローバルIPアドレスは、世界中で重複不可
- プライベートIPアドレスはLAN内の端末で一意

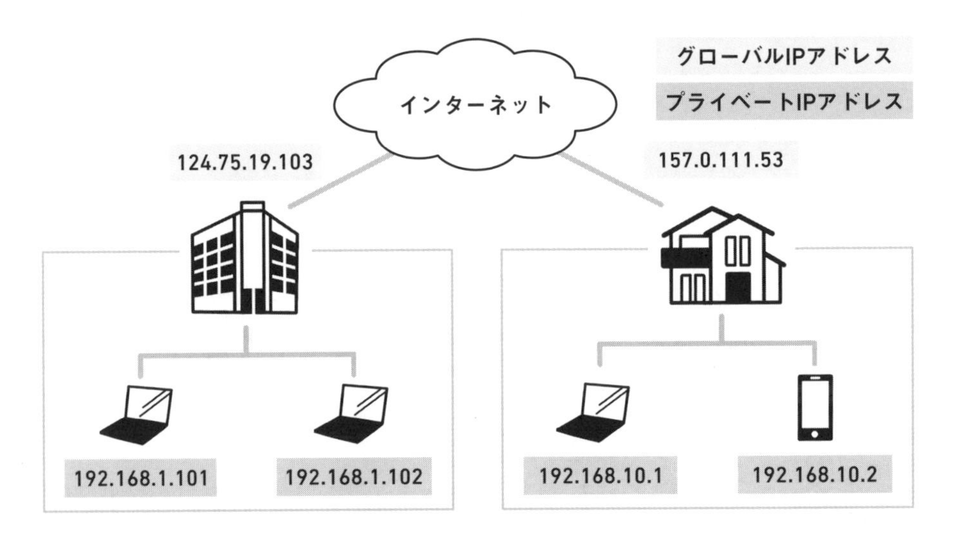

IPv6の他に、IPアドレスの枯渇対策に考えられたものとしてグローバルIPアドレスとプライベートIPアドレスがあります。

グローバルIPアドレスは、インターネット上で使用されており、住所のように個々を特定する役割となるため、世界中のどれとも重複することなく一意でなければなりません。

一方、**プライベートIPアドレス**は社内LANや家庭内LANで使われるIPアドレスで、同一LAN内で重複してはいけません。

会社や家庭などの大きな単位にはグローバルIPアドレスが割り当てられ、その下のパソコンなどには会社や家庭などの組織内でのみ使用できるプライベートIPアドレスを一意に割り当てます。

関連用語	LANとWAN（36）

38 DHCP（ディーエイチシーピー）

- コンピュータにIPアドレスを自動割り当てするプロトコル
- IPアドレス以外にもネットワーク情報を自動的に割り当て可
- DHCPサーバからDHCPクライアントにIPアドレスを割り当てる

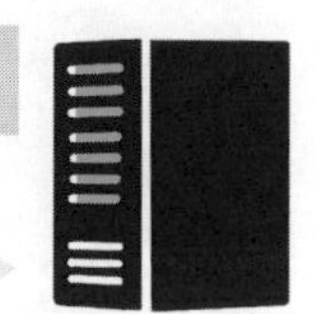
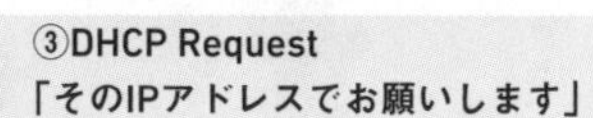
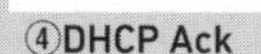
①DHCP Discover
「DHCPサーバはいますか？」
②DHCP Offer
「私がDHCPサーバです！このIPアドレス使えますよ」
③DHCP Request
「そのIPアドレスでお願いします」
④DHCP Ack
「了解です！このIPアドレス使ってください」
DHCPクライアント
DHCPサーバ

ネットワークで通信を行うすべてのコンピュータにはIPアドレスが割り当てられています。

IPアドレスは手動での設定も可能ですが、自宅から会社へ移動するなどネットワークが変更される場合には、その都度再設定する必要があります。また、設定するコンピュータの台数が大量になると、手動設定では手間がかかります。そこで、**DHCP**（Dynamic Host Configuration Protocol）を利用することで、IPアドレスだけではなく、サブネットマスクやデフォルトゲートウェイなど、ネットワーク接続に必要な情報を自動的に割り当てることが出来ます。

DHCPの仕組みは、IPアドレスを自動で割り当てたいDHCPクライアント側からDHCPサーバへコンタクトを取ることにより、IPアドレスなどのネットワーク情報を入手し、割り当てます。

関連用語　IPアドレス（32）　サブネットマスク（34）　デフォルトゲートウェイ（39）

ネットワーク

39 デフォルトゲートウェイ

- ゲートウェイは、門や出入口という意味
- 内部から外部へのネットワーク接続時に通信の出入口の役割を担う
- 一般的にルータが、デフォルトゲートウェイの機能を提供する

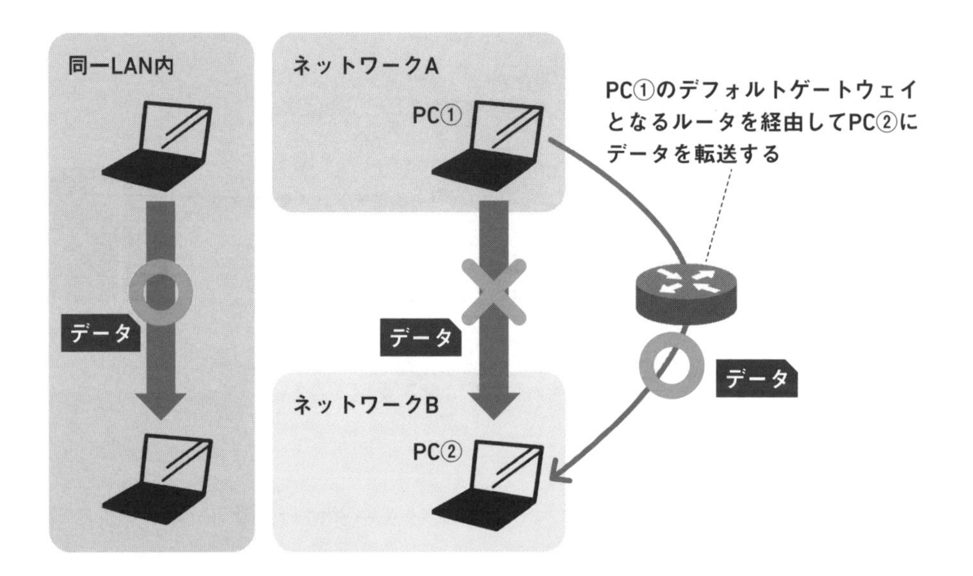

ゲートウェイは日本語に訳すと、門や玄関、出入口という意味で、IT用語ではネットワーク間の転送を行う機器やソフトウェアのことを言います。自分が属する内部のネットワークから、外部のネットワークへ接続する際に、デフォルトで宛先となる、通信の出入口の役割を果たすものを**デフォルトゲートウェイ**といいます。ゲートウェイという名前の機器があるわけではなく、一般的には**ルータ**がこの機能を提供しています。

同一LAN内のコンピュータ同士ではルータを介さずに直接通信ができますが、異なるネットワークのコンピュータやインターネットに接続する際などには、まずはデフォルトゲートウェイであるルータを介して通信が行われます。

関連用語　ルーティング（40）　デフォルトゲートウェイの設定（178）

40 ルーティング

- 通信相手までの最適な経路を決定し転送する仕組み
- ルーティングテーブルを参照して転送
- ルーティングの役割を担う機器はルータやL3スイッチ

ホストAからホストBへデータ転送される場合の経路

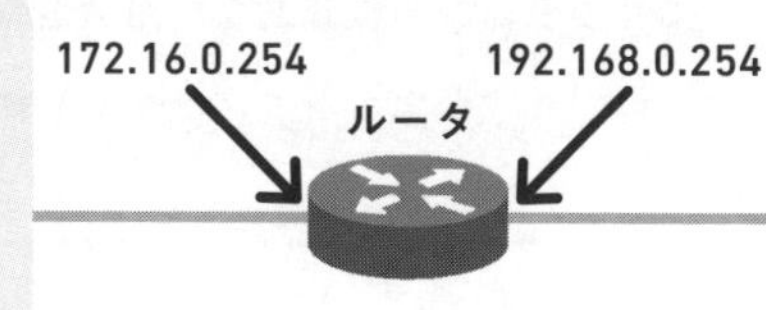

<ルーティングテーブルの表示例>

Destination	Gateway	Genmask	Flags	Metric	Ref	Use	Iface
192.168.0.0	172.16.0.254	255.255.255.0	U	1	0	0	eth0

ホストAから192.168.0.0/24のネットワーク宛てデータは、ゲートウェイ172.16.0.254を経由する

ルーティングとは、ネットワーク上でデータ転送を行う際に、通信相手までデータが正しく届くように、ルータやL3スイッチなどのレイヤ3（OSI参照モデルの**ネットワーク層**）で動作するネットワーク機器が、最適な経路（ルート）を決定し転送する仕組みのことです。ルーティングは、ルータなどに記録されている**ルーティングテーブル**と呼ばれる経路情報を参照して行われます。

Linuxにおいて、ルーティングテーブルには宛先ネットワークやゲートウェイ、ホストや経路の状態、この経路のネットワークインタフェースなどが記載されています。

関連用語　デフォルトゲートウェイ（39）

ネットワーク

41 TCP(ティーシーピー)とUDP(ユーディーピー)

- トランスポート層のプロトコル
- TCPの通信方式はコネクション型で信頼性が高い
- UDPの通信方式はコネクションレス型で高速性を重視

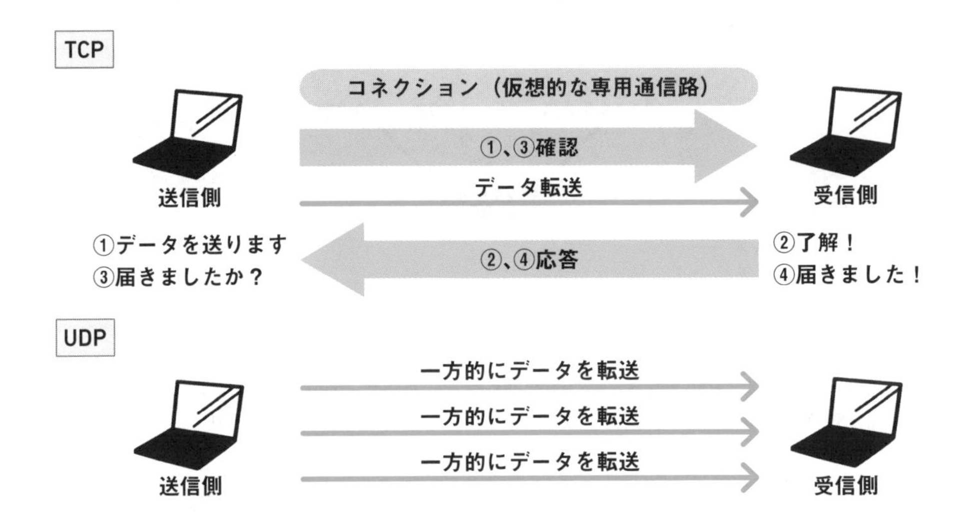

TCP（Transmission Control Protocol）とUDP（User Datagram Protocol）は両方ともトランスポート層のプロトコルです。

TCPはデータ転送時に相手との間に**コネクション**（仮想的な専用通信路）を確立し、データが相手に正しく届いているか確認応答を行う**コネクション型**のプロトコルです。より信頼性の高い通信ができるため、ファイル転送やメール送受信に用いられます。

一方**UDP**は、高速性やリアルタイム性を重視する**コネクションレス型**のプロトコルで、TCPのような確認・応答は行いませんが、その分大量かつ高速なデータ配信を実現する利点を活かし、音楽や動画のストリーミング配信で利用されています。

関連用語	TCP/IP（31）

42 名前解決

- 名前解決はIPアドレスとホスト名を相互変換する仕組み
- ホスト名からIPアドレスを求めることを正引きという
- IPアドレスからホスト名を求めることを逆引きという

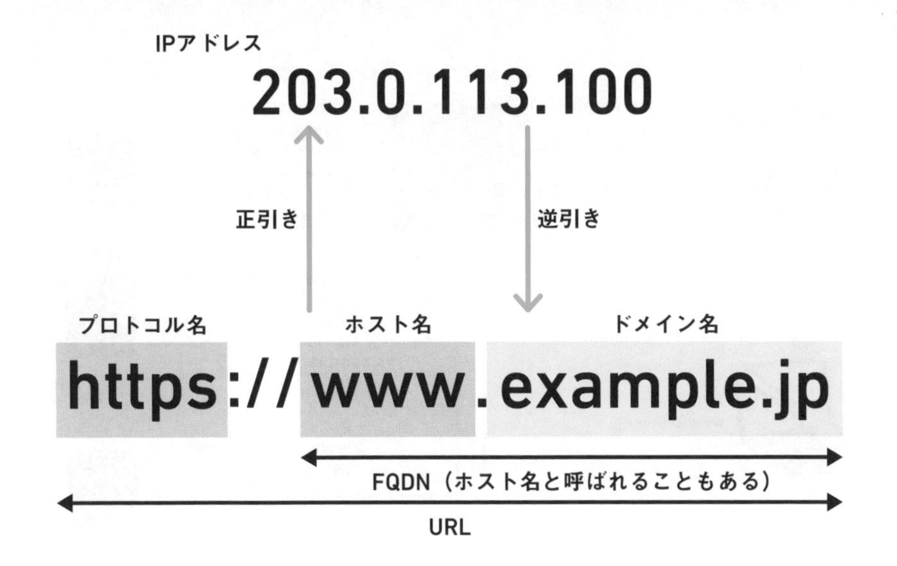

コンピュータなどのネットワーク機器は、IPアドレスを使って通信を行っていますが、203.0.113.100などの数字の羅列は人間が使うにはわかりづらく、間違えやすいです。

そこで実際は、Webサイトを閲覧する際のアドレスバーに表示されるURL内の「www.example.jp」やメールアドレスの「test@example.jp」などのように、IPアドレスではなく人間に分かりやすい名前（ホスト名）を使用しています。**名前解決**は、このホスト名とIPアドレスを対応させて、相互変換する仕組みです。ホスト名からIPアドレスを求めることを**正引き**、その反対を**逆引き**と言います。

関連用語　IPアドレス（32）　DNS（43）

43 DNS（ディーエヌエス）

- DNSとは名前解決の仕組みのひとつ
- DNSが実装されたサーバをDNSサーバという
- DNSサーバは、キャッシュサーバと権威サーバの2つに分類

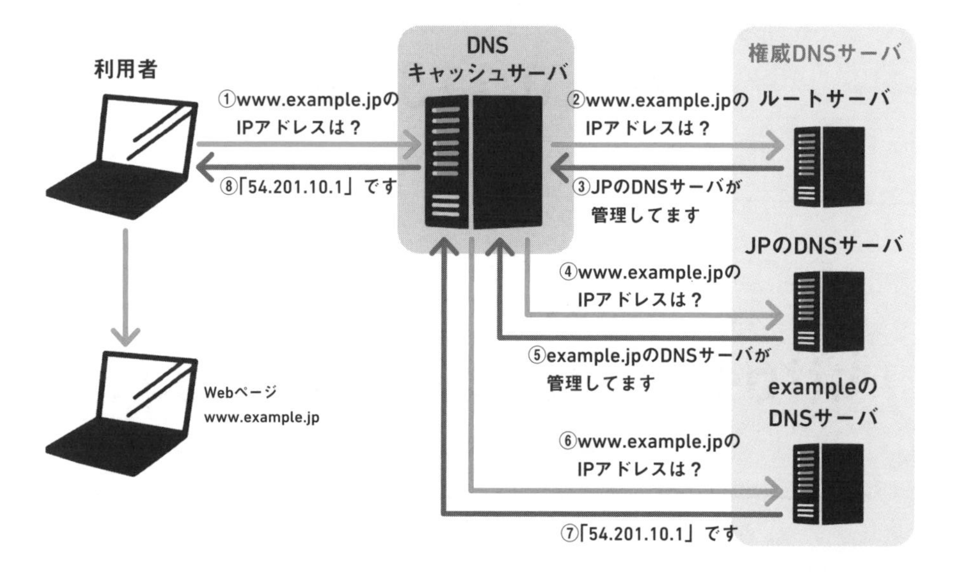

名前解決の仕組みのひとつを**DNS**（Domain Name System）といい、DNSが実装されたサーバを**DNSサーバ**といいます。DNSサーバは大きく2種類に分類されます。

利用者からの名前解決のリクエストを受け、結果を返す役割をするのは**DNSキャッシュサーバ**といいます。問い合わせ結果を一定期間保存し、同じ問い合わせが来たら、キャッシュサーバが保存している情報を返します。

一方ドメイン情報を保持するサーバを**権威DNSサーバ**といいます。階層化されており、最上位のルートサーバから順に問合せを行い、最終的に該当ドメイン名の情報を知っているDNSサーバからIPアドレスを取得します。

関連用語　IPアドレス（32）　名前解決（42）

44 クラウド（オンプレミス）

- クラウドはクラウドコンピューティングのこと
- インターネット経由でコンピュータ資源を利用する形態
- オンプレミスは、コンピュータ資源を自社内で保有、管理する形態

クラウド

オンプレミス

	クラウド	オンプレミス
導入コスト	コストを抑えられる	初期費用が高い
導入スピード	数分から数日	数週間から数か月
セキュリティ	データ送受信にインターネットを介するためリスクの懸念はある	社内ネットワーク利用のため、セキュリティリスクは低い
カスタマイズ	サービスによって制限がある	自社で構築するため自由にカスタマイズが可能

クラウドとは、一般的に**クラウドコンピューティング**のことを指します。クラウドコンピューティングは、サーバなどのハードウェアを購入したり、ソフトウェアをインストールしなくても、インターネットを経由して必要な時に必要な分だけコンピュータ資源を利用できる形態のことです。クラウドコンピューティングの機能を使って提供されるサービスまで含めてクラウドと呼ばれることもあります。

一方、ハードウェアやソフトウェアを自前で保有・管理したり、データセンターのスペースや機材を借用してシステムを構築・運用する形態を**オンプレミス**といいます。

関連用語　パブリッククラウドとプライベートクラウド（45）　IaaS、PaaS、SaaS（46）

ネットワーク

45 パブリッククラウドとプライベートクラウド

- パブリッククラウドは、環境やサービスをユーザ全体で共有
- プライベートクラウドは、専用のクラウド環境を構築・運用
- オンプレミス型とホスティング型がある

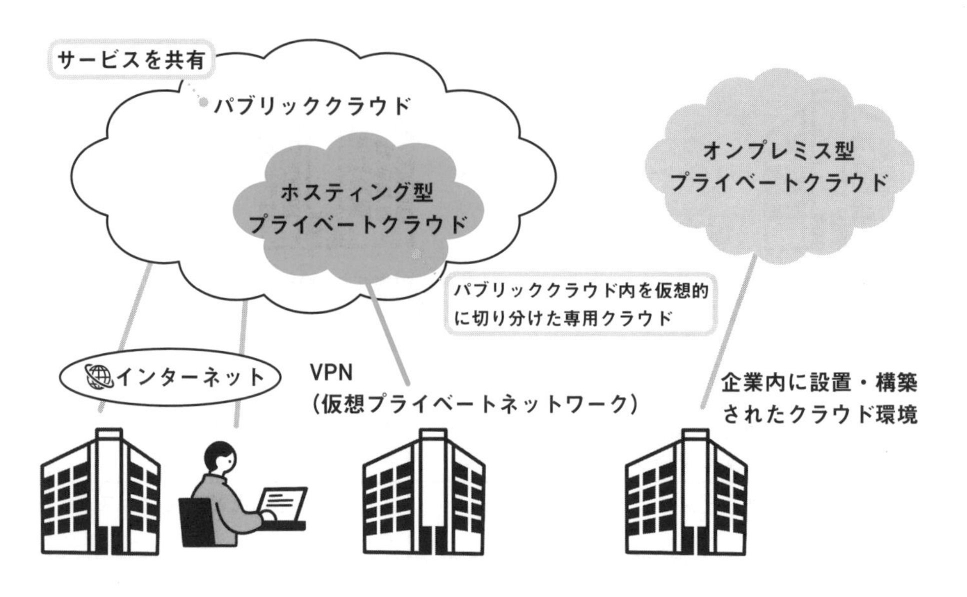

パブリッククラウドは、クラウド事業者が提供するサーバや回線などの環境やサービスを企業、個人問わず不特定多数のユーザ全体で共有して使用するクラウド環境です。パブリッククラウドを利用した代表的なものとしては**AWS**（Amazon Web Service）やGCP（Google Cloud Platform）などがあります。

一方、**プライベートクラウド**は、企業や組織が自社専用のクラウド環境を構築・運用して、他社とは共有しない形態です。プライベートクラウドは、大きく分けると2種類あり、自社でインフラ構築・運用を行う**オンプレミス型**と、クラウド事業者が提供するパブリッククラウド内に専用のクラウド環境を構築する**ホスティング型**があります。

関連用語　クラウド（44）

46 IaaS、PaaS、SaaS

イアース　パース　サース

- IaaSはインフラ環境をインターネット経由で利用できる
- PaaSはアプリケーション開発に必要な実行環境を利用できる
- SaaSはソフトウェアをインターネット経由で利用できる

IaaS	PaaS	SaaS
アプリケーション	アプリケーション	アプリケーション
ミドルウェア	ミドルウェア	ミドルウェア
OS	OS	OS
仮想化	仮想化	仮想化
ハードウェア	ハードウェア	ハードウェア
ネットワーク	ネットワーク	ネットワーク

IaaS

<特徴>
- 自由度が高い
- 専門性が必要
- インフラ構築コストや手間が軽減
- システムの拡張・縮小が容易

<サービス例>
- Amazon EC2
- Google Compute Engine

PaaS

<特徴>
- インフラ設計管理が不要
- アプリケーション開発に専念できる
- セキュリティリスクに注意

<サービス例>
- AWS Lambda
- Azure App Service

SaaS

<特徴>
- 自由度は低い
- 導入までが早く簡単
- コストを抑えられる
- 運用管理の負担が軽減

<サービス例>
- Zoom
- Gmail

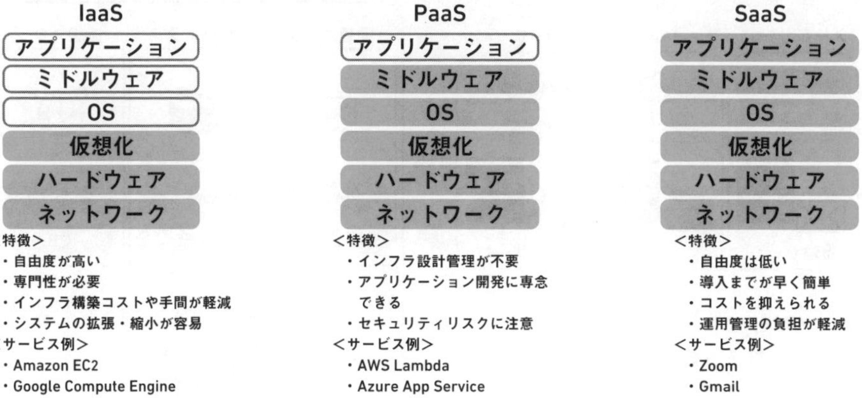

クラウドサービスは、提供するサービスの領域によってIaaS（Infrastructure as a Service）、PaaS（Platform as a Service）、SaaS（Software as a Service）の３つに分類されます。

IaaSは、ネットワークやサーバ、ストレージなど、仮想化されたインフラ環境をインターネット経由で利用できるサービスです。Amazon EC2やGoogle Compute EngineなどがIaaSのサービスです。**PaaS**は、アプリケーション開発に必要な実行環境をインターネット経由で利用できるサービスです。AWSのAWS LambdaなどはPaaSのサービスです。**SaaS**は、クラウド事業者が提供するクラウドサーバにあるソフトウェアやアプリケーションをインターネット経由で利用できるサービスです。ZoomやGmail、スマートフォンのゲームなど我々の身近にSaaSのサービスはたくさんあります。

関連用語　クラウド（44）

47 仮想化

- ソフトウェアを利用してハードウェアリソースを統合・分割する
- サーバ仮想化は物理サーバ上に複数の仮想マシンの配置が可能
- サーバ仮想化、ネットワーク仮想化、ストレージ仮想化などがある

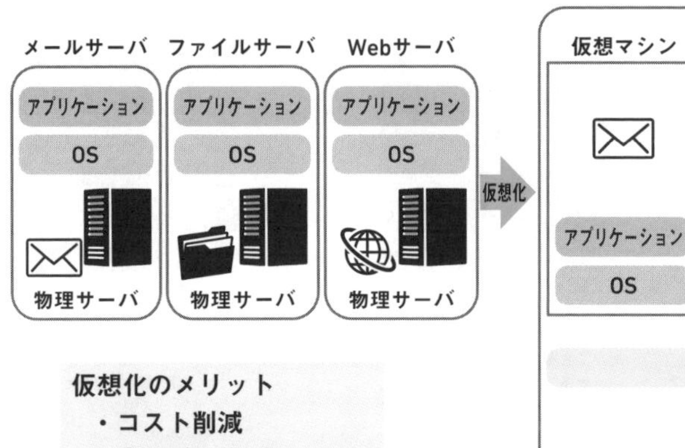

仮想化は、ソフトウェアを利用して、物理的なハードウェアリソースを統合・分割する技術です。

サーバ仮想化を例とします。仮想化が普及する以前はファイルサーバやメールサーバなど、用途ごとに物理サーバを別々に用意して構築していました。この環境を仮想化ソフトウェアを用いて仮想化すると、ベースとなる1台の物理サーバ上に複数の仮想マシンの配置が可能になります。仮想マシンは物理サーバのCPUやメモリなどのリソースを分割して使用します。

44で説明したクラウドと混同されがちですが、クラウドはサービスを表すのに対して、仮想化は技術を表し、クラウドサービスを支えている技術が仮想化です。

関連用語　クラウド（44）　仮想化の種類（48）

48 仮想化の種類

- 仮想化方式にはホストOS型とハイパーバイザー型がある
- ホストOS型は、仮想化ソフトウェアで仮想マシンを実行
- ハイパーバイザー型は、ハイパーバイザーで仮想マシンを実行

ホストOS型

＜特徴＞
- 処理スピードが上がりにくい
- 既存PCやサーバをそのまま利用できるため、導入しやすい
- オーバーヘッド（負荷）が大きい

＜仮想化ソフトウェアの例＞
- VMware Player
- Vmware Workstation
- Oracle VirtualBox

ハイパーバイザー型

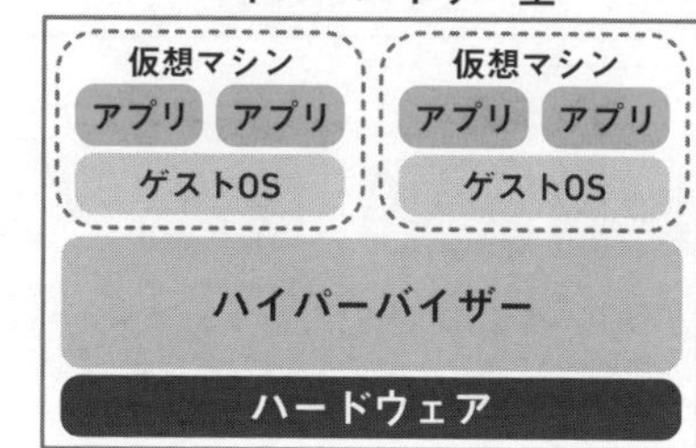

＜特徴＞
- 高速な処理速度
- リソース効率が高い
- OSが導入された既存のPCやサーバは使用できず、新たにハードウェアを用意する必要がある

＜仮想化ソフトウェアの例＞
- VMware vSphere
- Xen
- Hyper-V

仮想化技術を活用した仮想マシンを実行するために必要なソフトウェアには、大きく分けてホストOS型とハイパーバイザー型があります。

普段私たちが使用しているコンピュータにはWindowsやMacOSなどのOSがインストールされており、これを**ホストOS**といいます。このホストOSの上に仮想化ソフトウェアをインストールして仮想マシンを起動し、仮想マシン内部でゲストOSを実行する方式が**ホストOS型**です。

一方**ハイパーバイザー型**は、ハードウェアに**ハイパーバイザー**という仮想化専用のソフトウェアを直接インストールし、その上で仮想マシンを運用します。ハイパーバイザー型ではホストOSは不要です。

関連用語　仮想化（47）

49 コンテナ

- アプリケーションの実行環境の仮想化を実現する技術
- ホストOSのカーネルを共有し動作する
- コンテナエンジンの代表例は、DockerやKubernetes

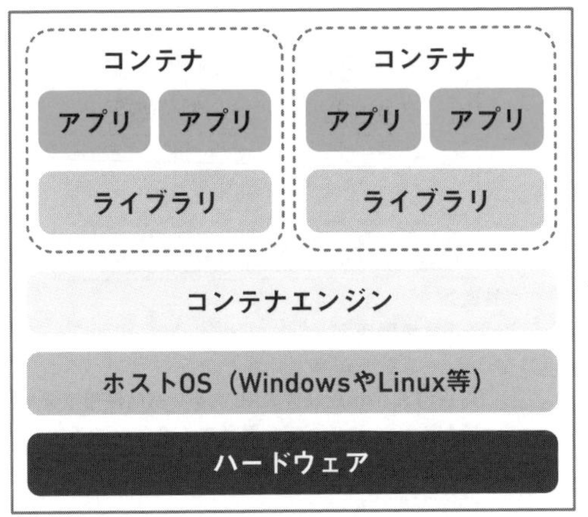

＜特徴＞
- システムリソースの消費が少ない
- コンテナは軽量な為、アプリケーションの起動が速い
- ホストOSとカーネルを共有する為、ホストOSとは異なるOSのコンテナは利用できない
- 可搬性が高い

＜仮想化ソフトウェアの例＞
- Docker
- Kubernetes

仮想マシンの他に、仮想化の方式として**コンテナ**があります。コンテナは、ホストOSに**コンテナエンジン**と呼ばれる仮想化ソフトウェアをインストールし、その上に論理的な区画としてコンテナを作成することでアプリケーションの実行環境の仮想化を実現します。

コンテナにはゲストOSは設置されないため、ホストOSのカーネルをそのまま活用して動作します。また、ホストOSのリソースを論理的に分離し、複数のコンテナで共有して使用するため、仮想マシンを作成する手法の仮想化より軽く動作します。代表的な仮想化ソフトウェア（コンテナエンジン）として、Docker（ドッカー）やKubernetes（クバネティス）があります。

関連用語	仮想化（47）

50 情報セキュリティとは

- 重要な情報を適切に保護や管理し、安全な状態を維持すること
- 情報セキュリティ対策を行わない場合、様々な脅威にさらされる
- 情報セキュリティを高めるには7大要素の維持が必要不可決

情報セキュリティの7大要素

要素	説明	対策（一部を記載）
機密性 (confidentiality)	許可された者だけが情報へアクセスできるように設定することで情報を保護、管理すること。	アクセス権限設定、パスワード設定
完全性 (integrity)	該当情報が常に最新で正確である状態で維持すること。	デジタル署名をつける、バックアップの取得
可用性 (availability)	必要な時に情報へアクセスできるようにいつでも利用可能な状態を維持すること。	障害発生時の予備の準備(冗長化)、システムのクラウド化
真正性 (Authenticity)	利用者、プロセス、システム、情報などがなりすましではなく本物であるということ。	デジタル署名、多要素認証
信頼性 (Reliability)	データやシステムの操作において期待した動作が行われることや意図した結果が得られること。	不具合のないような設計をする、メンテナンスによりバグや不具合の改修
責任追跡性 (Accountability)	該当の情報に対して、どのような操作をしたか、いつアクセスしたか等の履歴が追跡できるようにすること。	アクセスログやシステムの取得操作、ログイン履歴の取得
否認防止 (non-repudiation)	利用者が行った操作や行動について、後から否認否定できないように証拠を残すこと。	デジタル署名タイムスタンプの記録やログバックアップ

セキュリティは、安全、防犯、保障などを意味しますが、ITの分野では**情報セキュリティ**のことを示し、企業の機密情報や個人情報等を適切に保護、管理して安全な状態を維持することをいいます。

個人レベルではSNSの不正ログインやフィッシングによる個人情報の搾取、企業レベルでは標的型攻撃による機密情報の窃取や内部不正による情報漏えい等の脅威が問題となっています。このような脅威に対して、情報セキュリティを高めるため7大要素を押さえておきましょう。

関連用語 認証と認可（51）

セキュリティ

51 認証と認可

- 情報セキュリティの安全性を高める上で認証と認可が重要
- 認証は通信相手の身元を確認する仕組み
- 認可は特定の条件に対してリソースへのアクセス権限を与えること

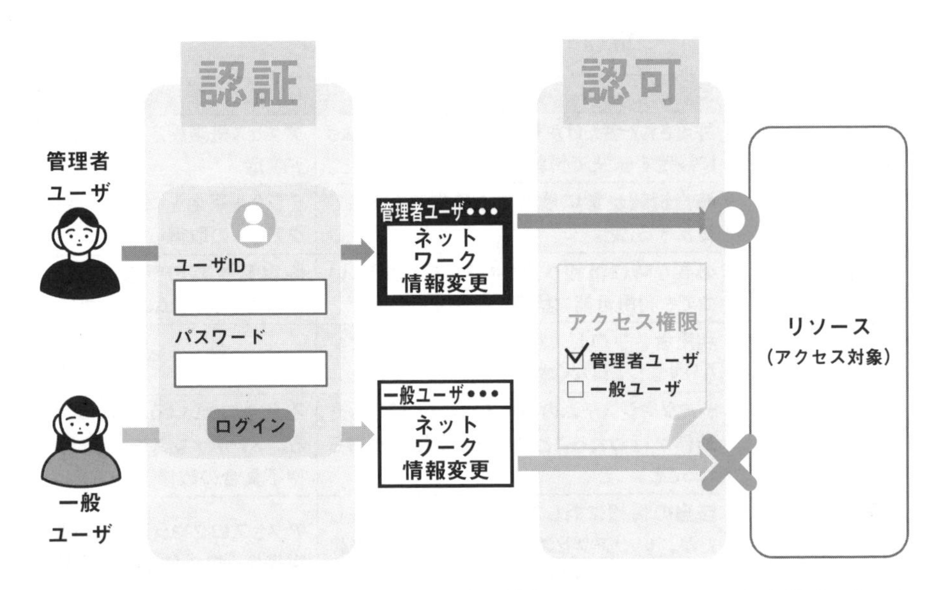

不正アクセスやなりすまし等を防ぎ、情報セキュリティの安全性を高める上で重要な仕組みに認証と認可があります。

認証は通信相手の身元を確認することです。例えば身近なものでは、ユーザ名やパスワードを入力する**パスワード認証**、指紋を読み取る**生体認証**などがあります。登録されている情報と照合して身元確認を行っています。

一方**認可**は、特定の条件に対して、リソースへのアクセス権限を与えることです。コンサートのチケットを持っている人だけが入場する権限を与えられたり、システムにおいて管理者権限が与えられている人だけ特定の操作が出来たりするのが認可の例となります。

関連用語	情報セキュリティとは（50）

52 暗号化と復号

- テキストなどの元データを暗号文に変換することを暗号化という
- 暗号化されたデータを平文に戻すことを復号という
- 暗号化は共有鍵暗号方式と公開鍵暗号方式の2つがある

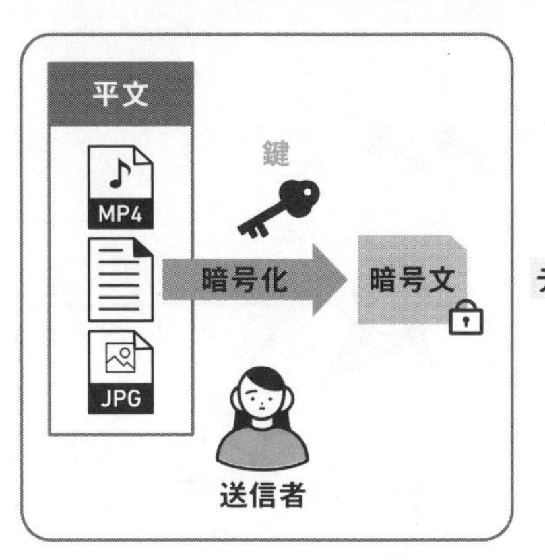

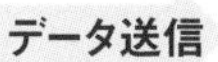

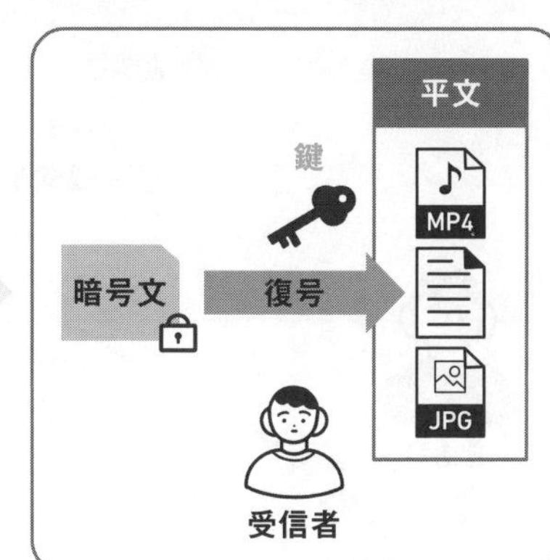

ネットワーク通信において、大切な情報を守るセキュリティ対策のひとつに**暗号化**があります。暗号化を行うことで、第三者にデータを盗聴されたり、改ざんされたりするのを防ぐことが出来ます。

暗号化は、送信者側でテキストや画像、音声ファイルなどの元のデータを、解読不能な文字列の**暗号文**に変換します。このとき、暗号化する前の元データを**平文**（ひらぶん）といいます。また、暗号化する際に計算に使用するデータのことを**鍵**といいます。

受信者側では暗号化されたデータを平文に戻すことで、データの内容を確認することが出来ます。これを**復号**といいます。暗号化と復号は特定のルール（=**暗号化アルゴリズム**）に従い、鍵を使用して行われます。

暗号化の方法には、**共通鍵暗号方式**と**公開鍵暗号方式**の2つがあります。

関連用語　共通鍵暗号方式（53）　公開鍵暗号方式（54）

セキュリティ

53 共通鍵暗号方式

- 暗号化と復号で同じ鍵を使用する
- メリットは、暗号化と復号の処理が速いこと
- デメリットは、鍵の配布問題と鍵管理の負担が掛かること

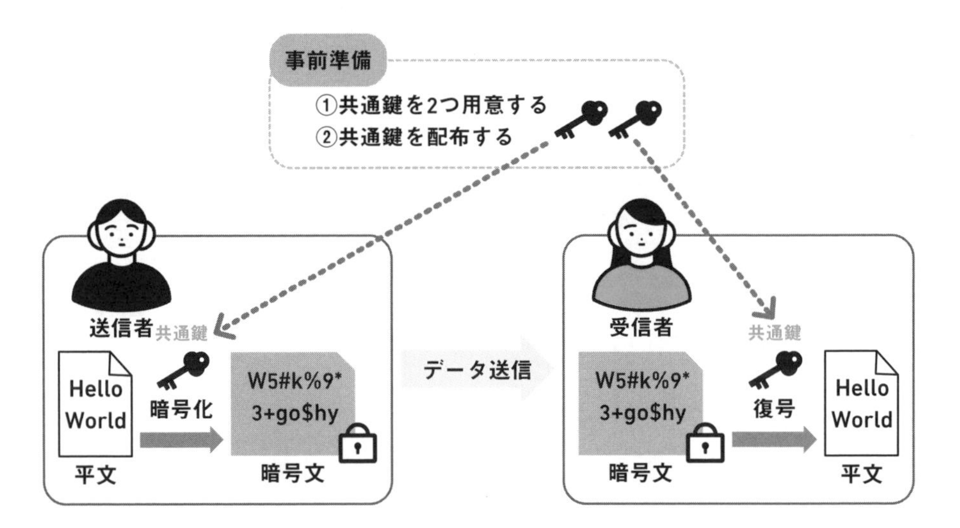

共通鍵暗号方式は、暗号化と復号に同じ鍵（＝**共通鍵**）を使用するため、データ通信を行う前に共通鍵を用意し、送信者と受信者が持っておく必要があります。

共通鍵暗号方式で用いられる暗号化アルゴリズムの主流は**AES**というもので、無線LANやSSL通信、ファイルの暗号化などで使用されています。

共通鍵暗号方式は暗号化や復号の処理が速く、何度も通信を行う場合には便利ですが、共通鍵を第三者に漏れることなく安全に配布しなければならないので注意が必要です。また、通信をする相手ごとに別々の鍵を使用しなければならないため、複数の鍵を管理する負担が掛かります。

関連用語　暗号化と復号（52）

セキュリティ

54 公開鍵暗号方式

- 暗号化と復号で別々の鍵を使用する
- メリットは、鍵の管理が容易で、安全性が高いこと
- デメリットは、共通鍵暗号方式に比べて処理に時間が掛かること

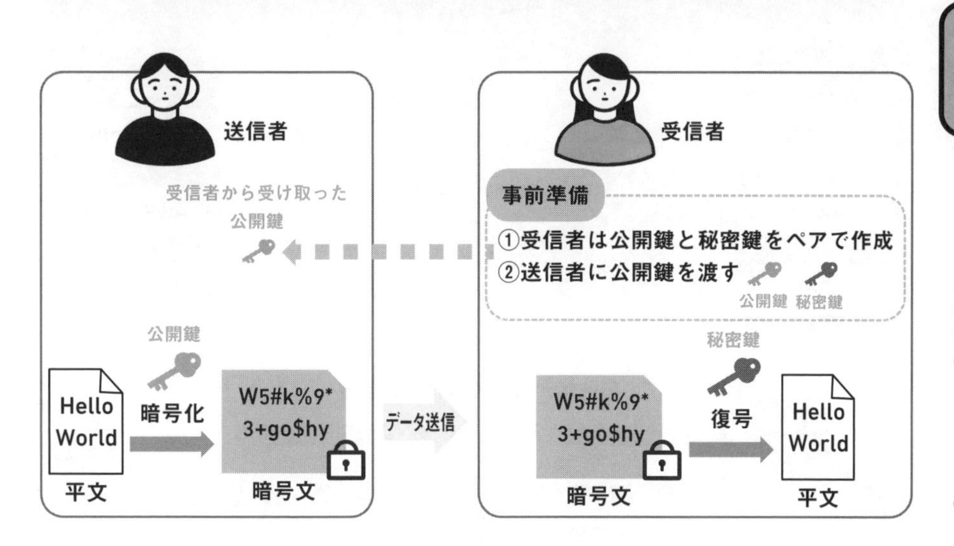

公開鍵暗号方式では、暗号化と復号に別々の鍵を使用します。事前に受信者が秘密鍵と公開鍵を作成し、送信者に公開鍵を渡しておきます。送信者は受け取った公開鍵を使用して暗号化を行い、秘密鍵を所有している受信者だけが復号することが出来る仕組みとなっています。公開鍵暗号方式で用いられる暗号化アルゴリズムの主流は**RSA**というもので、電子署名やSSL証明書などで使用されています。

公開鍵暗号方式は、共通鍵暗号方式に比べて、暗号化や復号の処理に時間がかかりますが、通信相手が増えても公開鍵を複製して配布出来るため、受信者は秘密鍵だけを管理すればよいので、安全性も高く、鍵管理の負担も軽減されます。

関連用語　暗号化と復号 （52）

55 ハッシュ関数

- 入力データを固定長な値に変換する関数
- ハッシュ値はハッシュ関数によって出力された値
- 入力データは推測できないため一方向関数ともいう

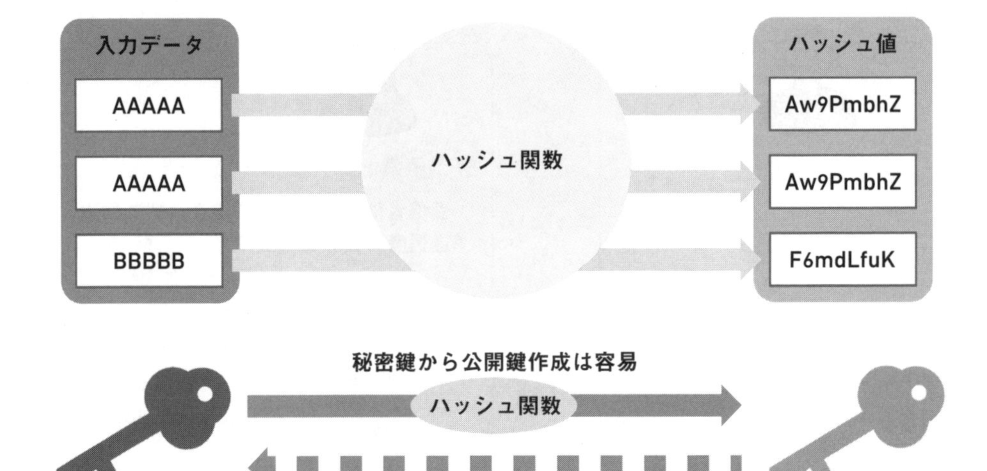

ハッシュ関数は、入力されたデータを規則性のない固定長な値に変換し出力する関数のことです。この時に出力される値を**ハッシュ値**といいます。入力データが同一であれば、毎回同じハッシュ値を出力しますが、入力データが少しでも異なる場合には、それぞれのハッシュ値は全く違う値が出力される仕組みとなっています。このような仕組みから、ハッシュ値から入力データを推測することは非常に困難なため、**一方向関数**とも言われます。

公開鍵暗号方式では、この一方向関数の性質を利用しており、公開鍵は秘密鍵を利用して作成されますが、公開鍵から秘密鍵を作成することは出来ないため、安全性が確保されます。

関連用語 暗号化と復号 (52)

56 デジタル署名

- デジタル署名は電子文書の所有者を証明する
- 公開鍵暗号方式とハッシュ関数を組み合わせた技術
- データの改ざん等が行われていないことを証明する

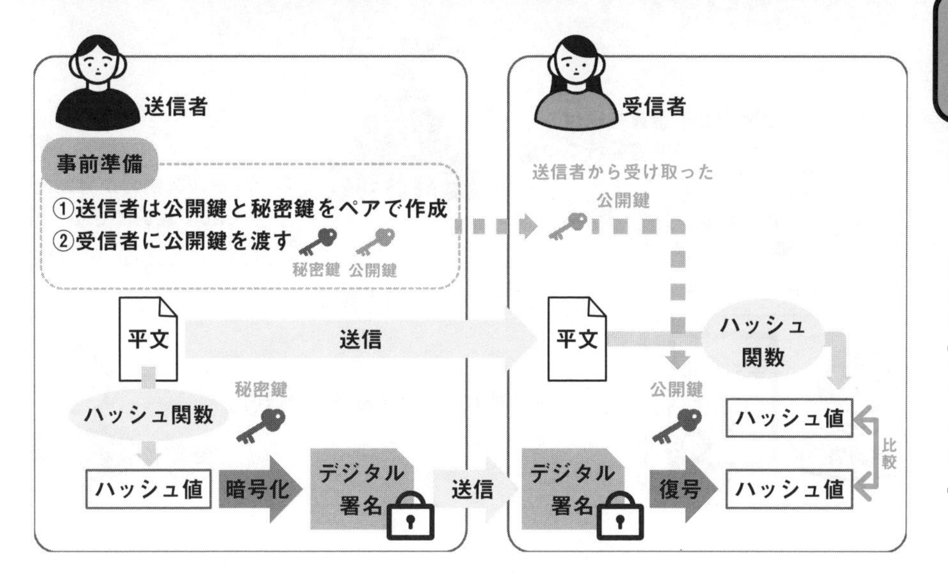

デジタル署名は、電子文書の所有者を証明するもので、インターネットの世界において身分証明書の役割をします。公開鍵暗号方式とハッシュ関数の仕組みを組み合わせた技術です。

図のように送信者から受信したデータ（平文）に対してハッシュ関数で算出したハッシュ値と、暗号化されたデジタル署名を復号して求められるハッシュ値を比較して、一致すれば受信したデータが、改ざんされたりなりすましによって送られたりするものではなく、送信者本人から送信されていたものであることが証明されます。

関連用語　暗号化と復号（52）　公開鍵暗号方式（54）　ハッシュ関数（55）　認証局（57）

57 認証局
シーエー　サーティフィケート・オーソリティ
(CA：Certificate Authority)

- デジタル証明書を発行する機関
- 公開鍵の正当性を証明する第三者
- セキュリティリスクのあるデジタル証明書を失効させる

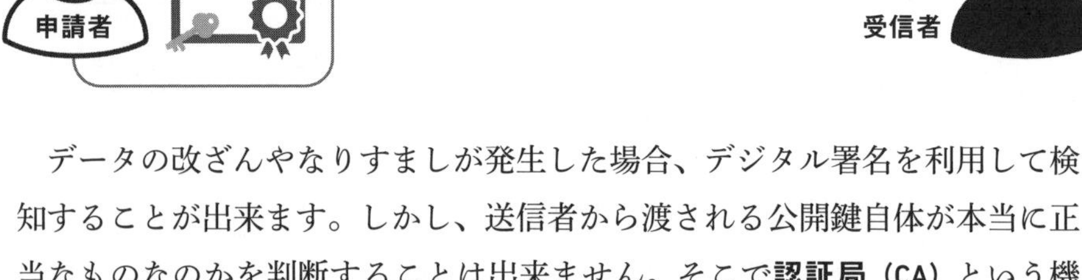

データの改ざんやなりすましが発生した場合、デジタル署名を利用して検知することが出来ます。しかし、送信者から渡される公開鍵自体が本当に正当なものなのかを判断することは出来ません。そこで**認証局（CA）**という機関が発行するデジタル証明書を公開鍵に付随して渡すことで、公開鍵も改ざんなどがされていない正当なものであることを証明することが出来ます。

認証局は、申請を受けて審査を行い、デジタル証明書を発行する他に、有効期限が切れたり秘密鍵を紛失したりなどセキュリティリスクがあるデジタル証明書に対して失効させる役割も担います。失効した証明書は**証明書失効リスト（CRL）**に登録し、その情報を公開しています。

関連用語　暗号化と復号（52）　デジタル署名（56）

58 SSH（Secure Shell）

エスエスエイチ　セキュアシェル

- 認証機能と暗号化で安全にリモート操作を行うプロトコル
- SSHの認証方式はパスワード認証方式と公開鍵認証方式
- 正当性はホスト認証とユーザ認証で確保

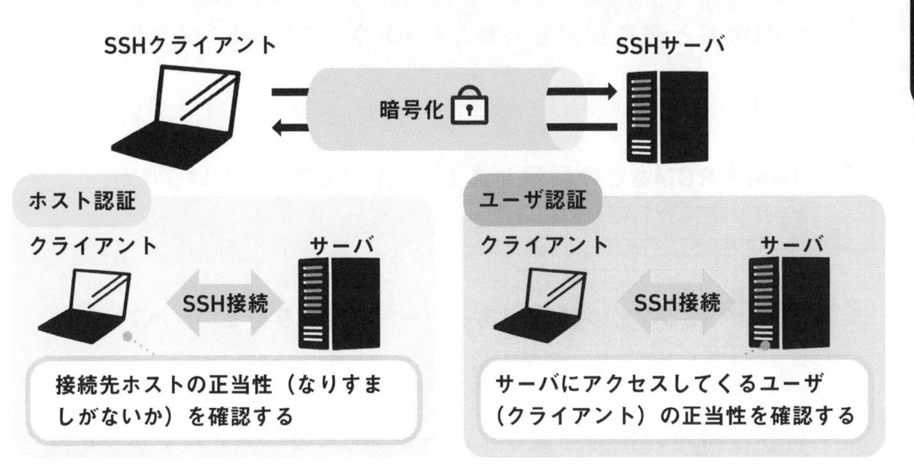

SSHは、クライアントとサーバなどのリモートホスト間の通信において、強力な認証機能と暗号化によってファイル転送やリモート操作を安全に行うことが出来るプロトコルです。

SSHの認証にはユーザ名とパスワードでログインを行う**パスワード認証方式**と**公開鍵認証方式**を利用します。

また、接続先ホストの正当性を確認する方法を**ホスト認証**といい、偽物によるサーバのなりすましを防ぎます。一方ホストにアクセスしてくるユーザが正当であることを確認する方法は**ユーザ認証**といい、悪意のあるユーザからのアクセスを防ぎます。

関連用語　認証と認可（51）　暗号化と複合（52）　公開鍵暗号方式（54）　OpenSSH（201）

章末問題

ハードウェア

1 キーボードやマウスなどは何装置と呼ばれるか?

2 制御装置と演算装置を兼ねるハードウェアを何というか?

3 RAMやROMなどの種類があるハードウェアを何というか?

4 HDDやSSDなどの種類があるハードウェアを何というか?

5 何かと何かの接点を表し、ハードウェアのケーブルやポートの形状や規格を指す言葉は?

6 周辺機器を接続させるための規格で、コンピュータの機能拡張のための機器を接続する規格を何というか?

7 コンピュータに周辺機器を接続させるための規格の1つで、電源を付けたまま接続や認識ができるという特徴を持つものを何というか?

ソフトウェア

1 コンピュータを操作するためのソフトウェアを何というか?

2 OSを構成する3つのプログラムをそれぞれ何というか?

3 コンピュータが実行する作業順序を記したファイルを何というか?

4 プログラミング言語処理には大きく分けて何と何があるか?

5 プログラムの代表的な3つのアルゴリズムをあげよ?

6 プログラムにおいて値を出し入れできる名前付きの箱のことを何というか?

7 ソースコードが無償で公開されているソフトウェアを何というか?

8 OSSライセンスで派生物を含めて自由であるべき、という思想が反映されているライセンスの名称は?

9 OSSライセンスで最低限の制限を設けるライセンスの名称を何というか?

10 著作物を保護するための権利とは?

ネットワーク

1 決められたルールに従って情報を運ぶために、2台以上のコンピュータがつながっている状態を何というか?

2 データ通信における約束事を何というか?

3 インターネット上の住所に使われるアドレスを何というか?

4 家庭内や企業内などの限られた範囲のネットワークのことを何というか?

5 コンピュータにアドレスを自動的に割り当てるプロトコルを何というか?

6 自分が所属する内部ネットワークから外部のネットワークへ接続する際に通信の出入り口の役割を担う機器を何というか?

7 通信相手までの最適な経路を決定し、転送する仕組みを何というか?

8 DNSなどを用いてホスト名とアドレスを相互変換することを何というか?

9 インターネット経由でコンピュータ資源を利用する形態を何というか?

10 ソフトウェアを利用してハードウェアリソースを統合したり分割する技術を何というか?

セキュリティ

1 重要な情報を適切に保護や管理し、安全な状態を維持することを何というか?

2 通信相手の身元を確認する仕組みを何というか?

3 第三者にわからないようにデータを変換することを何というか?

4 共通の鍵を使って第三者にわからないようにデータを変換する方式を何というか?

5 公開鍵と秘密鍵という2つの鍵を用いて第三者にわからないようにデータを変換する方式を何というか?

6 入力データを固定長に変換する関数を何というか?

7 インターネットの世界において身分証明書の役割を果たすものを何というか?

8 公開鍵の正当性を証明する第三者のことを何というか?

9 安全にリモート操作を行うプロトコルを何というか?

解答

ハードウェア

1. 入力装置
2. CPU
3. メモリ
4. ディスク
5. インタフェース
6. PCI
7. USB

ソフトウェア

1. OS
2. カーネル、デバイスドライバ、ライブラリ
3. プログラム
4. コンパイラ、インタープリタ
5. 順次処理、繰り返し処理、条件分岐処理
6. 変数
7. OSSまたはOpen Source Software
8. コピーレフト型ライセンス
9. パーミッシブ型ライセンス
10. 著作権

ネットワーク

1. ネットワーク（コンピュータ・ネットワーク）
2. プロトコル
3. IPアドレス
4. LANまたはLocal Are Network
5. DHCP
6. デフォルトゲートウェイ
7. ルーティング
8. 名前解決
9. クラウドまたはクラウドコンピューティング
10. 仮想化

セキュリティ

1. 情報セキュリティ
2. 認証
3. 暗号化
4. 共通鍵暗号方式
5. 公開鍵暗号方式
6. ハッシュ関数
7. デジタル署名
8. 認証局またはCA
9. SSH

第 3 章

Linuxの基本

この章ではLinuxの操作方法を中心に学習します。Linuxの操作は主にコマンドで行います。まずはコマンドを実行するために必要なシェルの機能や、基本的なコマンドの書式、Linuxのファイルの種類や、ディレクトリ階層構造などを学びましょう。

また、ファイル作成やコピーなどのファイル操作コマンドや、リダイレクト、フィルタコマンドといったテキストのデータ処理などで使用頻度が高いコマンドについても触れていきます。Linux上でサーバを構築するのに必須の知識になりますので、しっかりと学習しましょう。

基本操作

59 シェル

- シェルはカーネルとユーザの橋渡し役を担う
- シェルとユーザの共通言語としてコマンドを用いる
- 色々な種類がありそれぞれのシェルに特徴がある

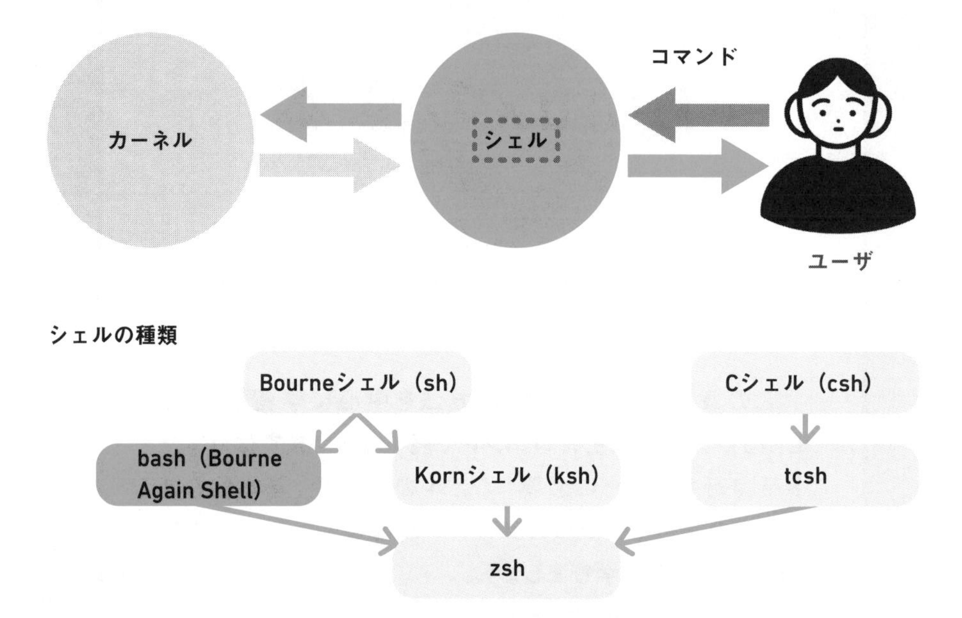

OSの中核を担う**カーネル**は機械語しか、ユーザは人間の言葉しか理解できないので、OSを操作するには双方の橋渡し役が必要です。そこで**シェル**がカーネルとユーザの間に入り、ユーザからの指示を翻訳してOSに伝達します。伝達に使用するシェルとユーザの共通言語を**コマンド**と呼びます。

シェルには様々な種類があり、それぞれに特徴があります。代表的なシェルとして**bash**（Bourne Again Shell）が挙げられます。bashはLinuxに標準で搭載されているシェルです。

関連用語　OS（17）　コマンド①（60）　コマンド②（61）　環境設定ファイル（70）

60 コマンド①

- Linuxには多数のコマンドが用意されている
- 必要に応じてオプションや引数を指定する
- コマンドの実行結果のことを戻り値と呼ぶ

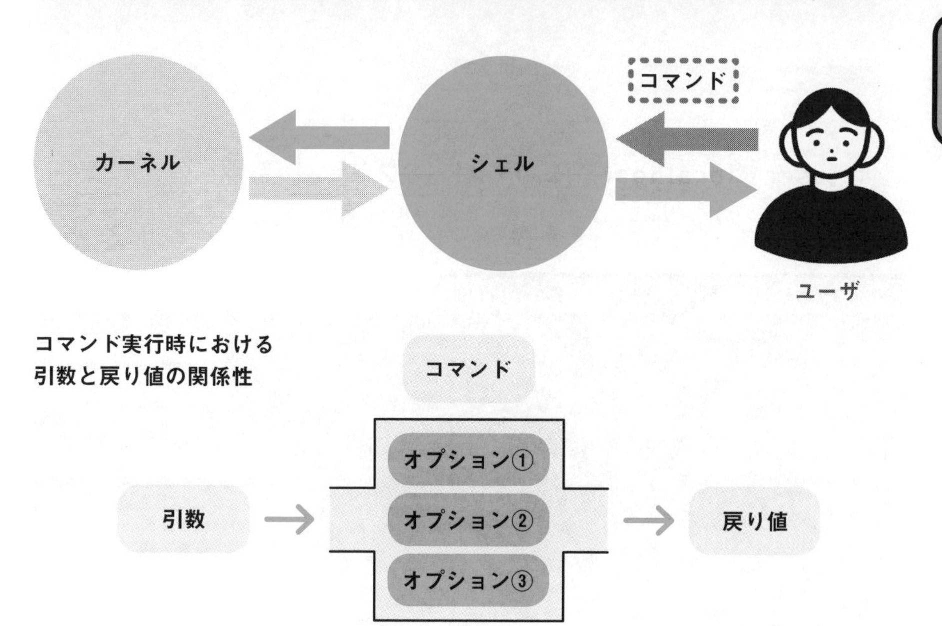

OSを操作するために必要な、ユーザとシェルの共通言語のことを**コマンド**といいます。Linuxには非常に多くのコマンドが用意されています。

コマンドごとに用意されている**オプション**を指定することで、様々な機能を使うことができ、さらには**引数**(ひきすう)を指定してコマンドに任意の値を渡すことができます。オプションや引数がなくても実行できるコマンドもあります。

指定したコマンドやオプション、引数に応じた実行結果のことを**戻り値**と言います。

関連用語　シェル（59）　コマンド②（61）

基本操作

61 コマンド②

- Linuxログイン後にプロンプトが表示される
- プロンプトにコマンドを入力して実行する
- オプションや引数により様々な戻り値が得られる

コマンド実行時の書式

実行時の日時を示すdateコマンドの実行例

```
[user@localhost ~]$ date
Sat Jun 25 11:00:00 JST 2022
[user@localhost ~]
[user@localhost ~]$ date -u
Sat Jun 25 02:00:00 UTC 2022
[user@localhost ~]
[user@localhost ~]$ date -r /etc/passwd
Mon May 2 15:00:00 JST 2022
```


Linux（CUI）にログインするとプロンプトが表示されます。**プロンプト**はシェルがコマンドの入力を受け付けている状態を示します。ログインしているユーザ名やホスト名などが表示され、表示内容はカスタマイズできます。

コマンドは「**コマンド [オプション] [引数]**」の形式で入力後、Enterキーを押下して実行します。例えば現在の日付を表示する**dateコマンド**は、オプションや引数を指定してUTCの時刻を表示したり、指定ファイルの更新日時を表示したりすることができます。

関連用語 シェル（59） コマンド①（60） 時刻関連コマンド（124） タイムゾーン（127）

基本操作

62 コマンド履歴

- 過去に実行したコマンドはシェルが記憶している
- 矢印「↑」キーで過去に実行したコマンドを呼び出す
- コマンド履歴の一覧はhistoryコマンドで参照可能

矢印↑キーを使ったコマンド履歴表示

```
[user@localhost ~]$ date        ← 手動でコマンドを入力
Sat Jun 25 11:00:00 JST 2022
[user@localhost ~]$ date        ← ↑キー1回押下で直前のコマンドを表示
```

historyコマンドの実行例

```
[user@localhost ~]$ history
   1  pwd
   2  cd ..
   3  pwd
   4  ls -l
[user@localhost ~]$ !3        ← 「!」と履歴番号の組み合わせ
pwd
/home/user
```

実際にLinuxを操作していると同じコマンドを何度も使うことがあります。その際に何度も同じコマンドを入力するのは手間になってしまいます。そこで便利なのが、過去に実行したコマンドをシェルから呼び出す機能です。いくつか方法はありますが、キーボードの矢印「↑」キーを押下すると直前の実行コマンドを押下した回数分、順に表示させることができます。

historyコマンドを実行することで過去に実行したコマンドの一覧を履歴番号とともに表示させることができます。また、「!」と履歴番号を組み合わせてコマンドを再実行することもできます。

関連用語　シェル（59）　コマンド①（60）　コマンド②（61）

基本操作

63 シェル変数

- 変数を設定したシェルでのみ参照できる変数
- シェルが起動した子シェルからは参照できない
- 「変数名=値」でシェル変数を設定する

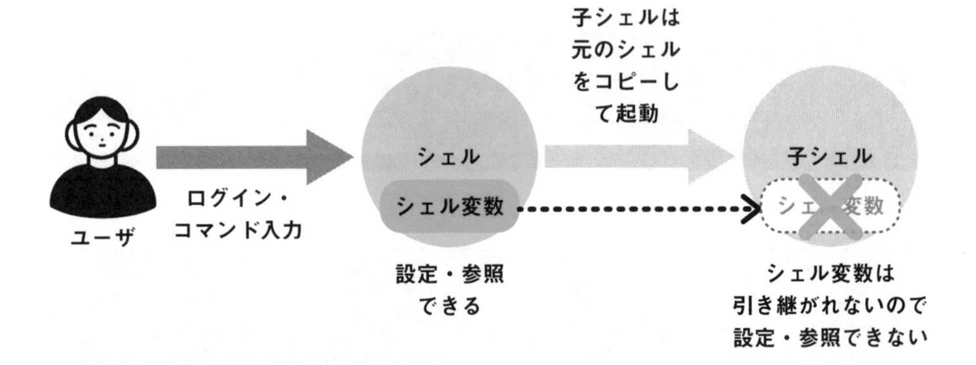

シェル変数の設定・参照

```
[user@localhost ~]$ a=apple      ← シェル変数aを設定
[user@localhost ~]$ echo $a      ← シェル変数aに格納した値が参照される
apple
```

ユーザがログインしているシェルで変数を設定すると、そのシェルで設定した変数が参照できるようになります。コマンド実行時、別のシェル（子シェル）が起動しますが、この別のシェルからは参照できません。

このように1つのシェルでのみ参照できる変数を**シェル変数**と呼びます。シェル変数を設定するには、ログインした状態で「変数名=値」を入力します。シェル変数の値を参照するときはechoコマンドで$記号を用いることで確認できます。主なシェル変数の用途はシェルスクリプトで計算するときや、比較するときなど、処理に使う値を格納するのに使用します。

関連用語　変数（22）　シェル（59）　シェルのメタキャラクタ（67）　シェルスクリプトとは（206）

64 環境変数

- シェル変数と異なり子シェルからも参照できる変数
- exportコマンドで環境変数を設定する
- システムの動作をカスタマイズするために用いられる

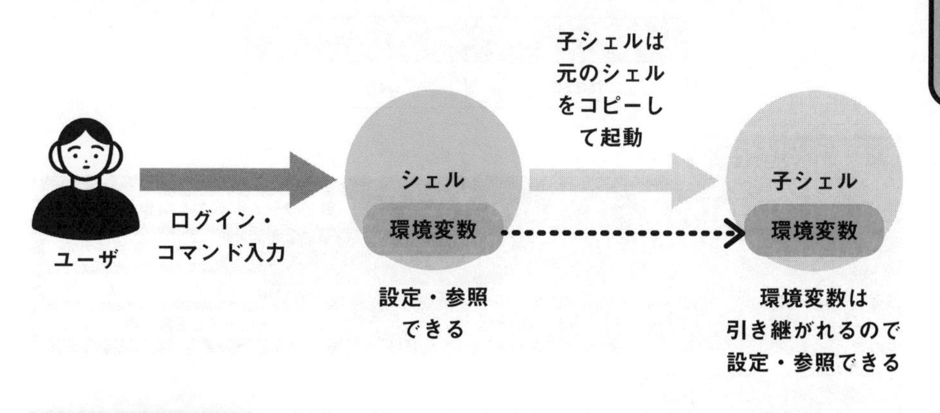

環境変数の設定例

```
[user@localhost ~]$ a=apple
[user@localhost ~]$ export a        ← シェル変数aを環境変数に変更
[user@localhost ~]$ export b=banana ← 環境変数bを一行で設定
```

シェル変数は設定したシェルでのみ参照できる変数でしたが、**環境変数**として設定すれば、コマンド実行時に起動する別のシェル（子シェル）からも参照できるようになります。

環境変数を設定するには**exportコマンド**を使用します。引数にシェル変数を指定することで環境変数に変更、またはexportの後に「変数名＝値」を指定して設定することもできます。

環境変数には言語やコマンドパスなどシステムの環境をカスタマイズするための値が格納されているものが多くあります。

関連用語　変数（22）　シェル（59）　シェル変数（63）　環境変数PATH（65）　環境変数LANG（66）

65 環境変数PATH

- 各コマンドには実態として実行ファイルが存在する
- 環境変数PATHには各コマンドの実行ファイルパスを格納
- 環境変数PATHが実行ファイルを検索および実行する

コマンド名	実行ファイル
date	/bin/date

コマンドの実行例

```
[user@localhost ~]$ /bin/date
Sat Jun 25 11:00:00 JST 2022
[user@localhost ~]$ date
Sat Jun 25 11:00:00 JST 2022
```

実行ファイルパスを指定して実行
正常に実行される
コマンド名のみで実行
コマンド名のみでも正常に実行される

環境変数PATHの確認

```
[user@localhost ~]$ echo $PATH
/usr/local/bin:/bin:/usr/bin:/usr/local/sbin:/usr/sbin:/
sbin:/home/user/bin
```

環境変数PATHに/binの記載があるため、/bin配下に実行ファイルがあるコマンドはコマンド名のみで実行可能

コマンドには**実行ファイル**が存在しており、本来コマンドを実行するには「**/bin/**（コマンド名）」といった形で実行ファイルが置かれているディレクトリも含めて指定して実行する必要がありますが、コマンド名のみで実行できるのは、**環境変数PATH**があるためです。環境変数PATHに実行ファイルの置き場を格納することでユーザが入力したコマンド名から実行ファイルを検索および実行します。環境変数PATHにパスを格納してコマンド名だけで実行可能にすることを「パスを通す」と表現します。

関連用語 環境変数（64） ディレクトリ階層（75） 絶対パス（76）

66 環境変数LANG

- Linuxの言語設定は必要に応じて変更が可能
- 環境変数LANGにはロケールの値が格納されている
- ロケールの設定値はあらかじめ定義されている

環境変数LANGの設定例

```
[user@localhost ~]$ echo $LANG
en_US.UTF-8
[user@localhost ~]$ export LANG=ja_JP.UTF-8
[user@localhost ~]$ echo $LANG
ja_JP.UTF-8
```

現在のロケール値を確認

ロケール値を日本語に変更

定義されているロケール設定値の例

ロケールの設定値	説明
C	英語
en_US.UTF-8	英語（米）/Unicode
ja_JP.UTF-8	日本語/Unicode
ja_JP.eucJP	日本語/EUC-JP
ja_JP.shiftJIS	日本語/ShiftJIS

Linuxで使用される言語の設定はカスタマイズすることができます。

環境変数LANGはシェルで使われる**ロケール**（国・地域や言語に関する情報）が格納されている環境変数です。言語表記を英語から日本語表記に変えたい場合は、環境変数LANGに格納されているロケールを「en_US.UTF-8」から「ja_JP.UTF-8」に変えることで変更することができます。

ロケールの設定値は国・地域、言語別にあらかじめ定義されています。VirtualBoxのコンソール画面では日本語は文字化けするので注意が必要です。

関連用語　シェル（59）　環境変数（64）

67 シェルのメタキャラクタ

- シェル上で特別な意味を持つ文字のこと
- コマンドの引数などの指定が便利になる
- メタキャラクタを普通の文字として扱うことも可能

代表的なシェルのメタキャラクタ

メタキャラクタ	説明
~（チルダ）	ユーザのホームディレクトリ（ログイン直後の場所）を示す
.（ドット）	カレントディレクトリ（現在の作業場所）を示す
..（ドットドット）	ひとつ上のディレクトリ（親ディレクトリ）を示す
$（ドル）	変数名と組み合わせで対象の変数を参照する
'（シングルクォーテーション）	括った中のメタキャラクタを無視する引用符
"（ダブルクォーテーション）	括った中で一部のメタキャラクタを使える
;（セミコロン）	コマンドを続けて実行することを意味する
\（バックスラッシュ）	メタキャラクタの直前に付与することで普通の文字として扱う

シェルの**メタキャラクタ**とはシェル上で特別な意味を持つ文字のことです。

コマンドを実行する際にメタキャラクタを使うことで引数の指定などが便利になります。例えばコマンドラインで「**~（チルダ）**」を使用すると、実行ユーザ（user）のホームディレクトリ（**/home/user**）を意味するので、1文字だけでホームディレクトリを指定することができます。

様々な記号がメタキャラクタとして使用されますが、直前に「**\（バックスラッシュ）**」を付けると普通の文字としても扱うことができます。例えば、前述の「~」は「\~」とすることで、ホームディレクトリの/home/userを表す意味ではなく、単なる文字としての「~」として扱うことができます。

関連用語　ワイルドカード（68）　pwdコマンド（73）　ディレクトリ階層（75）　絶対パス（76）

68 ワイルドカード

- 特定パターンに一致する文字列を表す特殊な文字
- シェルのメタキャラクタでは「*」「?」などがある
- ファイルを検索・指定する際に一括で扱うことができる

代表的なワイルドカードを示すメタキャラクタ

メタキャラクタ	意味
*（アスタリスク）	0文字以上の任意の文字列を意味する （例）「ab*c」=「abc」「ab123c」
?（クエスチョン）	1文字の任意の文字を意味する （例）「ab?c」= 「abac」「ab1c」
[ ]（ブラケット）	[ ] 内の任意の一文字を意味する （例）「ab[xyz]c」 = 「abxc」「abzc」 また [a-z] や [0-9] というように指定することも可能
{ }（ブレイス）	{ } 内の , で区切った文字列を意味する （例）「ab{123,xyz}c」=「ab123c」「abxyzc」

シェルのメタキャラクタの中でも、特定のパターンにマッチする文字列を表す特殊な文字を**ワイルドカード**と呼びます。「***（アスタリスク）**」や「**?（クエスチョン）**」など上記の表に記載のある記号がワイルドカードに該当します。例えば「file1.txt」と「file10.txt」の2ファイルを、「*」を用いて「file*.txt」とすることでひとつの表記で指定することができます。

コマンドを実行する際、これらのワイルドカードを引数で使うことにより、特定の文字列にマッチしたファイルを一括で削除したり、コピーしたり、移動させたりすることができます。例えば、「rm -r ./*」だとカレントディレクトリのすべてのファイルを削除できます。「.」がカレントディレクトリ（現在の作業場所）で「/」はその下の、「*」がすべてのファイルを表します。

関連用語　シェルのメタキャラクタ（67）　コピーコマンド（79）　移動コマンド（80）　削除コマンド（81）

基本操作

69 aliasコマンド

- エイリアスは通称や別名という意味合いを持つ言葉
- 頻繁に使うコマンドラインを独自の名前で定義できる
- エイリアスの設定にはaliasコマンドを使う

ls -l | grep ^d → lsd

lsコマンドで出力されたファイルやディレクトリの一覧に対して、パイプで連結したgrepコマンドにより「d」から始まる行のみを表示する処理。

aliasコマンドでエイリアスを設定すると…

指定したコマンドラインに対して独自に名前を定義できる

エイリアスを設定する際に使うaliasコマンドの書式

alias　定義する名前=‘実行内容’
実行例：alias lsd=‘ls –l | grep ^d’

alias（エイリアス）とは、元は通称や別名という意味です。Linuxでは、頻繁に使うコマンドやオプションまたはパイプで連結したコマンドラインに対して、独自に名前を付けてエイリアスを設定し、1つのコマンドのように使うことができます。こうすることで入力する文字数が減り、効率的に作業ができます。このエイリアス機能はシェルの機能の一部です。

現在設定されているエイリアスの確認やエイリアスの新規設定には**aliasコマンド**を使います。確認時は、aliasコマンドに引数をつけずに実行し、設定時はaliasコマンドの後に定義する別名=実行内容の形で記載します。

関連用語　lsコマンド（72）　パイプ（91）　grepコマンド（96）

基本操作

70 環境設定ファイル

- 環境変数などの設定はログアウトするとリセットされる
- 専用の設定ファイルに設定を保存することができる
- ログイン後やシェル起動後に設定内容が反映される

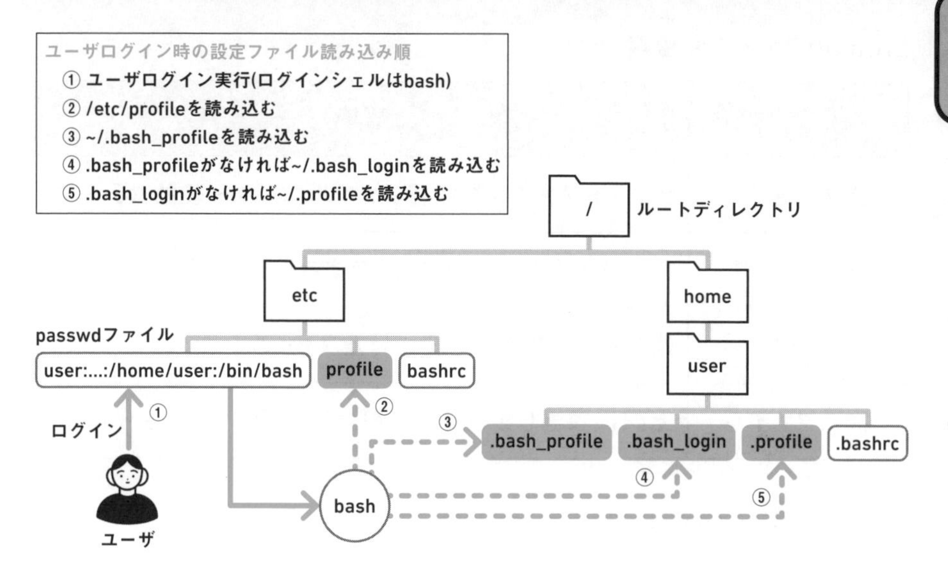

環境変数やエイリアスを設定しても一度Linuxからログアウトすると設定がリセットされてしまうため、再ログインした際は設定をし直す必要があります。

恒常的に使用する環境変数などは、ここで紹介する環境設定ファイルに設定内容を保存しておくことで、ユーザログイン後やシェルの起動後に保存した内容が反映され、都度設定する手間を省くことができます。設定ファイルは適用するユーザ範囲（全ユーザ対象か個別ユーザ対象か）や実行タイミング（ログイン時か、シェル起動時か）等に応じて複数用意されており、決まった順番で読み込まれます。

関連用語　環境変数（64）　aliasコマンド（69）　ディレクトリ階層（75）　/etc/passwdファイル（103）

71 ファイルの種類

- Linuxのファイルはいくつかの種類に分けられる
- 通常ファイルは一般的な用途で使用されるデータ
- ディレクトリは各種ファイルの保管場所

Linuxのファイルの種類

ファイル種類	説明
通常ファイル	テキストファイルや実行ファイルなどの一般的なデータ
ディレクトリ	各種ファイルをまとめて保管する保管場所
リンク	他ファイルの実態を紐づけたファイル
特殊ファイル	上記に該当しない特殊な用途で使用されるファイル

LinuxではWindowsと同様にデータをファイルという形で管理しています。ファイルの種類は通常ファイル、ディレクトリ、リンク、特殊ファイルに分けられます。

通常ファイルは一般的なデータを指し、例えばテキストファイルや実行ファイルなどが該当します。**ディレクトリ**はWindowsでいうフォルダに該当するファイルの保管場所を指し、様々なファイルをまとめて管理できます。**リンク**は特定ファイルの実態を紐づけたファイルです。**特殊ファイル**はデバイス管理など特殊な用途で使われます。

ファイルの種類により、コマンドの引数として使用できる、できないがあります。どのファイルがどの種類かを把握するのも重要です。種類を把握するには主に**lsコマンド**を使用します。

関連用語　lsコマンド（72）　ディレクトリ階層（75）

72 lsコマンド

- lsコマンドはファイルの一覧を表示する
- オプション-lで詳細情報を表示できる
- ファイルの種類や更新日時などの情報を表示できる

コマンド名	説明
ls	ファイルの一覧を表示する

lsコマンドの実行例

```
[user@localhost ~]$ ls
DIR_test   test.txt  （他ファイル省略）
```

Linuxの種類や設定にもよるが、lsコマンドでファイル一覧を表示すると通常ファイルは白文字、ディレクトリは青文字で表示される

lsコマンドで詳細表示の実行例

```
[user@localhost ~]$ ls -l
drwxrwxr-x 2 uesr user  6 Nov  6  11:47 DIR_test
（途中省略）
-rw-rw-r-- 1 uesr user   0 Nov  6  11:46 test.txt
```

先頭”d”なのでディレクトリ

先頭”-”なので通常ファイル

Linuxでファイル一覧を表示するには**lsコマンド**を使用します。オプションや引数を付けずに実行すると、現在自身がいるディレクトリ上のファイル名が表示されます。

ファイル名だけではなくほかの詳細情報も一緒に表示させるには、オプションに **-l** を指定します。ファイルの種類や更新日時などの情報が併せて表示されます。一番左の文字が「**-**」の場合は通常ファイル、「**d**」の場合はディレクトリ、「**l**」の場合はリンクです。

ファイルが存在しない場合はコマンドを実行しても何も表示されません。

関連用語　ファイルの種類（71）　ディレクトリ階層（75）

73 pwdコマンド

- 作業中のディレクトリをカレントディレクトリと呼ぶ
- pwdコマンドはカレントディレクトリを表示する
- カレントディレクトリは頻繁に確認する

コマンド名	説明
pwd	カレントディレクトリを表示する

pwdコマンドの実行例

```
user@localhost ~]$ pwd          ← カレントディレクトリを表示
/home/user
[user@localhost ~]$ cd /home/user/DIR_test   ← ディレクトリを移動
[user@localhost DIR_test]$
[user@localhost DIR_test]$ pwd  ← カレントディレクトリを表示
/home/user/DIR_test
[user@localhost DIR_test]$ cd /home/user     ← 元のディレクトリに戻る
[user@localhost ~]$
```

ユーザが作業しているディレクトリのことを**カレントディレクトリ**と呼びます。カレントディレクトリはファイルやディレクトリに関係するコマンドにおいて、実行結果に関わるため特に重要です。例えば**lsコマンド**では、引数を指定せずに実行するとカレントディレクトリのファイルが一覧表示されます。カレントディレクトリが、/etcか、/home/userかなどにより表示される結果が異なることがわかります。

pwdコマンドを使うことで実行したユーザのカレントディレクトリを確認することができます。コマンド名の由来はPrint Working Directoryです。CUIの操作ではカレントディレクトリを意識しにくいため、頻繁に実行するコマンドとなります。

関連用語　lsコマンド（72）　cdコマンド（74）　ディレクトリ階層（75）

74 cdコマンド

- cdコマンドはカレントディレクトリを変更する
- カレントディレクトリを変更することで作業を効率化
- 実行後はpwdコマンドで変更できているか確認

コマンド名	説明
cd	カレントディレクトリを移動する

cdコマンドの実行例

```
[user@localhost ~]$ pwd                          カレントディレクトリを確認
/home/user
[user@localhost ~]$ cd /home/user/DIR_test
[user@localhost DIR_test]$                       ディレクトリを移動
[user@localhost DIR_test]$ pwd                   カレントディレクトリを確認
/home/user/DIR_test
[user@localhost DIR_test]$ cd /home/user
[user@localhost ~]$                              元のディレクトリに戻る
```

pwdコマンドではカレントディレクトリを確認できますが、カレントディレクトリを変更するには**cdコマンド**を使います。コマンド名の由来はChange Directoryです。

カレントディレクトリを変更すると、コマンドの引数で指定するファイルパスが短くなるなど、作業を効率化することができます（理由は**77**の「相対パス」参照）。

cdコマンド実行後は、戻り値が出力されませんので、**pwd**コマンドなどを使って意図する通りディレクトリを変更できているか確認するようにしましょう。

関連用語　pwdコマンド（73）　ディレクトリ階層（75）　相対パス（77）

75 ディレクトリ階層

- 最上位のディレクトリをルートディレクトリ(/)と呼ぶ
- ディレクトリ間の関係性はツリー状に表現される
- ルートディレクトリ直下の構成はFHSに沿っている

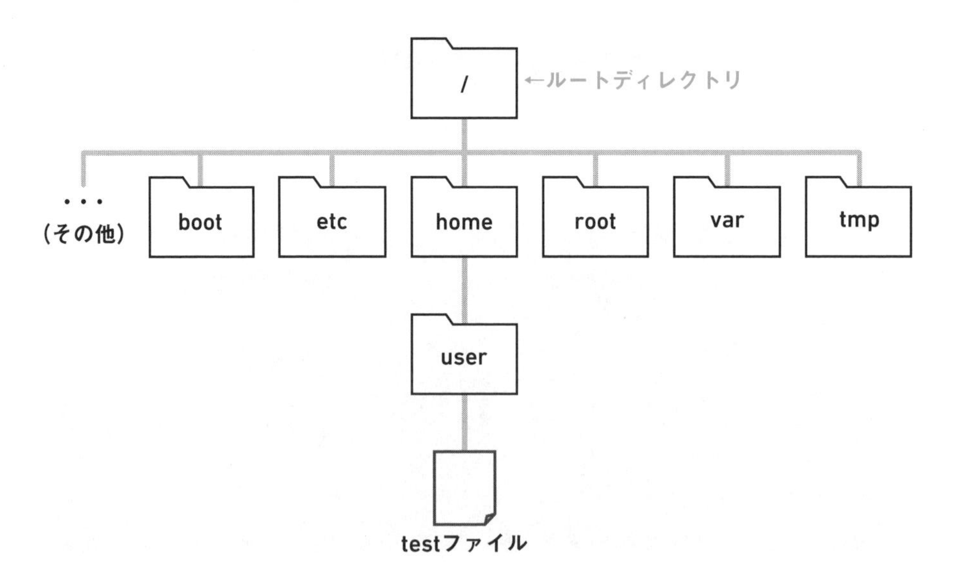

Linuxのディレクトリ階層は**ルートディレクトリ**（/）を最上位として、その配下にすべてのディレクトリやファイルがぶら下がる形で存在しています。このような構造のことを**ディレクトリツリー**と表現します。

ひとつ上のディレクトリを**親ディレクトリ**といいます。図でいうと、homeディレクトリの親ディレクトリはルートディレクトリになります。また、ディレクトリの中にあるディレクトリを**サブディレクトリ**といいます。Linuxを含む多くのUnix系OSにおいて、ルートディレクトリ直下のサブディレクトリ（boot, etcなど）は**FHS**（Filesystem Hierarchy Standard）という規定に沿って、インストール時からあらかじめ用意されています。

関連用語	シェルのメタキャラクタ（67）　ルートファイルシステム（154）

76 絶対パス

- ファイルパスには絶対パスと相対パスが存在する
- 絶対パスは必ずルートディレクトリ(/)を起点とする
- カレントディレクトリに関わらず完全なパスを指定する

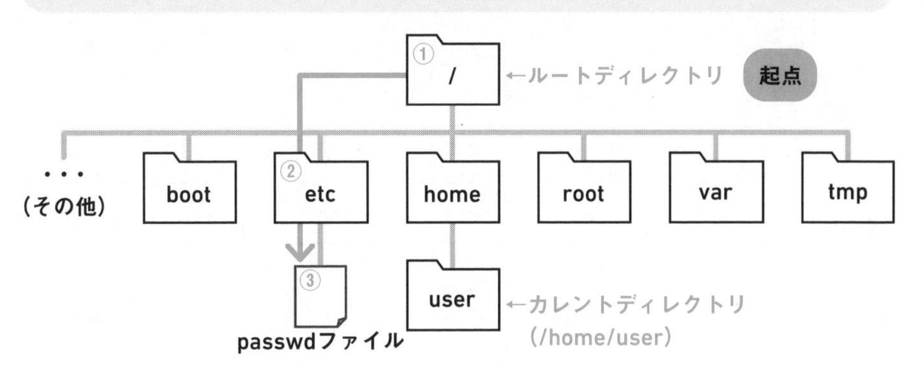

ファイルパスを指定する方法として、絶対パスと相対パスがあります。

絶対パスは**フルパス**とも呼ばれ、ルートディレクトリ（/）を起点として指定したいファイルやディレクトリの場所を記載します。

上図③のpasswdファイルを指定したい場合は、ルートディレクトリ（/）→ etcディレクトリ（etc/）→ passwdファイルを順に記載するため、「/etc/passwd」という表記になります。

なお、絶対パスを記載する場合、カレントディレクトリは関係ありません。カレントディレクトリがどこであっても、ファイルを指定するときの書き方に変更がないのが特徴です。しかし、階層が深くなる場合に入力する文字数が増えてしまいます。

関連用語　pwdコマンド（73）　ディレクトリ階層（75）　/etc/passwdファイル（103）

ファイル操作

77 相対パス

- 相対パスはカレントディレクトリを起点とする
- 「..」は1つ上のディレクトリを示す記号
- カレントディレクトリにより相対パスは都度変わる

passwdファイルを相対パス（起点は/home/user）で指定する場合

./../../etc/passwd

カレントディレクトリ(①)（省略可）　1つ上のディレクトリ(②)　さらに1つ上のディレクトリ(③)　etcディレクトリ(④)　passwdファイル(⑤)

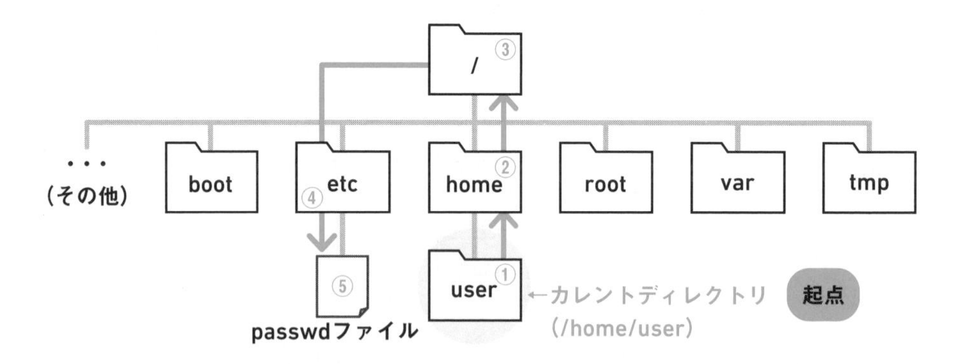

相対パスはカレントディレクトリを起点として指定したいファイルやディレクトリの場所を記載します。カレントディレクトリ は「.」で表されます。

上記の例でpasswdファイルを表すと /home/user(./) を起点に、1つ上のディレクトリを意味する記号「..」を使い、home(../) → ルートディレクトリ(../) → etcディレクトリ(etc/) → passwdファイルと順に並べて「./../../etc/passwd」となります。

相対パスはカレントディレクトリにより表記が変わるため、/etcがカレントディレクトリの場合は「./passwd」や./を省略した「passwd」といった短い形で指定できるのが特徴です。

関連用語　シェルのメタキャラクタ（67）　ディレクトリ階層（75）　/etc/passwdファイル（103）

78 作成コマンド (touch/mkdir)

- ファイルやディレクトリの作成はコマンドで実行
- touchコマンドはファイルを作成する
- mkdirコマンドはディレクトリを作成する

コマンド名	説明
touch	ファイルのタイムスタンプを変更する 空ファイルを作成する
mkdir	ディレクトリを作成する

touchコマンドとmkdirコマンドの実行例

```
[user@localhost ~]$ ls
[user@localhost ~]$ touch test1.txt        ファイルを作成
[user@localhost ~]$ mkdir DIR1_test        ディレクトリを作成
[user@localhost ~]$ ls
DIR1_test    test1.txt                     ファイルとディレクトリが作成されている
(他ファイル省略)
```

CUIの操作では、ファイルやディレクトリを作成する場合もコマンドを用います。

touchコマンドでファイルを作成することができます。本来は引数に指定したファイルのタイムスタンプ（更新日時）を変更するためのコマンドですが、引数で指定したファイルが存在しない場合は空のファイルが新規で作成されます。

mkdirコマンドでディレクトリを作成することができます。

touchコマンドもmkdirコマンドも、引数に指定するファイルやディレクトリは絶対パスと相対パスのどちらでも実行可能です。

関連用語　ファイルの種類（71）　ディレクトリ階層（75）　絶対パス（76）　相対パス（77）

79 コピーコマンド（cp）

- cpコマンドはファイルやディレクトリをコピーする
- 引数はコピー元、コピー先の順で指定する
- ディレクトリをコピーする際はオプション-rが必要

コマンド名	説明
cp	ファイルやディレクトリをコピーする ※ディレクトリコピー時はオプション-rが必要

cpコマンドの実行例

```
[user@localhost ~]$ ls
DIR1_test   test1.txt    （他ファイル省略）
[user@localhost ~]$ cp test1.txt test2.txt
[user@localhost ~]$ cp -r DIR1_test DIR2_test
[user@localhost ~]$ ls
DIR1_test   DIR2_test   test1.txt   test2.txt
（他ファイル省略）
```

ファイルをコピー
ディレクトリをコピー
コピー先が追加されている

cpコマンドでファイルやディレクトリのコピーができます。引数は先にコピー元、後にコピー先のファイルやディレクトリを指定します。既存のディレクトリをコピー先に指定すると、コピー元のファイルやディレクトリが同名でコピーされ、それ以外は指定された名前でコピーされます。ディレクトリをコピーする場合は、cpコマンドにオプション **-r** を付けます。-rは再帰的にコピーを行うオプションです。これは、コピー元のディレクトリ内にファイルやサブディレクトリがあれば一緒にコピーされるといったディレクトリの中身をまとめて処理（移動や削除等）することを、「再帰的に処理する」と表現することに由来しています。

関連用語 ファイルの種類（71）　ディレクトリ階層（75）

80 移動コマンド（mv）

- mvコマンドはファイルやディレクトリを移動する
- 引数は移動元、移動先の順で指定する
- ファイル名、ディレクトリ名の変更時にも使用できる

コマンド名	説明
mv	ファイルやディレクトリを移動する

mvコマンドの実行例

```
[user@localhost ~]$ ls
DIR1_test   test2.txt   test1.txt    （他ファイル省略）
[user@localhost ~]$ mv test2.txt DIR1_test
[user@localhost ~]$ ls DIR1_test
test2.txt
[user@localhost ~]$ mv test1.txt sample1.txt
[user@localhost ~]$ ls
DIR_test   sample1.txt
（他ファイル省略）
```

ファイル格納先を移動
移動したファイルが格納されている
ファイル名を変更
ファイル名が変更されている

mvコマンドでファイルやディレクトリを移動できます。引数は先に移動元、後に移動先のファイル名やディレクトリ名を指定します。移動先にディレクトリを指定すると、指定ディレクトリ内に移動元のファイルやディレクトリが格納されます。移動先に存在していないファイルやディレクトリを指定すると、ファイルやディレクトリの名前を変更することもできます。ディレクトリを移動したり名前変更する場合、コピーコマンドのようにオプションは不要です。

関連用語　ファイルの種類（71）　ディレクトリ階層（75）　コピーコマンド（79）

81 削除コマンド（rm/rmdir）

- rmコマンドはファイルやディレクトリを削除する
- rmdirコマンドはディレクトリを削除する
- rmdirコマンドで削除できるのは空ディレクトリのみ

コマンド名	説明
rm	ファイルやディレクトリを削除する ※ディレクトリ削除時はオプション-rが必要
rmdir	ディレクトリを削除する

rmコマンドとrmdirコマンドの実行例

```
[user@localhost ~]$ ls
DIR_test    test.txt      (他ファイル省略)
[user@localhost ~]$ rm test.txt          ファイルを削除
[user@localhost ~]$ rmdir DIR_test       ディレクトリを削除
[user@localhost ~]$ ls                   削除したファイルは表示されない
(他ファイル省略)                          (ファイルとディレクトリが削除されている)
```

rmコマンドでファイルやディレクトリを削除できます。対象がディレクトリの場合はコピーコマンドと同様オプション**-r**を付与することで、ディレクトリとその中身を再帰的に削除します。

rmdirコマンドでもディレクトリを削除することができます。引数に指定できるのは空ディレクトリのみなので、削除したいディレクトリにファイルやサブディレクトリが格納されている場合は先に削除してください。

rmコマンドやrmdirコマンドで削除されたデータは原則として復元が不可能なので実行時は注意が必要です。

関連用語　ファイルの種類（71）　ディレクトリ階層（75）　コピーコマンド（79）

82 圧縮とアーカイブ化

- ファイルを圧縮することでファイルサイズを小さくする
- ディレクトリはそのままでは圧縮ができない
- ディレクトリはアーカイブ化した上で圧縮する

ファイルの圧縮と解凍の流れ

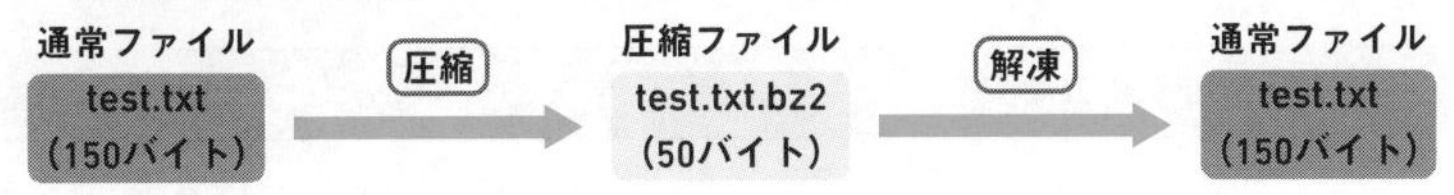

ディレクトリの圧縮と解凍、アーカイブ化と展開の流れ

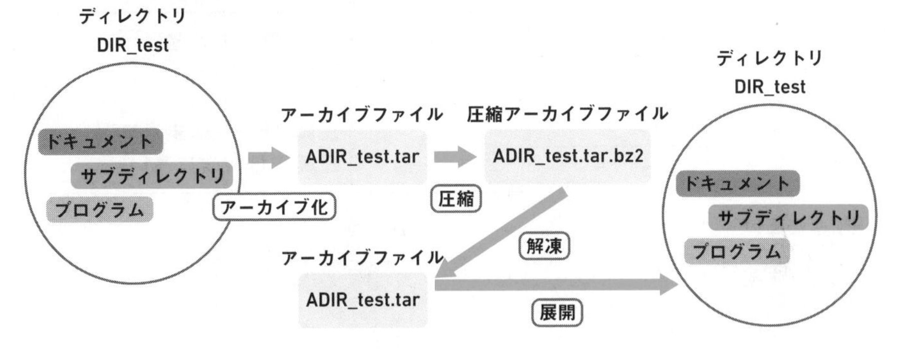

ファイルは圧縮することでファイルサイズを小さくすることができます。Linuxではいくつかの圧縮形式をサポートしており、代表的なものに**bzip2**があります。**bzip2**を使ってファイルを圧縮すると拡張子**.bz2**が付与されます。そのほかの圧縮方式については「**83**　圧縮・解凍コマンド」で紹介します。

ディレクトリはそのままでは圧縮できません。事前に複数のファイルをまとめたファイルである「**アーカイブ**」に変換する必要があります。Linuxのアーカイブファイルは、**tarコマンド**を用いて作成されることが多く、拡張子**.tar**が付与されます。tarコマンドは「**84**　アーカイブコマンド」で紹介します。

関連用語　圧縮・解凍コマンド（83）　アーカイブコマンド（84）

ファイル操作

83 圧縮・解凍コマンド（gzip/bzip2/xz）

- 圧縮・解凍にはgzip/bzip2/xzコマンドを使用する
- 圧縮形式により圧縮ファイルの拡張子が異なる
- 解凍はオプション-dまたは専用コマンドを使用

Linuxでサポートされている主な圧縮・解凍コマンド

圧縮コマンド	解凍コマンド	拡張子	特徴
gzip	gzip -d gunzip	.gz	圧縮スピードは高速 圧縮率は低い
bzip2	bzip2 -d bunzip2	.bz2	圧縮スピードは遅い 圧縮率は高い
xz	xz -d unxz	.xz	圧縮スピードは非常に遅い 圧縮率は非常に高い

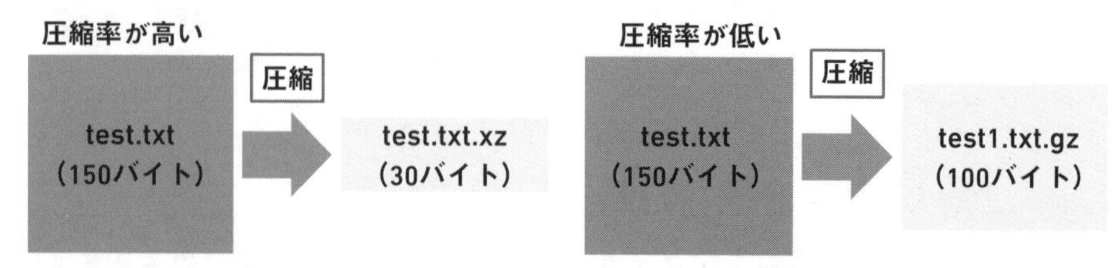

Linuxでよく使われる圧縮形式として**gzip/bzip2/xz**の3つが挙げられます。使用する圧縮形式によって圧縮ファイルの末尾につく拡張子は異なりますが、圧縮に使用されるコマンド名は圧縮形式の名前と同じです。これらは圧縮スピードや圧縮率などに違いがあり、運用しているLinuxの対応の有無や利用シーンによって使われる形式が異なります。

圧縮ファイルを解凍するにはオプション**-d**または専用のコマンド（**gunzip/bunzip2/unxz**）を使用します。圧縮ファイルの拡張子に対応した解凍コマンドを使わなければ解凍できない点に注意が必要です。

関連用語　圧縮とアーカイブ化（82）　アーカイブコマンド（84）

84 アーカイブコマンド (tar)

- tarコマンドはアーカイブを作成または展開する
- オプションを用いて圧縮や解凍も同時に行える
- tarコマンドのオプション指定では「-」は使わない

コマンド名	説明
tar	アーカイブを作成する アーカイブを展開する

tarコマンドの主なオプション

オプション	説明
c	新しいアーカイブを作成する 引数にアーカイブファイル名、対象ディレクトリを順に指定
x	アーカイブを展開する 引数にアーカイブファイル名を指定
v	処理したファイルの一覧を詳しく出力する
f	アーカイブファイルの指定
j	アーカイブの作成・展開に合わせ、bzip2で圧縮・解凍をする
J	アーカイブの作成・展開に合わせ、7、xzで圧縮・解凍をする
z	アーカイブの作成・展開に合わせ、gzipで圧縮・解凍をする

tarコマンドはアーカイブファイルを作成または展開します。作成したい場合はオプション**c**、展開したい場合はオプション**x**を付けてオプション**f**の引数にアーカイブファイルの名前を指定します。

アーカイブの作成や展開だけではなく、圧縮や解凍も同時に行うことができます。例えばbzip2形式であればオプション**j**を指定して、アーカイブの作成・展開を併せて行います。

tarコマンドはオプションを付与する際の「-」が不要です。付けても動作はしますが慣例的に付けないことが多いです。（例：**tar xjvf sample.tar.gz**）

関連用語　圧縮とアーカイブ化（82）　圧縮・解凍コマンド（83）

85 標準入出力

- コマンドには標準の入出力が備わっている
- エラーメッセージの出力は標準エラー出力と呼ぶ
- 標準入出力はLinux上では数値として表現される

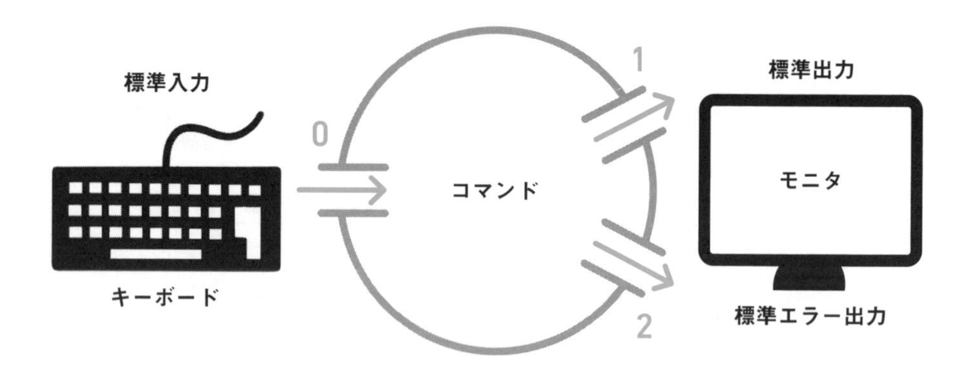

Linux上でコマンドを実行するとき、一般的にはキーボードでコマンドやコマンドが求めるデータを入力して、その結果がモニタに出力されます。これらをそれぞれ**標準入力**、**標準出力**と呼びます。実行したコマンド処理に異常がありエラーメッセージをモニタに出力することを**標準エラー出力**と呼びます。また、これら3つをまとめて**標準入出力**といいます。

Linuxでは標準入出力の識別に数値を使っており、標準入力は「**0**」、標準出力は「**1**」、標準エラー出力は「**2**」の数値が割り当てられています。標準入出力の理解は**86**以降のリダイレクトや**91**のパイプの理解に役立ちます。

関連用語　入力リダイレクト（86）　出力リダイレクト（87）　エラーリダイレクト（88）　パイプ（91）

86 入力リダイレクト（0<）

- 入力先や出力先を変更することをリダイレクトと呼ぶ
- コマンドライン上では「<」または「>」で指定する
- 入力リダイレクトを使うとファイルの内容を入力できる

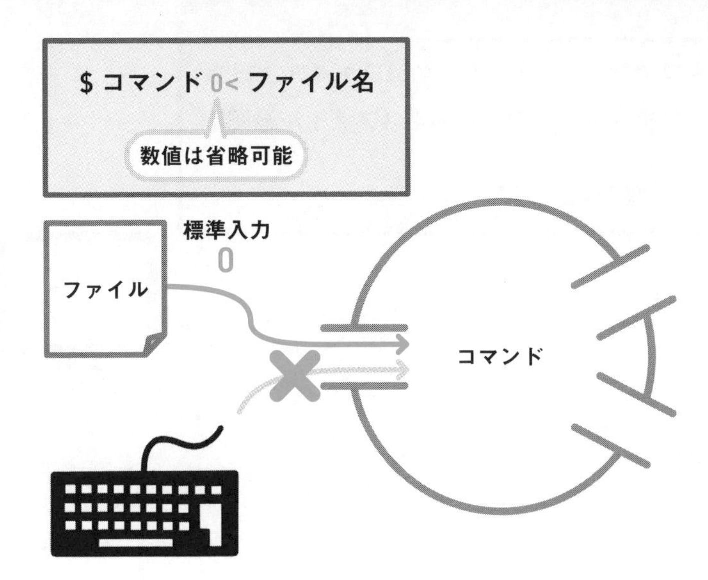

リダイレクトとは、「向け直す」という意味で、Linuxの**リダイレクト**はコマンドの標準入力や標準出力をファイルに変更することをいいます。

コマンドライン上では「**<**」または「**>**」の記号を使ってリダイレクトを指示します。

入力リダイレクトを使うと、キーボードから入力する代わりにファイルの内容をコマンドに渡すことができます。「**$ コマンド 0< ファイル名**」のように表記できますが、入力リダイレクトの「0」は省略できるので「**$ コマンド < ファイル名**」のように表記するのが一般的です。

関連用語 標準入出力（85）

87 出力リダイレクト（1>、1>>）

- 出力リダイレクトにより出力先を変更できる
- 出力内容は指定ファイルに上書きまたは追記される
- 追記の場合はリダイレクト記号を2つ連続する

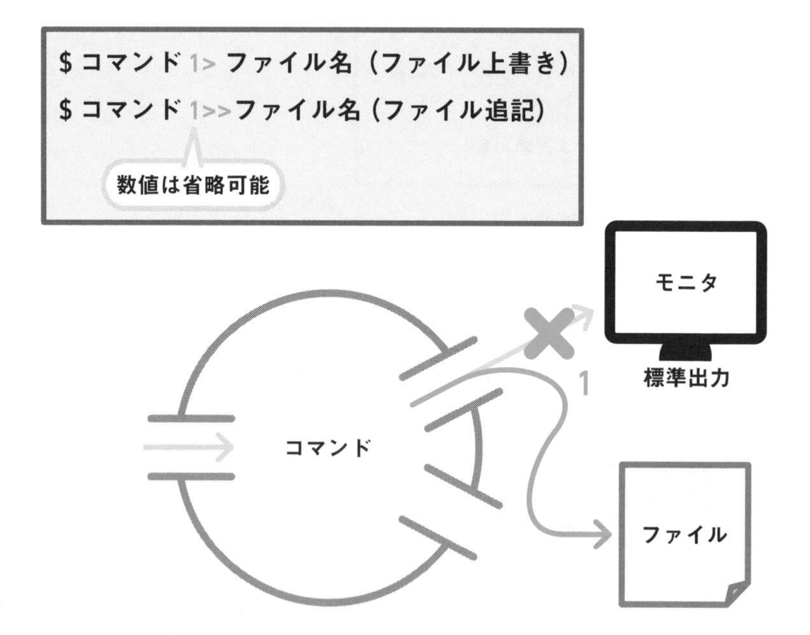

出力リダイレクトを使うと、通常モニタに出力されるコマンドの結果を指定ファイルに出力させることができます。

「**$ コマンド 1> ファイル名**」のように指定するとコマンドの結果はモニタに表示されず、指定したファイルに記載されます。

ただし、「1>」だとファイル内容が上書きされてしまう点に注意が必要です。ファイルを上書きしたくない場合は、「**$ コマンド 1>>ファイル名**」のようにリダイレクト記号を2つ連続することで追記させることができます。いずれのケースも出力リダイレクトの「1」は省略が可能です。

関連用語	標準入出力（85）

88 エラーリダイレクト（2>、2>>）

- 標準エラー出力の出力先は通常モニタとなる
- エラーリダイレクトにより出力先を変更できる
- 追記の場合はリダイレクト記号を2つ連続する

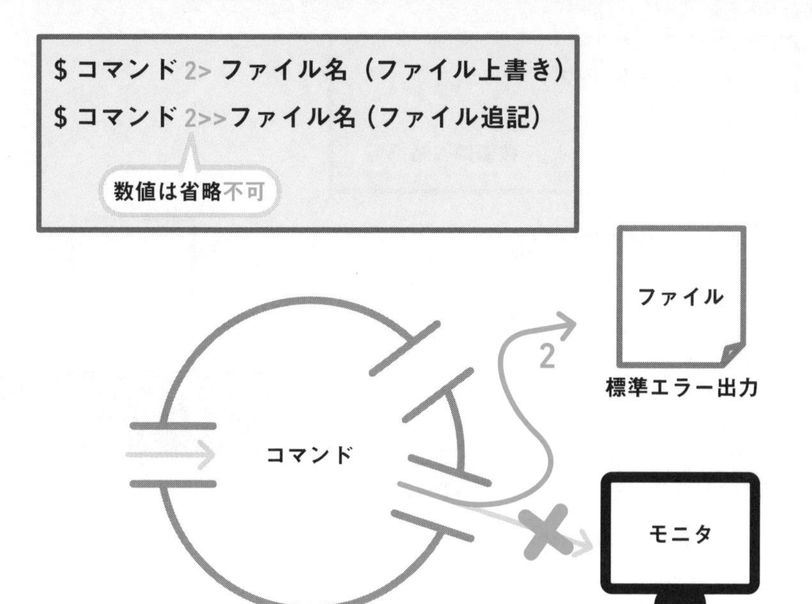

コマンド処理に異常がありエラーメッセージが出力される場合、標準エラー出力としてモニタが出力先となります。

エラーリダイレクトを使うことで、エラーメッセージをモニタではなく指定したファイルに出力することができます。

「**$ コマンド 2> ファイル名**」のように指定すると指定ファイルにエラーメッセージが上書きされます。上書きしたくない場合は「**$ コマンド 2>>ファイル名**」のようにリダイレクト記号を2つ連続することで追記させることができます。

関連用語　標準入出力（85）　出力リダイレクト（87）

89 特殊なリダイレクト（2>&1）

- 通常は標準出力と標準エラー出力は区別されない
- リダイレクト時にも区別せず同じファイルに出力可能
- 特殊なリダイレクト記号「2>&1」を利用する

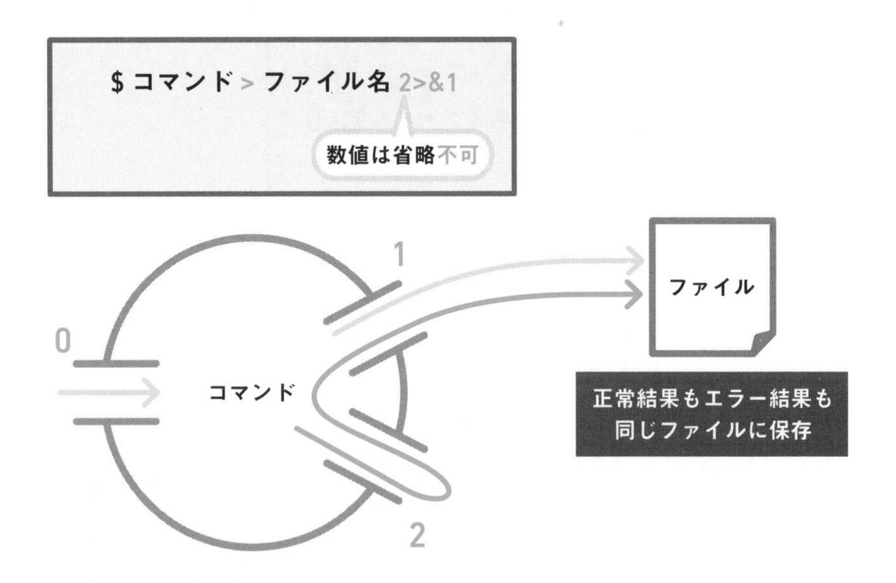

標準出力と標準エラー出力はモニタなので、通常コマンドの実行結果は正常に終了しても異常に終了してもモニタに表示されます。リダイレクト時は指定した記号により区別されますが、コマンドの実行結果と同様に正常か異常かにかかわらず、同じファイルに結果を出力したい場合は特殊なリダイレクト記号を用います。

「**$ コマンド > ファイル名 2>&1**」のように、標準出力をファイルにリダイレクトして末尾に「**2>&1**」を付与することで標準エラー出力の出力先を標準出力と同じファイルにすることができます。

関連用語　標準入出力（85）　出力リダイレクト（87）　エラーリダイレクト（88）

90 ヒアドキュメント(<<)

- ヒアドキュメントは改行を含む文字列を標準出力する機能
- catコマンドと「<<」の組み合わせで用いることが多い
- 標準出力をリダイレクトすることでファイル作成が可能

ヒアドキュメントの実行例

```
[user@localhost ~]$ cat << EOF    ← 終端文字を"EOF"※に指定（任意の文字列）
> Hello                           ← 任意の文字列を入力
> World                           ← 任意の文字列を入力
> EOF                             ← 指定した終端文字を入力すると終了
Hello                             ← 入力した任意の文字列が標準出力される
World
[user@localhost ~]$
```

ヒアドキュメントを使ったファイル作成の実行コマンド例

```
[user@localhost ~]$ cat  <<  EOF  >  sample.txt
```

出力リダイレクトによりsample.txtに文字列が出力される

※EOF=End Of Fileの略で終端文字によく使われる

リダイレクトを用いて改行を含む任意の文字列を標準出力させる機能を**ヒアドキュメント**といいます。指定した終端文字が入力されるまで標準入力に任意の文字列を送り続け、終了すると入力した文字列がモニタ上に標準出力されます。「**$ cat << 終端文字**」のようにcatコマンドとリダイレクト記号の「**<<**」を組み合わせることで実行できます。

ヒアドキュメントの標準出力をリダイレクトすることで、viエディタなどのテキストエディタを使わずにファイルの作成も可能です。

関連用語　標準入出力（85）　出力リダイレクト（87）　catコマンドとlessコマンド（94）　viエディタ（101）

91 パイプ

- パイプにより複数のコマンドをつなげることができる
- パイプを示す記号は「|（バーティカルバー）」
- 複雑なコマンド処理を行うことができる

$ コマンドA ｜コマンドB

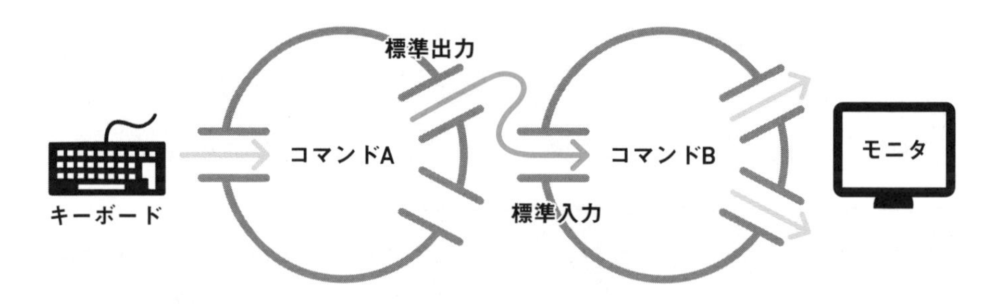

パイプとは、あるコマンドの標準出力を別のコマンドの標準入力に渡す処理のことをいいます。「**$ コマンドA | コマンドB**」のようにパイプを示す記号「**|**（バーティカルバー）」で複数のコマンドをつなぐことで、コマンドAの実行結果が標準出力からコマンドBの標準入力に引き渡され、そのデータをもとにコマンドBが実行されます。

パイプを使って複数コマンドを組み合わせることで、単一のコマンドでは実行できない複雑なコマンド処理を実現させることができます。

パイプでつなげることができるコマンドの数に制限はありません。よく次項以降に紹介するフィルタコマンドと組み合わされることが多いです。

関連用語　標準入出力（84）　aliasコマンド（69）　フィルタコマンド（92）

92 フィルタコマンド

- フィルタコマンドは標準入力からデータを受け取る
- フィルタコマンドは結果を標準出力に出力する
- リダイレクトやパイプを活用することができる

主なフィルタコマンド一覧

コマンド	説明
tee	モニタ・ファイル両方に出力
cat	ファイルの中身を表示
less	ファイルの中身を1画面ずつ表示
head / tail	ファイルの先頭/末尾を表示
cut	ファイルから指定した項目の列を取り出す
grep	ファイルから指定した文字列と合致する箇所を表示

コマンド	説明
sort	ファイル内並べ替え
uniq	重複行を取り除く
expand	タブをスペースに変換
unexpand	スペースをタブに変換
xargs	標準入力を用いてコマンド行を作成
sed	ファイルの中身を指定した内容に従って処理

フィルタコマンドとは、標準入力からデータを受け取り、何らかの処理や加工を行った上で標準出力に結果を出力するコマンド全般のことを指します。あくまで加工して表示するだけなので、元ファイルへ変更を保存することはしません。

リダイレクトと併用することで、加工元のデータをキーボード入力ではなくファイル読み込みにしたり、加工処理した結果をモニタではなくファイルに出力したりすることができます。

またパイプを使用することで、複数のフィルタコマンドを用いて複雑な処理を実行させることもできます。

関連用語　標準入出力（85）　入力リダイレクト（86）　出力リダイレクト（87）　パイプ（91）

93 teeコマンド

- teeコマンドは標準入力をモニタとファイルに出力する
- パイプを用いてコマンド結果をteeコマンドに渡す
- オプション-aでファイル上書きではなく追記を行う

コマンド名	説明
tee	標準入力からモニタとファイルの両方に出力を行う

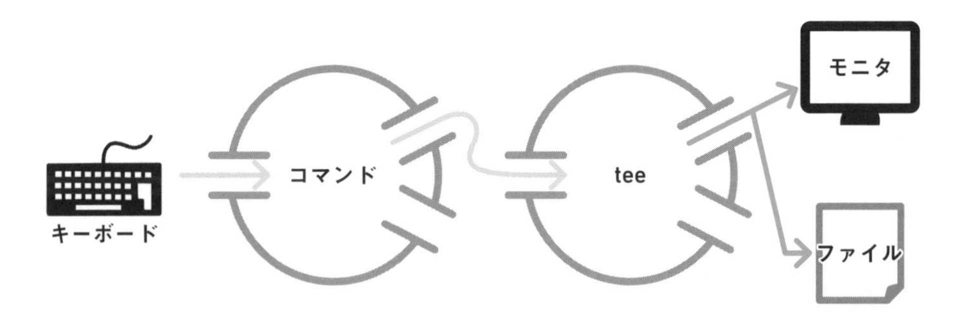

teeコマンドを使うと、標準入力から受け取ったデータを標準出力先であるモニタと指定したファイルの両方に出力することができます。例えば「ls –l /」の結果を標準入力として、teeコマンドに渡しモニタと指定ファイルに出力する場合は、パイプを用いて「ls –l / | tee sample.txt」のように指定します。

通常teeコマンドで指定したファイルには、標準入力の内容が上書きされますが、オプション**-a**を付与することで既存のファイルへの追記とすることができます。

関連用語　標準出入力（85）　パイプ（91）　フィルタコマンド（92）

94 catコマンドとlessコマンド

- catコマンドは指定したファイルの中身を表示する
- catではファイルの内容がすべて同時に表示される
- lessコマンドを使うと画面ごとに分割して表示できる

コマンド名	説明
cat	ファイルの中身を表示する
less	ファイルの中身を1画面ずつ表示する

catコマンドの実行例

```
[user@localhost ~]$ cat /etc/passwd
root:x:0:0:root:/root:/bin/bash
bin:x:1:1:bin:/bin:/sbin/nologin
daemon:x:2:2:daemon:/sbin:/sbin/nologin
adm:x:3:4:adm:/var/adm:/sbin/nologin
lp:x:4:7:lp:/var/spool/lpd:/sbin/nologin
sync:x:5:0:sync:/sbin:/bin/sync
（以下省略）
```

passwdファイルを指定

指定された順にファイルの内容が出力される

catコマンドの語源はconCATnate（連結）で、複数ファイルの中身を連結させて標準出力に出力できることに由来しています。一般的には単一のファイルを指定して標準出力にファイルの中身を出力させる用途で使われます。

catで指定したファイルの中身は指定した順に画面に出力されます。行数が多いと画面に収まらず見切れてしまいます。そこでcatの代わりに**lessコマンド**を使うと、1画面ずつ順にファイルの中身を表示させることができます。Enterキーで次の行に進み、Spaceキーで一画面分進んだあと「**q**」を入力すると表示を終了します。

関連用語 フィルタコマンド（92）

95 headコマンドとtailコマンド

- headコマンドはファイルの先頭10行を表示する
- tailコマンドはファイルの末尾10行を表示する
- tailのオプション-fはリアルタイムで追加行を表示する

コマンド名	説明
head	ファイル先頭の指定行数の内容を表示する
tail	ファイル末尾の指定行数の内容を表示する

headコマンドとtailコマンドの実行例

```
[user@localhost ~]$ head -n 5 /etc/passwd
root:x:0:0:root:/root:/bin/bash
bin:x:1:1:bin:/bin:/sbin/nologin
daemon:x:2:2:daemon:/sbin:/sbin/nologin
adm:x:3:4:adm:/var/adm:/sbin/nologin
lp:x:4:7:lp:/var/spool/lpd:/sbin/nologin
[user@localhost ~]$ tail -n 2 /etc/passwd
user:x:1000:user:/home/user:/bin/bash
user2:x:1001::/home/user2:/bin/bash
```

passwdファイルを指定 先頭5行を指定

先頭5行までが出力される

ファイルの末尾2行を指定

末尾2行が出力される

headコマンドはファイル先頭の指定した行数の内容を表示します。行数を指定しない場合はデフォルトで先頭10行の内容が表示されます。行数を指定する場合はオプション**-n**の後に行数を入力します。

tailコマンドはファイル末尾の指定した行数の内容を表示します。headコマンドと同様に行数指定がない場合はデフォルトで末尾10行が表示され、行数を指定する際はオプション**-n**を使います。また、オプション**-f**を使うと末尾に行が追加される度にリアルタイムで表示させることができます。

関連用語　フィルタコマンド（92）　一般的なログファイル（131）

96 cutコマンドとgrepコマンド

- cutコマンドはファイルから必要な項目を取り出す
- grepコマンドは指定文字列を含む行のみを表示する
- grepコマンドはパイプを用いて使用することも可能

コマンド名	説明
cut	ファイルから指定した項目の列を取り出す
grep	ファイルから指定文字列の合致箇所を表示

cutコマンドとgrepコマンドの実行例

```
[user@localhost ~]$ cut -f 1,7 -d : /etc/passwd
root :/bin/bash
(以下省略)
[user@localhost ~]$ grep “root” /etc/passwd
root:x:0:0:root:/root:/bin/bash
[user@localhost ~]$ ls -l | grep “test”
-rw-rw-r--. 1 user user  0  8月 1 00:00 test1
```

cutで1,7フィールドを指定して表示

grepで”root”を含む行のみを表示

lsの結果に対してgrepで”test”を含む箇所のみ表示

ファイルから特定の情報のみを切り取って表示させたい場合、cutコマンドやgrepコマンドを使うと便利です。

cutコマンドはファイルから必要なフィールドや列のみを取り出して表示します。例の/etc/passwdファイルは「:（コロン）」でフィールドが区切られているため、オプション**-d**で区切り文字の「:」を指定し、オプション**-f**で1,7フィールドを指定すると指定フィールドの内容のみ表示されます。**grepコマンド**はファイルから指定したパターンと合致する行のみを表示できます。例のようにパイプを用いて他コマンドの標準入出力に対して使うこともできます。

関連用語 lsコマンド（73） 標準入出力（85） パイプ（91） フィルタコマンド（92） /etc/passwd（103）

97 sortコマンドとuniqコマンド

- sortコマンドはファイルの内容を昇順に並べ替える
- uniqコマンドはファイルの重複行を取り除く
- uniqコマンド使用時はあらかじめ並べ替えが必要

コマンド名	説明
sort	ファイルの内容を並べ替えて表示
uniq	ファイルの重複行を取り除いて表示

sortコマンドとuniqコマンドの実行例

```
[user@localhost ~]$ cat test_sort.txt
3
1
2
1
[user@localhost ~]$ sort test_sort.txt
1
1
2
3
[user@localhost ~]$ sort test_sort.txt | uniq
1
2
3
```

ファイル内容は並べ替えされていない状態

sortで内容を昇順に並べ替えして表示

sortにより並べ替えた内容の重複行をuniqで取り除いて表示

sortコマンドを使うと、ファイルの内容を並べ替えて表示させることができます。オプションを使わずに実行すると内容を昇順に並べ替えます。オプション**-r**を使うと降順に並べ替えることもできます。

uniqコマンドはファイルの内容で重複している行を取り除きます。例のtest_sort.txtは「1」という行が重複しているので、2行あったものが1行になって表示されています。uniqコマンドは隣接した行を比較して重複を判定するため、事前にsortコマンドなどで並べ替える必要があります。

関連用語　パイプ（91）　フィルタコマンド（92）

98 expandコマンドとunexpandコマンド

- スペースは1文字分の空白、タブは特定文字数分の空白
- expandはタブをスペースに変換して表示する
- unexpandはスペースをタブに変換して表示する

コマンド名	説明
expand	ファイル内のタブをスペースに変換して表示
unexpand	ファイル内のスペースをタブに変換して表示

expandコマンドの実行例

```
[user@localhost ~]$ cat test_expand.txt
	a	b	c
[user@localhost ~]$ expand -t 2 test_expand.txt
  a  b  c
```

行頭及び文字間にタブが挿入されている（タブ）

expandによりタブをスペースに変換して表示
-tオプションでタブの文字数を2に指定
※オプション指定しない場合の文字数は8
（スペース（2文字分））

テキスト作成などにおいて、行頭に空白を入れたり単語と単語の間を区切ったりする場合、タブやスペースを用いて空白を挿入します。スペースは1文字分の空白であるのに対して、タブは特定文字数分の空白を表す特殊な文字です。

Linuxでは**expandコマンド**を使うと、ファイル内のタブをスペースに変換して表示できます。オプション**-t**によりタブの文字数をデフォルトの8から任意の文字数に変更できます。

逆にスペースからタブに変換して表示したい場合は、**unexpandコマンド**を使います。

関連用語　フィルタコマンド（92）

99 xargsコマンド

- 受け取った標準入力をコマンドに渡して実行させる
- 別のコマンド結果を指定したコマンドの引数にできる
- xargsを使うことでコマンドラインを簡潔にできる

コマンド名	説明
xargs	標準入力を用いてコマンド行作成

xargsコマンドの実行例

```
[user@localhost ~]$ ls DIR_test_xargs
a.txt  b.txt  c.txt
[user@localhost ~]$
[user@localhost ~]$ ls DIR_test_xargs | xargs rm
[user@localhost ~]$
[user@localhost ~]$ ls DIR_test_xargs
[user@localhost ~]$
```

lsでDIR_test_xargsディレクトリの中身を表示

lsの結果をxargsを使ってrmの引数に渡す

test_DIRディレクトリの中身が全て削除されている

xargsコマンドにより、パイプなどから受け取った標準入力を指定コマンドの引数にして実行させることができます。

xargsコマンドの書式を用いて実行させたいコマンドを指定します。例えばファイルを削除する**rmコマンド**を使う場合、rmの後にファイル名を引数として指定する必要があります。rmコマンドは標準入力からファイルを受け取れない仕組みのため、パイプの後に直接指定することはできません。

xargsコマンドを使うと例のように別のコマンド（DIR_test_xargs）結果を標準入力として受け取りrmの引数にできます。ls DIR_test_xargsの結果が大量にある場合、rmの引数を手入力すると手間ですが、例の通りxargsを使うと簡潔に実行できます。

関連用語　削除コマンド（81）　パイプ（91）　フィルタコマンド（92）

100 sedコマンド

- 指定ファイルを編集コマンドで処理して表示する
- 編集コマンドは処理内容を示す専用のコマンド
- 書式は「sed [オプション] 編集コマンド ファイル名」

コマンド名	説明
sed	ファイルの中身を指定した内容に従って処理

sedの主な編集コマンド一覧

編集コマンド	説明
s/[old]/[new]/	各行の最初に現れるoldをnewに置換
s/[old]/[new]/g	全てのoldをnewに置換
/[words]/d	wordsが含まれる行を削除
[m],[n]d	m行目からn行目にかけて削除

※[ ]内は任意の文字列または数字。

sedコマンドを使うと指定したファイルの内容を編集コマンドを用いて処理して表示します。コマンド名はテキストエディタの一種である「Stream EDitor」を省略したものです。

編集コマンドとは、ファイルに対して実行したい処理を指定するための専用のコマンドです。

書式は「**sed [オプション] 編集コマンド ファイル名**」の順で指定します。例えばファイル内の全ての”old”という文字列を”new”に変換して表示したい場合は「**sed s/old/new/g sample.txt**」と指定します。

関連用語 フィルタコマンド（92）

101 viエディタ（vimエディタ）

- viエディタはUNIXで標準的に使われるテキストエディタ
- コマンドモードと入力モード（挿入モード）がある
- コマンドやESCキーを使ってモード切替を行う

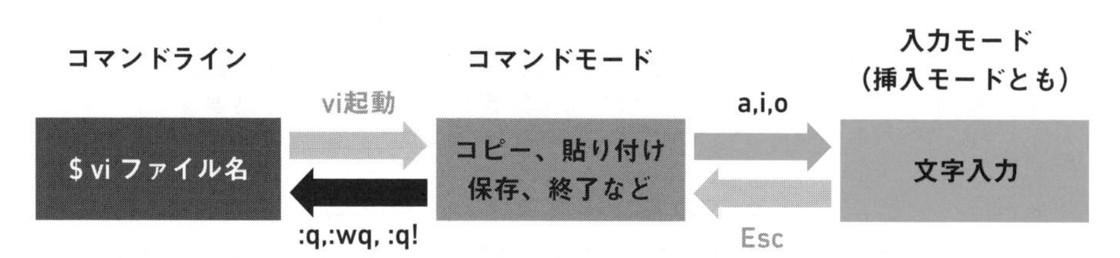

viの主な操作コマンド一覧

コマンド（入力モード移行）	説明
a	カーソル後ろから文字入力
i	カーソル前から文字入力
o	カーソル下に空白行を追加して文字入力

コマンド（vi終了）	説明
:q	ファイルを保存せず終了（編集した場合は警告文が出て終了できない）
:wq	編集内容を保存して終了
:q!	編集内容を保存せず強制終了

viエディタはUNIXで標準的に使われているテキストエディタです。Linuxではviの拡張版である**vim**を採用しています。

エディタ起動時はコマンドライン上で「**vi ファイル名**」と指定します。viエディタでは**コマンドモード**と**入力モード**（挿入モード）があり、起動するとまずコマンドモードに移行します。コマンドモードではコピーや貼り付けなど各種操作を行うことができます。文字入力するにはモード切替コマンド（a, i, o等）により入力モードへ移行します。コマンドモードに戻るには**ESCキー**を押下します。viエディタの終了はコマンドモードでvi終了を指定するコマンド（:wq, :q!等）を使って終了させます。

関連用語　UNIX（02）ヒアドキュメント（90）

章末問題

基本操作

1 カーネルとユーザの橋渡し役のプログラムを何というか？

2 次の書式の空欄に当てはまるものは？
[user@localhost ~] $ ＿＿＿＿＿ [オプション] [引数]

3 コマンド履歴を呼び出すキーを何というか？

4 Linuxの2種類の変数は何と何か？

5 言語設定をするための環境変数名を何というか？

6 シェル上での「~（チルダ）」の意味は？

7 特定パターンに一致する文字列を表す特殊な文字を何というか？

8 コマンドに別名を付けられるコマンドを何というか？

ファイル操作

1 ファイルの一覧を表示できるコマンドは何か?

2 カレントディレクトリを表示できるコマンドは何か?

3 カレントディレクトリを変更できるコマンドは何か?

4 ディレクトリ階層の頂点のディレクトリは何か?

5 カレントディレクトリを起点とするパスの表し方を何というか?

6 ファイル作成ができるコマンドは何か?

7 ディレクトリが作成できるコマンドは?

8 ファイルの名前を変えるコマンドは何か?

9 ファイルを圧縮する3つのコマンドをそれぞれ何というか?

10 ファイルをアーカイブするコマンドは何か?

テキストデータ処理

1 入力リダイレクトの記号は何か?

2 出力リダイレクトの記号は何か?

3 エラーリダイレクトの記号は何か?

4 エラー出力を標準出力へリダイレクトするとき末尾に付与する記号は何か?

5 ヒアドキュメントの記号は何か?

6 コマンドの結果を次のコマンドへ渡すときに使う記号は何か?

7 ファイルの内容表示ができる代表的な2つのコマンドは何と何か?

8 指定した文字列を含む行のみを表示するコマンドは何か?

9 与えられたデータを並べ替えるコマンドは何か？

10 UNIXで標準的に使われるテキストエディタを何というか？

解答

基本操作

1. シェル
2. コマンド
3. 矢印↑キー
4. シェル変数、環境変数
5. LANG
6. ホームディレクトリ
7. ワイルドカード
8. alias

ファイル操作

1. ls
2. pwd
3. cd
4. /（ルート）ディレクトリ
5. 相対パス
6. touch
7. mkdir
8. mv
9. gzip、bzip2、xz
10. tar

テキストデータ処理

1. 0< または <
2. 1> または > または 1>> または >>
3. 2> または 2>>
4. 2>&1
5. <<
6. |
7. cat、less
8. grep
9. sort
10. vi または vim

第 4 章

Linuxを管理する

この章ではLinuxを使い続けていく中で必要な管理について学習します。

LinuxはOSなので、Linuxがインストールされているコンピュータが正常に動作するように、また、サーバの役割を果たせるように管理することが必要です。

管理対象として、ユーザ、プロセス、時刻、ログ、パッケージ、デバイス、ディスク、起動処理、ネットワーク、セキュリティ等、様々なものがあります。各トピックについての概要や、どのようなコマンドやファイルを用いて管理をするか学習しましょう。

102 Linuxのユーザ体系

- Linuxはマルチユーザでの利用を前提としている
- rootはデフォルトで用意されており強力な権限を持つ
- 利用者は基本的に一般ユーザでログインする

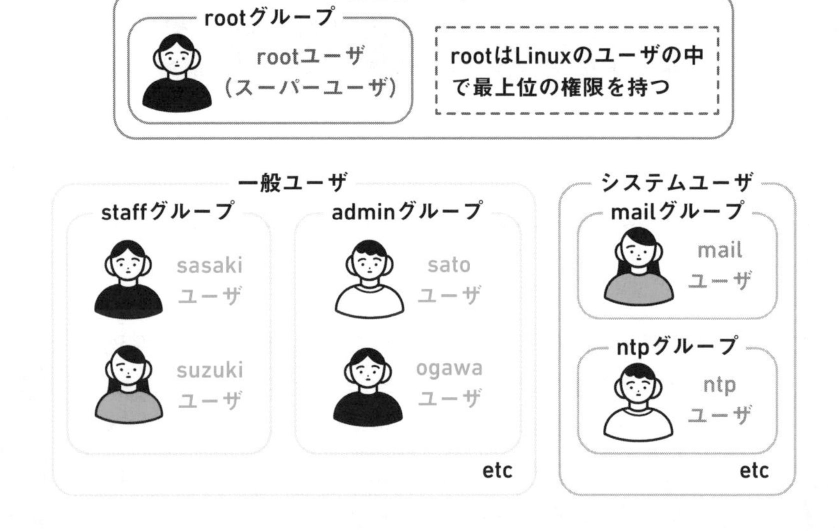

Linuxは複数のユーザが同時に利用することを前提としています。このような仕組みを**マルチユーザ**と呼びます。

デフォルトで用意されている**rootユーザ**は管理者ユーザです。**スーパーユーザ**とも呼ばれ、最上位の権限を持ち、システム全体に影響を及ぼすような操作も可能です。利用者は基本的に**一般ユーザ**を作成および使用してログインします。**システムユーザ**は特定プログラム実行用のユーザで、ログインして使用することはありません。

複数ユーザをまとめて管理するための枠組みとして、**グループ**が使用されます。

関連用語　/etc/passwdファイル（103）　/etc/groupファイル（104）　ユーザ管理コマンド（106）　グループ管理コマンド（108）

103 /etc/passwd ファイル

- OS上に存在するユーザの情報が格納されたファイル
- ユーザのホームディレクトリなども確認できる
- ユーザのパスワード情報は全て「x」と表示される

/etc/passwdファイルの見方

user:x:1000:1000:user:/home/user:/bin/bash

① ② ③ ④ ⑤ ⑥ ⑦

①ユーザ名　②パスワード※　③UID　④GID
⑤コメント　⑥ホームディレクトリ　⑦ログインシェル
※パスワードはここでは表示されず「x」と表示される。

上記のuserの行からわかること
- userユーザはLinuxの中で1000番という識別番号で認識される
- userユーザは1000番の識別番号がつけられたグループに所属している
- userユーザがログインすると、/home/userがカレントディレクトリになる
- userユーザがログインすると、シェルはbashが起動してコマンドを受け付ける

LinuxではOS上に存在するユーザ情報を「**/etc/passwd**」というファイルに格納します。**passwdファイル**は標準で用意されており、ユーザの情報が1行ずつ記載されています。

各行の「:」で区切られたフィールドにユーザ名、パスワード、ユーザID（UID）、グループID（GID）、コメント、ホームディレクトリ、ログインシェルが記載されます。なお、ここではパスワード自体は表示されず、「**x**」と表記されていますが、これは後述の「**/etc/shadow**」という別ファイルでパスワードを管理していることを示します。

関連用語　/etc/shadowファイル（105）　ユーザ管理コマンド（106）

104 /etc/group ファイル

- OS上に存在するグループの情報が格納されたファイル
- グループに所属するユーザリストなどが確認できる
- グループパスワード情報は全て「x」と表示される

/etc/groupファイルの見方

user2:x:1001:user

① ② ③ ④

①グループ名　②グループパスワード※　③GID
④サブグループとして所属しているユーザのリスト
※パスワードはここでは表示されず「x」と表示される。

上記のuser2の行からわかること
・user2グループはLinuxの中で1001番という識別番号で認識される
・user2グループにはサブグループとしてuserユーザが所属している

LinuxではOS上に存在するグループ情報を「**/etc/group**」ファイルに格納します。**groupファイル**は標準で用意されており、グループの情報が1行ずつ記載されています。

各行の「:」で区切られたフィールドにグループ名、グループパスワード、グループID（GID）、サブグループとして所属しているユーザのリストが記載されます。サブグループに関する説明は「**108** グループ管理コマンド」で行います。なお、ここでもパスワード自体は表示されず、「**x**」と表記されます。グループのパスワードは/etc/gshadowファイルに記録されますが、そもそもグループのパスワードはセキュリティの管理が複雑になることもあり、グループのパスワード自体があまり使用されていません。

関連用語　グループ管理コマンド（108）

105 /etc/shadowファイル

- シャドウパスワードという仕組みで使用されるファイル
- 以前は「/etc/passwd」にパスワードが格納されていた
- shadowファイル記載のパスワードは暗号化されている

/etc/shadowファイルの見方

user2:6～（省略）:19302:0:99999:7:::

①（user2）　②（6～（省略））　③（19302）　④（0）　⑤（99999）　⑥（7）　⑦⑧⑨

①ユーザ名　②暗号化されたパスワード　③パスワードを最後に変更した日
④変更可能最短日数　⑤パスワード有効期間　⑥パスワード変更期間警告通知日
⑦ログインしない場合に無効になる日数　⑧アカウント有効期間　⑨フラグ
※⑦⑧⑨のフィールドはデフォルトでは設定されず、上記例のように空欄となる。

上記のuser2の行からわかること

- user2ユーザはパスワードが設定されている
- user2ユーザのパスワードは起点となる1970年1月1日から19302日経過した日に設定された
- user2ユーザはパスワードを0日後に変更できる（即時変更可能）
- user2ユーザのパスワードの有効期間は、設定された日から99999日後
- user2ユーザのパスワード有効期限が切れる7日前に警告が表示される

Linuxでは**シャドウパスワード**という仕組みにより、パスワードを「**/etc/shadow**」というファイルに格納して管理しています。以前はユーザのパスワードは「/etc/passwd」に記載されていましたが、一般ユーザも読み取りできるファイルであるため、セキュリティの観点で望ましくなくシャドウパスワードが採用されるようになりました。

shadowファイルは「:」でフィールドが区切られています。パスワードは暗号化されたものが表示されます。その他設定内容に応じてパスワードの有効期限などが表示されます。

関連用語　/etc/passwdファイル（103）　ユーザ管理コマンド（106）　パスワードの管理（185）

106 ユーザ管理コマンド

- ユーザの追加削除などはコマンドで実行する
- useraddコマンドでユーザを追加できる
- passwdコマンドでログインパスワードを設定する

主なユーザ管理コマンド

コマンド名	説明
useradd	ユーザを追加する
passwd	ログインパスワードを変更または設定する
usermod	ユーザ情報を変更する
userdel	ユーザを削除する

useraddコマンドの実行例

```
[root@localhost ~] $ useradd testuser   ← testuserユーザを作成
[root@localhost ~] $ cat /etc/passwd
（途中省略）
testuser:x:1003:1003:testuser:/home/testuser:/bin/
bash
```
testuserユーザが作成されている

Linuxにはユーザを管理するためのコマンドが用意されています。

ユーザを追加するには**useraddコマンド**を使います。オプションを追加することで作成時にホームディレクトリや所属グループを指定することもできます。useraddで作成されたユーザにはログインパスワードが設定されていません。**passwdコマンド**を使うことでパスワードを設定できます。

既存のユーザ情報を変更するには**usermodコマンド**、ユーザを削除するには**userdelコマンド**を使用します。

関連用語　/etc/passwdファイル（103）

107 useradd実行時の動作（/etc/skel）

- ホームディレクトリにはあらかじめファイルが存在する
- ユーザ作成時に/etc/skelの内容が自動でコピーされる
- 必要なファイルを便利に配布することができる

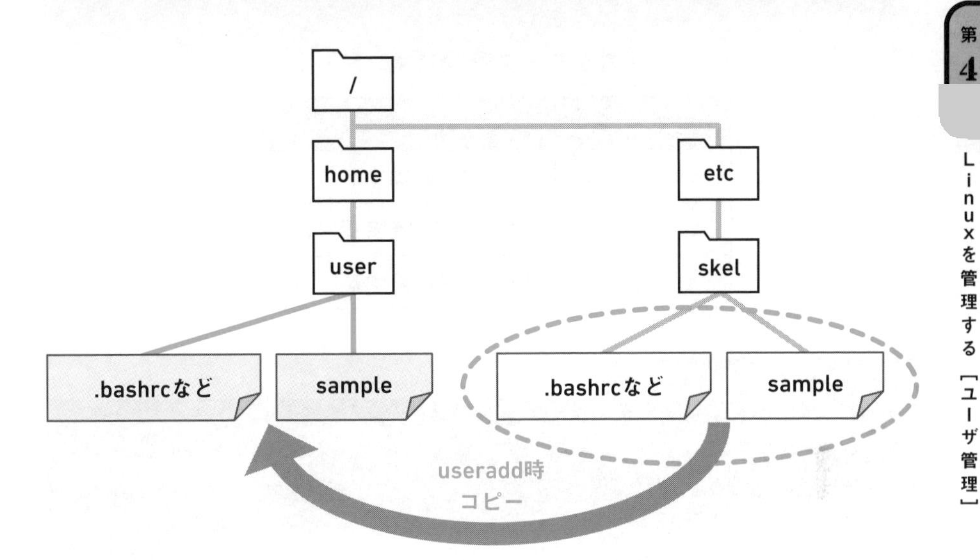

useraddコマンドを使ってユーザを作成すると、ホームディレクトリにいくつかのファイル（「.」から始まる隠しファイルを含む）があらかじめ用意されています。

ユーザ作成時は「**/etc/skel**」ディレクトリの中身を雛型として、新たに作成されたユーザのホームディレクトリに同じ内容が自動でコピーされます。

どのユーザにとっても必要なファイルなどがあれば、skelディレクトリに格納しておくことで、手動でファイルを作成したり格納したりする手間を省くことができます。

関連用語	ユーザ管理コマンド（106）

108 グループ管理コマンド

- グループにはプライマリグループとサブグループがある
- グループの追加削除などはコマンドで実行する
- プライマリグループとして設定されていると削除不可

主なグループ管理コマンド

コマンド名	説明
groupadd	グループを追加する
groupmod	グループ情報を変更する
groupdel	グループを削除する

gropuaddコマンドの実行例

```
[root@localhost ~] $ groupadd testgroup
[root@localhost ~] $ cat /etc/group
(途中省略)
testgroup:x:1002:
```

testgroupグループを作成

testgroupグループが作成されている

グループは**プライマリグループ**と**サブグループ**に分けることができます。前者はユーザが必ず所属する基本となるグループで、/etc/passwdファイルに記録されます。後者は任意で追加できるグループで、/etc/groupファイルに記録され、アクセス権のチェックに使用されます。

グループはユーザと同様にコマンドを使って管理します。新規グループの作成は**groupaddコマンド**、グループ情報の変更は**groupmodコマンド**を使います。グループの削除は**groupdelコマンド**を使用しますが、削除したいグループが、ユーザのプライマリグループに設定されている場合は削除が実行できないので注意が必要です。

関連用語　/etc/passwdファイル（103）　/etc/groupファイル（104）　アクセス権（189）

109 idコマンド

- ユーザID、グループID、所属グループを表示する
- プライマリグループとサブグループが確認できる
- ユーザを指定しない場合実行ユーザの情報が表示される

コマンド名	説明
id	指定したユーザのユーザIDとグループIDなどを表示する

idコマンドの実行例

```
[user@localhost ~] $ id user  ← userユーザを指定してidコマンドを実行
uid=1000(user) gid=1000(user) groups=1000(user),
1001(user2)
[user@localhost ~]
[user@localhost ~] $ id  ← ユーザを指定せずidコマンドを実行
uid=1000(user) gid=1000(user) groups=1000(user),
1001(user2) context=unconfined_u:unconfined_
r:unconfined_t:s0-s0:c0.c1023  ← 実行したユーザの情報が表示される
```

※ユーザを指定せずidコマンドを実行すると「context=~」のようにアクセス制御に関わるセキュリティ情報が加えて表示される。

idコマンドを使うと指定したユーザのユーザID（uid）、グループID（gid）、所属グループ（groups）を表示できます。**id ユーザ名**でユーザを指定して実行します。グループIDには**プライマリグループ**が、所属グループには**サブグループ**が記載されています。上記の実行例ではuserグループがプライマリグループ、userグループとuser2グループがサブグループに設定されています。ユーザ名を指定せずに実行すると、実行したユーザの情報が表示されます。

関連用語　Linuxのユーザ体系（102）　/etc/passwdファイル（103）　/etc/groupファイル（104）

110 プロセスとは

- 実行状態のプログラムをプロセスと呼ぶ
- プロセスにはプロセスID（PID）が割り振られる
- プロセスの実行時間はプログラムの内容により様々

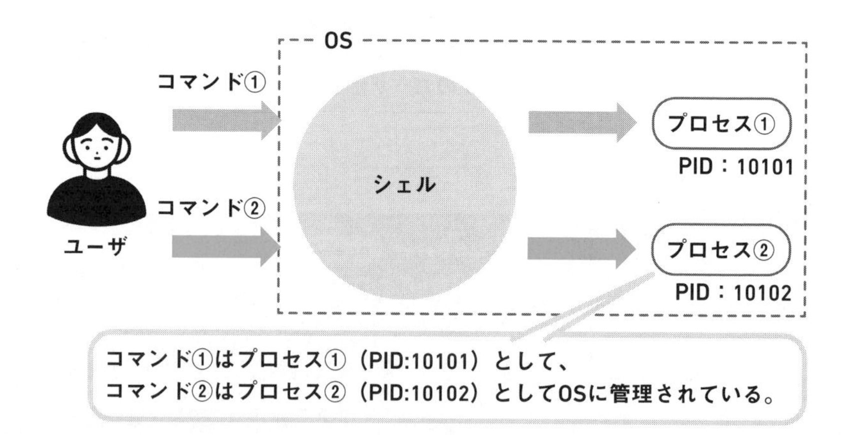

プロセスとは、実行状態のプログラムのことです。プログラムが動作するにはコンピュータ上のメモリやCPUといったリソースを割り当てる必要があります。これらの割り当てはOSが管理していますが、割り当てを受けて実行しているプログラムがプロセスです。pwdコマンドのように実行後すぐに結果を表示させ役割を終えて終了するプロセスもあれば、サーバプログラムのように常時起動しているプロセスもあります。メモリに常駐し、サービスを提供するサーバプログラムのプロセスをLinuxでは**デーモン**（deamon）と呼びます。

プロセスにはそれぞれ管理番号である**プロセスID**（PID）が割り振られ、プロセスの停止や再開を命令する際に使用されます。

関連用語　クライアントサーバシステム（6）　CPU（9）　メモリ（10）　pwdコマンド（73）

111 psコマンド

- 現在実行されているプロセスを表示する
- オプションにより全プロセスの詳細を一覧表示できる
- オプションに「-」が付かないものがある

コマンド名	説明
ps	現在動作しているプロセスを表示する

主なオプション（※）	
a	端末を使っている全てのプロセスを表示
u	CPUやメモリ使用率などの詳細情報を表示
x	制御端末のないプロセスを表示

※psコマンドのオプションには「-」が付くものと付かないものがあるので注意が必要。

psコマンドの実行例

```
[user@localhost ~] $ ps aux ← 実行中プロセスの一覧が表示される
USER  PID  %CPU %MEM  VSZ  RSS TTY  STAT ➡
START  TIME COMMAND
root 1 0.8 0.1 128152 6780 ? Ss 07:44 0:01  /usr/lib/systemd/system
root 1070 0.0 0.0 216400 4216 ? Ssl 07:44 0:00 /usr/sbin/rsyslogd -n
（以下省略）
```

現在実行されているプロセスを表示するには**psコマンド**を使います。オプションなしで実行すると、現在自身が起動しているプロセスが表示されます。

オプションを付与することで詳細な情報を取得することができます。例えば、上記の表にあるオプションを組み合わせて「ps aux」とすると全プロセスを実行ユーザ名やリソースの使用率といった情報と併せて一覧表示させることができます。psコマンドのオプションには他コマンドと異なり「-」が付かないものがあるので実行時は注意しましょう。

関連用語　プロセスとは（110）

112 シグナル

- シグナルとはプロセスに送信される信号のこと
- プロセスの強制終了や一時停止等の命令をする
- シグナル名もしくはIDで指示を出す

主なシグナル一覧

シグナル名	ID	説明
SIGHUP	1	制御端末の切断
SIGINT	2	キーボードからの割り込み
SIGKILL	9	強制終了
SIGTERM	15	通常の終了
SIGCONT	18	一時停止状態から再開
SIGSTOP	19	一時停止

プロセスに送信される信号を**シグナル**と呼びます。シグナルを使うことで、任意のプロセスを強制終了させたり一時的に停止させたりなどの操作ができます。

使えるシグナルはあらかじめ決められており、それぞれシグナル名と紐づくIDがあります。例えば強制終了シグナルは、シグナル名が「SIGKILL」、IDが「9」です。

プロセスに指示を出す際はシグナル名またはIDを指定します。シグナルをプロセスに送信するには**killコマンド**を使います。killコマンドについては次の項目で取り上げます。

関連用語　プロセスとは（110）　killコマンド（113）

113 killコマンド

- 引数には指定するプロセスのプロセスIDを入力する
- デフォルトの動作ではSIGTERMを送信する
- 「-」の後に任意のシグナル名またはIDを指定できる

コマンド名	説明
kill	実行中のプロセスを終了させる ※デフォルトでSIGTERMが送信される

psコマンドの実行例

```
[user@localhost ~] $ kill 500
[user@localhost ~] $
[user@localhost ~] $
[user@localhost ~] $ kill -9 501
[user@localhost ~] $
[user@localhost ~] $
[user@localhost ~] $ kill -SIGKILL 502
[user@localhost ~] $
```

プロセスID"500"のプロセスに対して、SIGTERM（通常終了シグナル）を送信する

プロセスID"501"のプロセスに対して、SIGKILL（強制終了シグナル）を送信する

プロセスID"502"のプロセスに対して、SIGKILL（強制終了シグナル）を送信する

シグナルをプロセスに送信するには**killコマンド**を使います。killの後に対象プロセスのプロセスIDを指定します。プロセスIDは**psコマンド**などを使って調べることができます。

シグナルを指定せずkillコマンドを実行するとデフォルトで通常終了シグナル（**SIGTERM**）がプロセスに送信され、実行中プロセスが終了します。任意のシグナルを送信したい場合は「-」のあとにシグナル名またはIDを指定します。例えばプロセスを強制終了させたい場合は「kill -9 <プロセスID>」または「 kill -SIGKILL <プロセスID> 」とします。

関連用語　プロセスとは（110）　シグナル（112）

プロセス管理

114 ジョブ

- コマンドやプログラムを実行する処理単位のこと
- コマンドラインの1行がひとつのジョブとなる
- シェルにより管理される

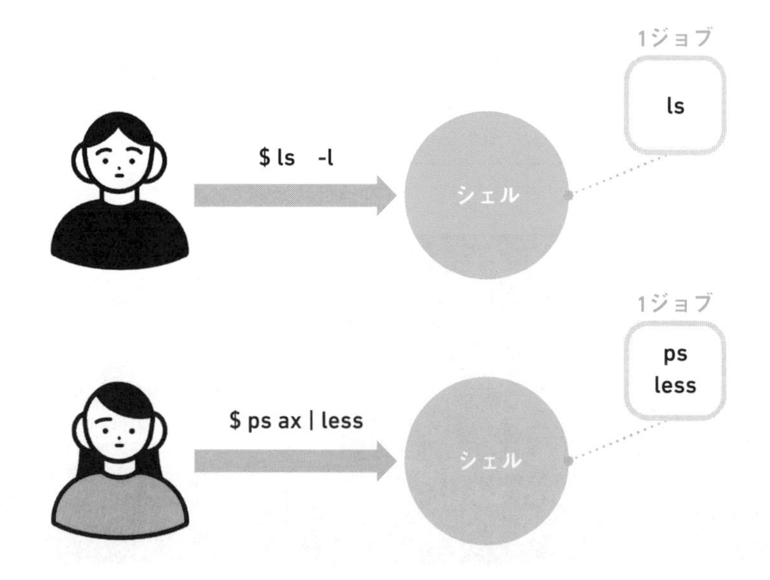

ジョブとはユーザがコマンドやプログラムを実行するひとまとまりの処理単位のことです。

例えば「ls -l」のようにコマンドを実行するとひとつのジョブが実行されます。「ps ax | less」のように複数のコマンドを1行で実行したときにも実行されるジョブはひとつとなります。コマンドライン1行がひとつのジョブに該当するイメージです。

ジョブはシェルごとに管理され、**フォアグラウンド**もしくは**バックグラウンド**で実行されます。詳しくは次項で説明します。

関連用語　シェル（59）　フォアグラウンドとバックグラウンド（115）　ジョブの相関図（116）

115 フォアグラウンドとバックグラウンド

- フォアグラウンドジョブは端末を占有する
- バックグラウンドジョブは裏側で実行される
- コマンド末尾に&を付けるとバックグラウンドで実行可

主なジョブ管理コマンド

コマンド名	説明
jobs	実行中のジョブ一覧を表示
コマンド &	コマンドをバックグラウンドで実行
bg	一時停止ジョブをバックグラウンドで実行
fg	ジョブをフォアグラウンドで実行

ジョブ管理コマンドの実行例

```
[user@localhost ~] $ ping 127.0.0.1 > ping.txt &   ← コマンド末尾に&を付けてバックグラウンドで実行
[1]  1000
[user@localhost ~] $ jobs   ← jobsコマンドでジョブを表示
[1]-  Running                    ping 127.0.0.1 > ping.txt &
[user@localhost ~] $ fg   ← fgコマンドでフォアグラウンドで実行
ping 127.0.0.1 > ping.txt &   ← 停止する場合はCtrl+Zを実行する
```

ジョブの実行にはフォアグラウンドとバックグラウンドがあります。**フォアグラウンド**で実行すると端末を占有するため、そのジョブが終了するまで他の作業はできません。**バックグラウンド**であれば裏側で実行されるため、端末が占有されません。

コマンドラインの最後に「**&**」を追加してコマンドを実行するとバックグラウンドで実行できます。**bgコマンド**や**fgコマンド**で行き来させることも可能です。**jobsコマンド**を使うとジョブの状態が一覧で確認できます。

関連用語　ジョブ（114）　ジョブの相関図（116）

116 ジョブの相関図

- 通常実行したコマンドはフォアグラウンドジョブとなる
- バックグラウンドに切り替えるには一時停止する
- ジョブはCtrl+Cやkillコマンドなどで終了させる

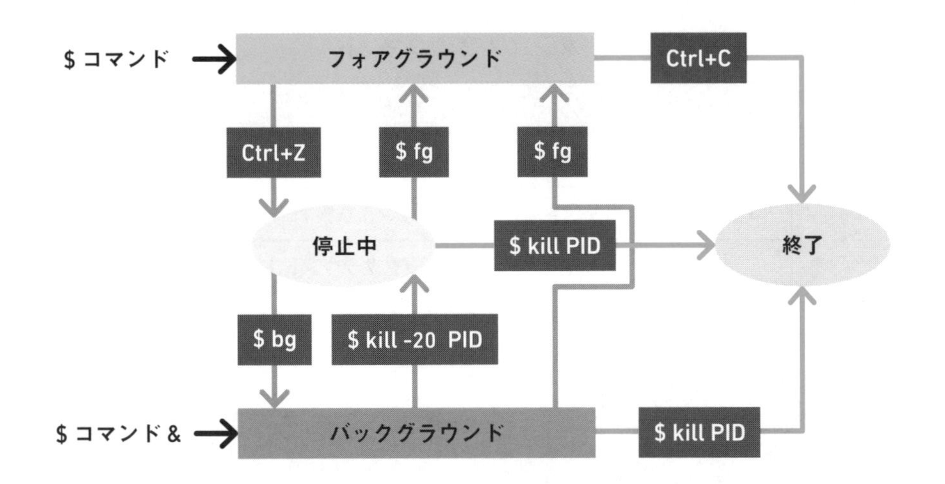

コマンドを通常実行すると**フォアグラウンドジョブ**として実行されます。実行中のフォアグラウンドジョブをバックグラウンドジョブに切り替えるには、**Ctrl+Z**を押下してジョブを一時停止させる必要があります。**bgコマンド**で一時停止中のジョブを指定するとバックグラウンドで実行されます。

コマンドの末尾に「**&**」をつけて実行するとバックグラウンドジョブとして実行されます。バックグラウンドジョブをフォアグラウンドジョブに切り替えるには、**fgコマンド**を実行するか、一度**killコマンド**でプロセスを停止させてから**fgコマンド**を実行します。

ジョブを終了させるには、フォアグラウンドジョブに対しては**Ctrl+C**を押下、バックグラウンドジョブや停止中のジョブに対しては**killコマンド**を使います。

関連用語　ジョブ（114）　フォアグラウンドとバックグラウンド（115）　ジョブの相関図（116）

117 ジョブスケジューリング

- ジョブスケジューリングにより作業の自動化が可能
- 人手による作業を減らすことができる
- cronやatコマンドを使って設定する

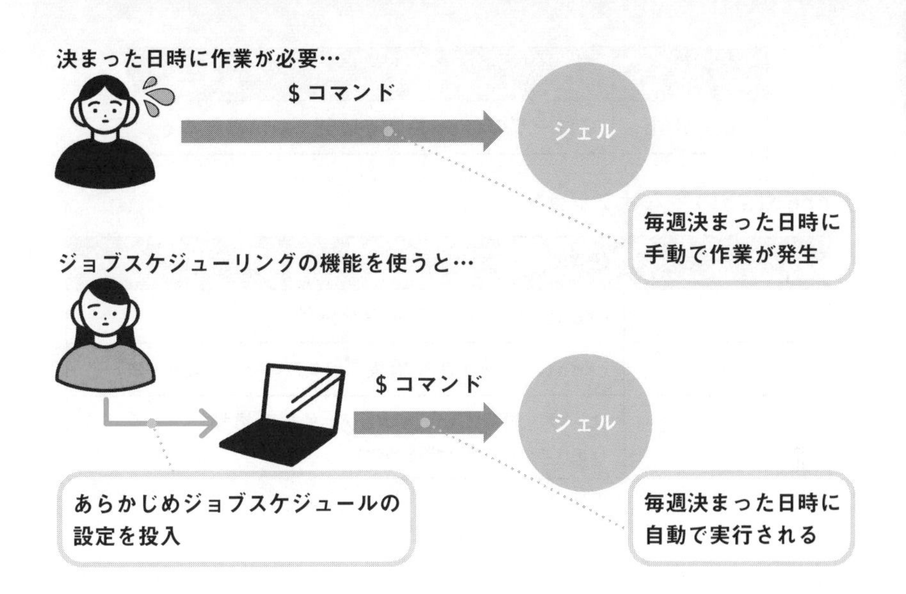

決まった日時に実行するジョブは、**ジョブスケジューリング**の機能を使うと便利に実行できます。例えばバックアップ取得やログファイルの管理など、定期的に実行することがわかっている運用業務を自動的に実行させることができます。

ジョブスケジューリングを有効に活用できれば人手に頼っている作業を減らして負担を軽減することができます。

定期的に実行するジョブは**cron**を使い、一回のみの実行であれば**atコマンド**を使います。詳細は次項以降で説明します。

関連用語　ジョブ（114）　cron（118）　atコマンド（121）

118 cron（クロン）

- cronはcrondとcrontabコマンドにより構成される
- cronはユーザ用とシステム用に分けられる
- crontabコマンドでcron設定の確認や変更ができる

コマンド名	説明
crontab	各ユーザのcron設定を確認または編集する

crontabの主なオプション

オプション	説明
-l	crontabファイルの内容を表示
-e	crontabファイルを編集（viエディタと同じ編集方法）
-u ユーザ名	ユーザを指定しcrontabファイルの編集 （rootユーザーのみ使用可能）

cronはスケジュールを管理する**cronデーモン**（crond）とスケジュールを設定する**crontab コマンド**により構成されます。

cron設定はユーザ用とシステム用に分けられます。ユーザ用は /var/spool/cron/ ディレクトリ以下にユーザごとに設定ファイルが用意されており、**crontabコマンド**を使って編集します。オプション**-e**を使うとviエディタが起動し設定ファイルを編集でき、オプション**-u**を使うとユーザを指定して確認や設定ができます。システム用のcron設定はviエディタを使って/etc/crontabファイルを編集することで設定できます。ユーザ用のcrontabは個人ユーザで定期的に実行したいコマンドを登録し、システム用のcrontabはシステム全体の管理や運用に関するコマンドを登録します。

関連用語　ジョブスケジューリング（117）　crontabの設定（119）

119 crontab（クロンタブ）の設定

- crontabコマンドまたはcrontabファイルを編集する
- crontabファイルは6つのフィールドで構成される
- 実行タイミングとコマンドを指定する

crontabファイルの書式

```
05  *  *  *  *   date >> /home/user/date.txt
分  時 日 月 曜   コマンド
```

crontabファイルの各フィールドの説明

フィールド	説明
分	0 ～ 59 までの数字。または * を設定（n分ごと */n という設定も可）
時	0 ～ 23 までの数字。または * を設定
日	1 ～ 31 までの数字。または * を設定
月	1 ～ 12 までの数字。または Jan ～ Decの文字列。または * を設定
曜	0 ～ 7 までの整数、または Sun, Mon などの文字列、または * を設定 (0=日 1=月、2=火、3=水、4=木、5=金、6=土、7=日)
コマンド	実行するコマンドを設定

cronを設定するには**crontabコマンド**を使うか、/etc/crontabファイルをviエディタなどで編集します。crontabファイルは決まった書式に沿って6つのフィールドに設定を記載する必要があります。

実行タイミングは分、時、日、月、曜日の順に指定します。タイミングを指定する際はワイルドカードとして「*」を使用できます。実行タイミングの後に、実行させるコマンドを記載します。上図の例では各時間5分に（00:05、01:05、02:05…）にdateの結果がdate.txtに自動で追記されます。

関連用語　ワイルドカード（68）　出力リダイレクト（87）　cron（118）

プロセス管理

120 anacron（アナクロン）

- cronではシステム停止時のジョブは実行されない
- anacronを使うことで後からさかのぼってジョブ実行が可能
- /etc/anacrontabファイルで設定する

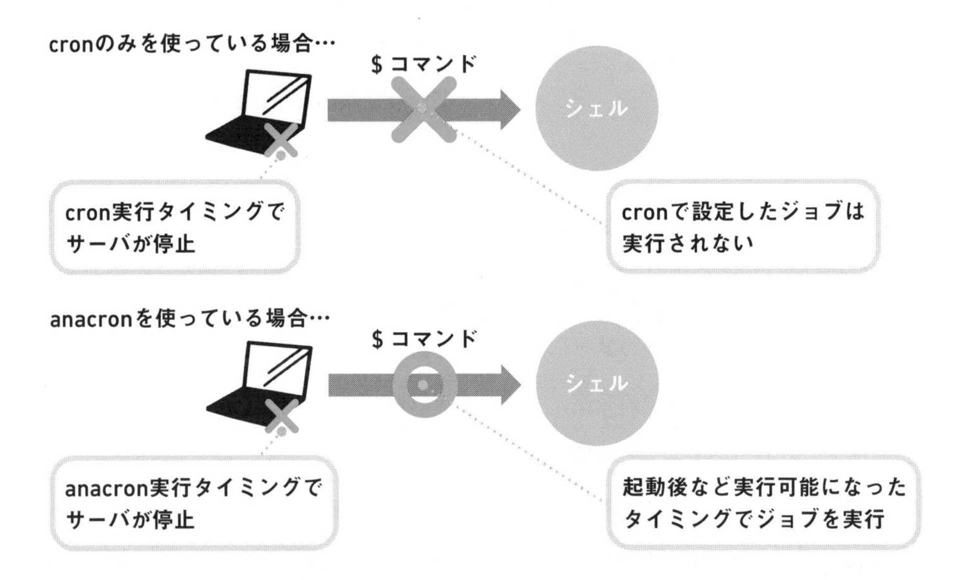

cronのみを使っている場合…
$ コマンド
シェル
cron実行タイミングでサーバが停止
cronで設定したジョブは実行されない
anacronを使っている場合…
$ コマンド
シェル
anacron実行タイミングでサーバが停止
起動後など実行可能になったタイミングでジョブを実行

cronは指定した間隔で実行スケジュールのチェックを行っていますが、指定された時刻にシステムが起動していなかった場合、そのジョブは実行されません。これを防ぐために**anacron**という仕組みが用意されています。anacronを使うことで、システム停止中に経過してしまったスケジュールをさかのぼって実行できます。実行内容によってcronとanacronを使い分けするとよいでしょう。

anacronのスケジューリングは/etc/anacrontabファイルで行いますが、このファイルはrootユーザしか編集ができないので注意が必要です。

関連用語	cron（118）

121 atコマンド

- 指定時刻に指定ジョブを1回だけ実行させる
- 日時指定後、実行ジョブは対話形式で指定する
- atデーモン(atd)が動作している必要がある

コマンド名	説明
at	指定した日時にジョブを実行させる

atコマンドの実行例

```
[user@localhost ~] $
[user@localhost ~] $ at 09:30 11062022
at> touch at.txt
at> <EOT>
job 1 at Sun Nov  6 09:30:00 2022
[user@localhost ~] $
（指定時間になるまで待機）
[user@localhost ~] $ ls
at.txt  （他ファイル省略）
```

atコマンドで2022/11/6 9:30を指定

対話形式で実行するジョブを指定
Ctrl+Dで終了

指定した時間になると自動で
ファイルが作成されている

atコマンドを使うと指定した時刻に指定したコマンドを1回だけ実行させることができます。

atコマンド実行時は引数に時刻を指定します。例えば「at 09:30 11062022」のように指定すると2022/11/6 9:30に実行されます。エンターを押すと「at>」が表示されて、対話形式で実行ジョブを指定していきます。ジョブの指定ができたら[Ctrl]+[D] キーでatの設定を終了します。

atコマンドによるスケジューリングを実施するには、**atデーモン（atd）**が動作している必要があります。

関連用語	ジョブスケジューリング（117）

122 ジョブスケジューリングのユーザ制御

- cronやatは利用にあたりユーザの制御が可能
- allowファイルとdenyファイルを使って設定する
- 設定ファイルの有無により制御の動作が異なる

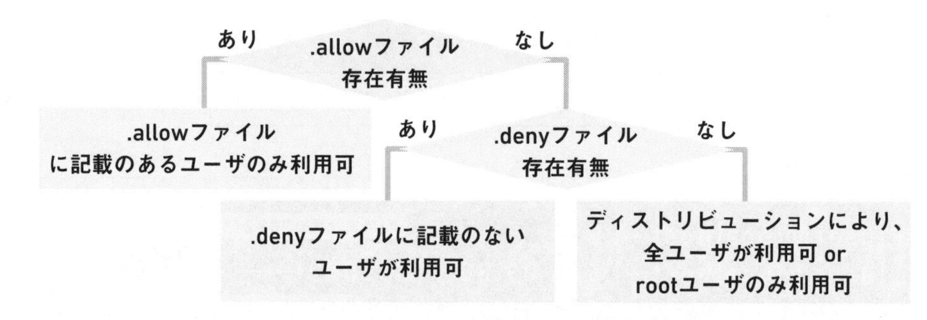

アクション	ファイル名	説明
許可	/etc/cron.allow	cron の利用を許可するユーザを記述
	/etc/at.allow	at の利用を許可するユーザを記述
拒否	/etc/cron.deny	cron の利用を拒否するユーザを記述
	/etc/at.deny	at の利用を拒否するユーザを記述

cronやatといったジョブスケジューリングの機能を使うユーザーはアクセスを制御することができます。

cronの場合は/etc/cron.allowファイルまたは/etc/cron.denyファイル、**at**の場合は/etc/at.allowファイルまたは/etc/at.denyファイルに制御したいユーザ名を記載して設定します。制御はまず***.allowファイル**の有無をチェックして、ファイルがある場合はそこに記載のユーザのみ利用が許可されます。*.allowファイルがない場合は、***.denyファイル**を参照しユーザ名の記載があればそのユーザ以外が、*.denyファイルがない場合は全ユーザ利用可またはrootユーザのみ利用可となります。

関連用語	cron（118）　atコマンド（121）

123 Linuxの時計の種類

- システムクロックとハードウェアクロックがある
- システムクロックはOS（メモリ）上の時計
- ハードウェアクロックはマザーボード上の時計

システムクロック

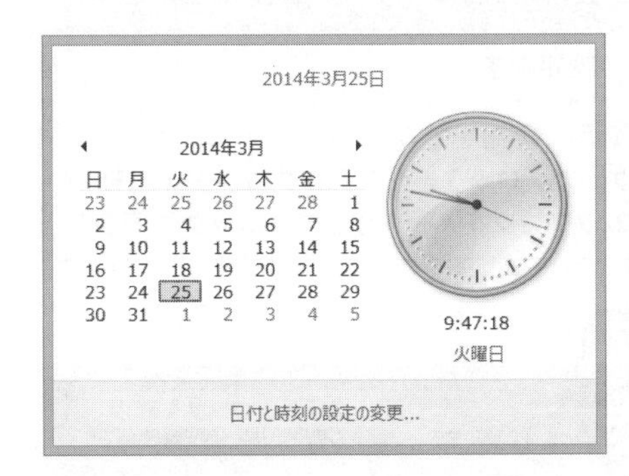

ハードウェアクロック

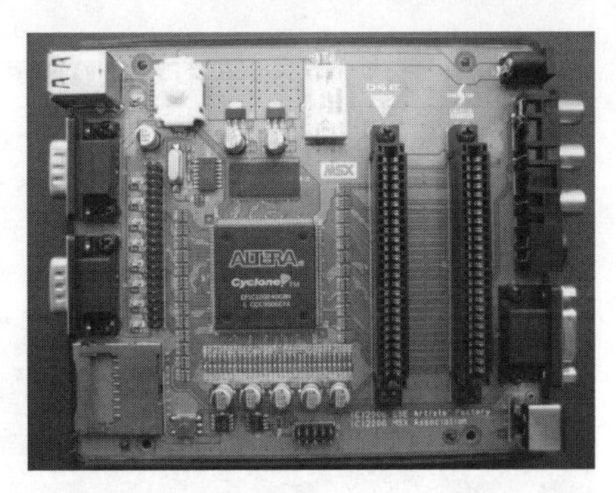

Linuxにはシステムクロックとハードウェアクロックという2つの時計が存在します。**システムクロック**はOS上、つまりメモリ上で動作する時計で、**ハードウェアクロック**は名前の通りマザーボード（ハードウェア）に物理的に配置された時計です。

Linuxはシステムが起動するときに一度だけハードウェアクロックを参照し、その時刻をシステムクロックに設定します。よって、ハードウェアクロックに誤った時刻が設定されてしまうとシステムクロックも誤った時刻になってしまいます。

また、ハードウェアクロックはマザーボード上の電池によって稼働しているので、電池が少なくなってくると、正確に時を刻めなくなり、起動するたびにシステムクロックの時間が安定しないといった現象になることがあります。

関連用語　マザーボード（8）　時刻関連コマンド（124）　NTP（125）

124 時刻関連コマンド (date/hwclock)

- dateコマンドはシステムクロックを操作する
- hwclockコマンドはハードウェアクロックを操作する
- ハードウェアクロックはどちらかに同期させるのみ

コマンド名	説明
date	システムクロックの表示・設定をする
hwclock	ハードウェアクロックの表示・同期をする オプション-s：ハードウェアクロックをシステムクロックに同期 オプション-w：システムクロックをハードウェアクロックに同期

dateコマンドとhwclockコマンドの実行例

```
[root@localhost ~] # date                      ← システムクロックを表示
Fri Aug 26 10:58:16 JST 2022
[root@localhost ~] # date 010100000            ← システムクロックを01/01 00:00に設定
Sat Jan  1 00:00:00 JST 2022
[root@localhost ~] # hwclock                   ← ハードウェアクロックを表示
Fri 26 Aug 2022 10:59:33 AM JST -0.226011 seconds
[root@localhost ~] # hwclock -s                ← システムクロックと同期
```

時刻関連のコマンドにdateコマンドとhwclockコマンドがあります。

dateコマンドはシステムクロックを表示・設定するためのコマンドです。表示は一般ユーザでも可能ですが、時間の変更設定は管理者の権限が必要です。変更設定は直接日時を指定して行います。

hwclockコマンドはハードウェアクロックを表示、また、同期させるコマンドです。現在のハードウェアクロックをシステムクロックに同期させる、またはその逆を用いることで設定が可能です。

関連用語 Linuxの時計の種類（123）

125 NTP (Network Time Protocol)

- ネットワーク経由で時刻を取得するプロトコル
- 正確な時計との距離をstratum値で表す
- 物理的に近く、stratum値の小さいサーバが最適

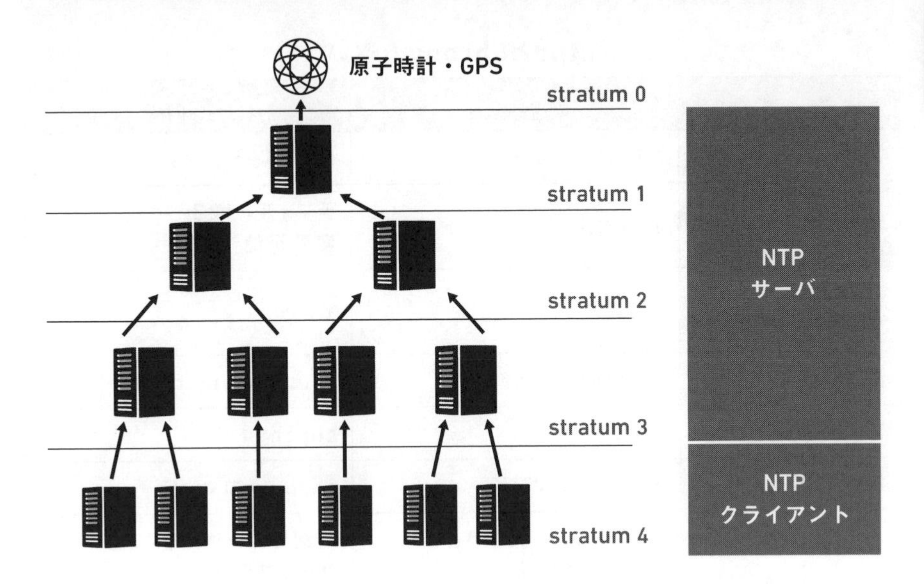

NTP（Network Time Protocol）とは、ネットワーク経由で時刻を同期し、取得するプロトコルです。同期を提供する側のコンピュータがNTPサーバ、同期を希望する側のコンピュータが**NTPクライアント**となります。

NTPサーバは非常に正確な時刻を刻む原子時計や、原子時計を参照しているNTPサーバから時刻をもらっていて、階層構造をとっています。最も正確であるとされる時計からいくつサーバを経由しているかを**stratum**という値で表します。NTPサーバは世界各国に存在しますが、サーバを選定する際は、stratum値が小さく物理的な距離が近いものを選びます。

関連用語　クライアントサーバシステム（6）　ネットワーク（29）　ポート番号とプロトコル（30）　NTPのソフトウェア（126）

126 NTPのソフトウェア

- Linux上のNTPソフトウェアは2種類ある
- ntpdはNTPv4で、ハードウェアクロックと同期不可
- ChronyはNTPv3で、ハードウェアクロックと同期可

ntpdとChronyの違い

	ntpd	Chrony
プロトコル	NTPバージョン4	NTPバージョン3
ポート番号	123固定	デフォルト123 変更可能
ハードウェアクロックとの同期	できない	できる
設定ファイル	/etc/ntp.conf	/etc/chrony.conf
プロセス名	ntpd	chronyd
操作コマンド	ntpdateコマンド	chronycコマンド
その他	時刻のズレが大きいとサービスが停止	時刻のズレが大きくてもサービス停止しない

Linux上でNTPを利用するにあたり使用できるソフトウェアには**ntpd**と**Chrony**(クロニー)があります。使用しているプロトコルのバージョン、およびハードウェアクロックと同期ができるかできないか、設定ファイルや起動するプロセスの名前に違いがあります。ただし、NTPv3とNTPv4には完全な互換性があるため、NTPクライアントがntpdでNTPサーバがChronyなど、クライアントとサーバで異なるソフトウェアを使用していても時刻を同期をすることが可能です。

どちらを使うかは任意ですが、現在の主流は**Chrony**です。

関連用語 NTP（125）

127 タイムゾーン

- 共通の標準時を使う地域全体のこと
- 協定世界時からのプラスマイナスで表される
- 協定世界時はイギリスのグリニッジ天文台が基点

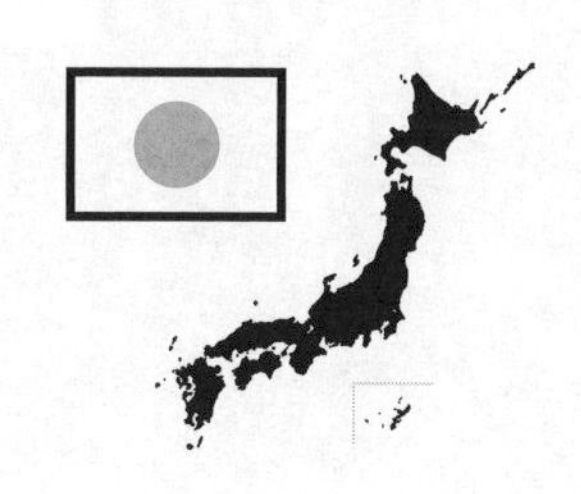

タイムゾーン：0の地域

タイムゾーン：+9の地域

タイムゾーンとは共通の標準時（時間帯）を使う地域全体のことです。**協定世界時**からのプラスマイナスで表されます。例えば日本のタイムゾーンは**JST**（Japan Standard Time）と呼ばれ、+9です。協定世界時の基準となる地域はイギリスなので、イギリスが午前0時だった場合は9をプラスして、日本は午前9時となります。

厳密にはイギリスの標準時はグリニッジ天文台を通る経度0度に合わせた**GMT**（Greenwich Mean Time=グリニッジ標準時）を使用していますが、GMTを世界の基準として使うと微妙なずれが生じるため、協定世界時はGMTを調整した**UTC**（Universal Time, Coordinated）が使われています。

関連用語　タイムゾーンの設定（128）　タイムゾーンの変更（129）

128 タイムゾーンの設定

- Linuxのタイムゾーンの確認はdateコマンド
- 設定ファイルは/etc/localtime
- タイムゾーンデータは/usr/share/zoneinfoに存在

タイムゾーンの確認と設定

```
[user@localhost ~] $ date
Thu Oct  6 16:50:33 JST 2022        ← JSTなので日本標準時
[user@localhost ~] $ ls -l /etc/localtime
lrwxrwxrwx. 1 root root 32 Oct  6 09:20 /etc/localtime -
> ../usr/share/zoneinfo/Asia/Tokyo   ← リンク先がタイムゾーンファイル
[user@localhost ~] $ ls /usr/share/zoneinfo
Africa     Canada  GB       Indian   Mexico   ROK       iso3166.tab
America    Chile   GB-Eire  Iran     NZ       Singapore leapseconds
Antarctica Cuba    GMT      Israel   NZ-CHAT  Turkey    posix
(略)
```

Linuxでタイムゾーンを確認するには、**dateコマンド**を使います。時刻の横に表示される英字が現在のタイムゾーンです。設定は**/etc/localtimeファイル**にリンク先として指定されたタイムゾーンデータになります。上記の実行結果だと/usr/share/zoneinfo/Asia/Tokyoファイルにリンクされていることが分かります。

一般的に全世界各地域用のタイムゾーンデータは、**/usr/share/zoneinfoディレクトリ**内にファイルとして存在しています。システムの扱うタイムゾーンを変更する場合は、rootユーザで/etc/localtimeファイルのリンク先を変更します。

関連用語　ファイルの種類（71）　時刻関連コマンド（124）　タイムゾーン（127）　タイムゾーンの変更（129）

129 タイムゾーンの変更

- 一般ユーザごとのタイムゾーンは環境変数TZで設定
- 設定方法はtzselectコマンドで確認可能
- 固定するにはTZの設定をシェルの設定ファイルに保存

タイムゾーンの確認と設定

```
[user@localhost ~] $ date
Fri Aug 26 10:31:23 JST 2022
[user@localhost ~] $ echo $TZ          ← 初期の環境変数TZは空

[user@localhost ~] $ tzselect
Please identify a location so that time zone rules can be
set correctly.
Please select a continent or ocean.
（略）
[user@localhost ~] $ TZ='UTC'; export TZ   ← タイムゾーンの設定
[user@localhost ~] $ date
Thu Oct  6 08:05:08 UTC 2022           ← 変更を確認
```

Linuxにアクセスしている一般ユーザが全員同じ国や地域にいるとは限らないため、一般ユーザごとにタイムゾーンを設定することもできます。その場合、**環境変数TZ**を使います。

環境変数TZはデフォルトでは設定されていません。**tzselectコマンド**を使って設定するとよいでしょう。指示に従って現在の地域を入力すると設定方法を表示してくれます。

環境変数TZでの設定は一時的なものですので、ずっと同じTZを使いたい場合はシェルの設定ファイルに設定内容を保存しましょう。

関連用語　環境変数（64）　環境設定ファイル（70）　時刻関連コマンド（124）　タイムゾーン（127）

130 システムログとは

- コンピュータ内の動作状況の記録
- 動作の正常性の確認、トラブルシュートに使用
- Linuxのログシステムはrsyslogとjournaldの2つが主流

アクセスしたユーザの記録＝ログ

20xx年01月02日 09：00：00　一般ユーザがログイン
20xx年01月02日 09：30：00　管理者ユーザがログイン
20xx年01月02日 10：00：00　管理者ユーザがログアウト
20xx年01月02日 17：00：00　一般ユーザがログアウト
：

システムログとはコンピュータで起きている動作状況の記録です。単に**ログ**とも言います。具体的にはユーザがいつログインしたか、ログインには成功したか、失敗したかなどの情報です。システムログを調査するとシステムが正常に動作していることを確認できます。また、プログラムが起動しないなどの異変があった場合のトラブルシュートに役立ちます。

システムログの記録は基本的に、いつ、どのプログラムが、どんなメッセージを残しているかを記録していますので、時刻がきちんと現地時間に設定されている必要があります。

Linuxのログシステムは**rsyslog**と**journald**の2つが主流です。

関連用語　Linuxのユーザ体系（102）　Linuxの時計の種類（123）　一般的なログファイル（131）

131 一般的なログファイル

- 一般的にログファイルは/var/log以下に配置
- Linux全般のログはmessagesファイルに記録される
- tailコマンドを用いて確認することが多い

一般的なログファイルの確認

```
[user@localhost ~]$ ls /var/log
anaconda btmp   dmesg      grubby_prune_debug messages sa      tallylog
audit    chrony dmesg.old  lastlog            qemu-ga  secure  tuned
boot.log cron   firewalld  maillog            rhsm     spooler wtmp
[user@localhost ~] $ su -
Password:
Last login: Thu Dec  8 10:45:19 JST 2022 on tty1
[root@localhost ~] #
[root@localhost ~] # tail /var/log/messages
Dec  8 10:40:28 localhost systemd: Starting Fingerprint Authentication Daemon...
Dec  8 10:40:28 localhost dbus [662] : [system] Successfully activated service 'net.reactivated.Fprint'
Dec  8 10:40:28 localhost systemd: Started Fingerprint Authentication Daemon.
Dec  8 10:40:30 localhost systemd: Created slice User Slice of root.
（略）
```

ログの閲覧は管理者（root）ユーザのみなのでユーザ切り替え

一般的にLinuxのログファイルは**/var/logディレクトリ**以下に配置されます。また、Linux全般のログは**/var/log/messagesファイル**に記録されることが多いです。

そのほかにも、認証関係のログを記録する/var/log/secureファイルや、メールのログを記録する/var/log/mailなど、用途に応じたログが用意されていることもあります。

ログファイルは新しい情報が末尾に追記されていくため、**tailコマンド**を用いて閲覧することが多いです。

デフォルトにないログファイルを作成したい場合は、rsyslogの設定ファイルにログの取得ルールを追記します。

関連用語　ディレクトリ階層（75）　headコマンドとtailコマンド（95）　システムログとは（130）　rsyslog（132）

132 rsyslog（アールシスログ）

- UNIX時代から続く旧来のログシステム
- ファシリティとプライオリティでメッセージを判別
- 上記組み合わせによってアクションを取る

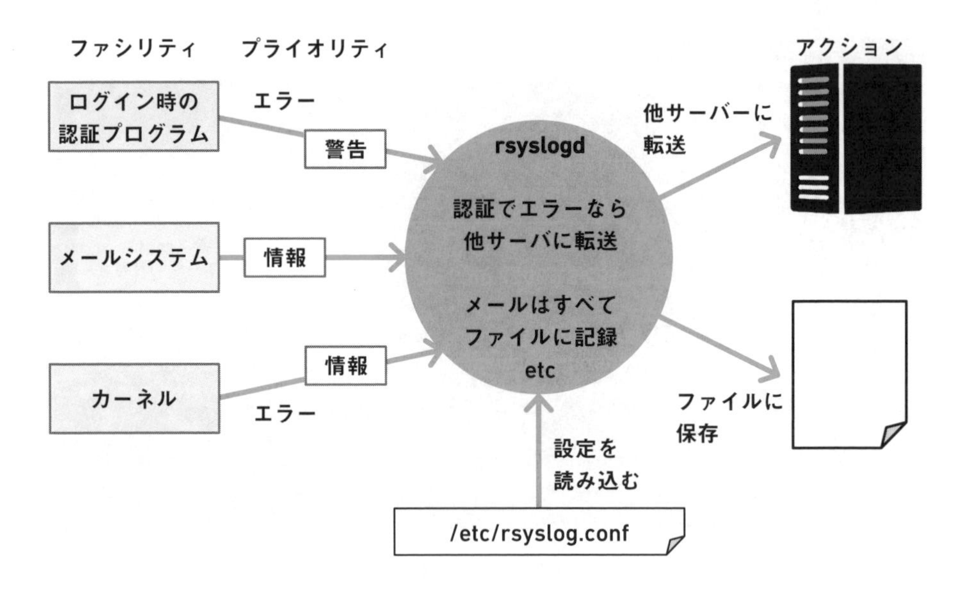

rsyslogはUNIX時代から続く旧来のログシステムです。ここでは、どのプログラムからきたメッセージかを**ファシリティ**と呼び、メッセージに付けられた重要度を**プライオリティ**と呼びます。

設定ファイルである**/etc/rsyslog.conf**に、ファシリティとプライオリティの組み合わせから、ファイルに記録するのか、画面に表示するのか、それとも他のサーバに転送するのかなどのアクションを定義します。rsyslogのプロセスである**rsyslogd**は起動時に設定ファイルを読み込み、定義に従いメッセージをさばきます。

関連用語　システムログとは（130）　一般的なログファイル（131）

133 journald（ジャーナルディー）

- systemdを使用している場合のログシステム
- ログメッセージを独自のデータベースに保存
- journalctlコマンドでログの内容を検索

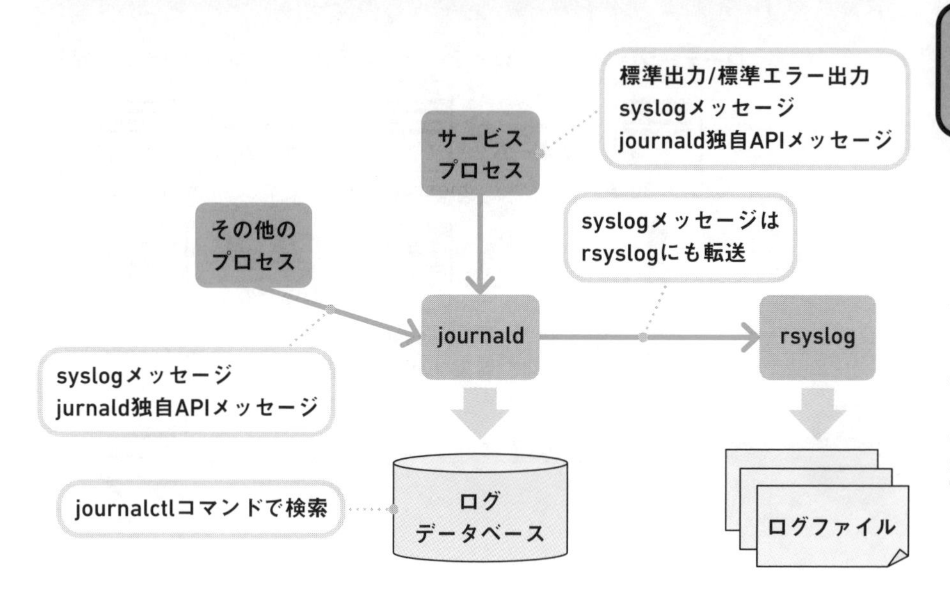

journaldは、systemdが管理する環境下で標準的に提供されるログ管理サービスです。journaldが稼働している場合、rsyslogはjournaldから転送された一部のログを処理しています。収集するログの量が膨大であるため、独自のデータベースにログメッセージを保存し、決められたサイズを超えないようにログが古くなったら削除を行っています。

データベースの中でログを検索するには、**journalctlコマンド**を使用します。これには適切にログが検索できるよう様々なオプションがあります。また、**/etc/systemd/journald.confファイル**でjournaldの挙動の設定変更が可能です。

関連用語　システムログとは（130）　システム制御（170）　systemdプロセスの動き（172）

134 ログローテーション

- ログファイルの肥大化を防ぐ機能
- 一定期間経過後に、ログファイルを交代させる
- Linuxのログローテーションの機能はlogrotate

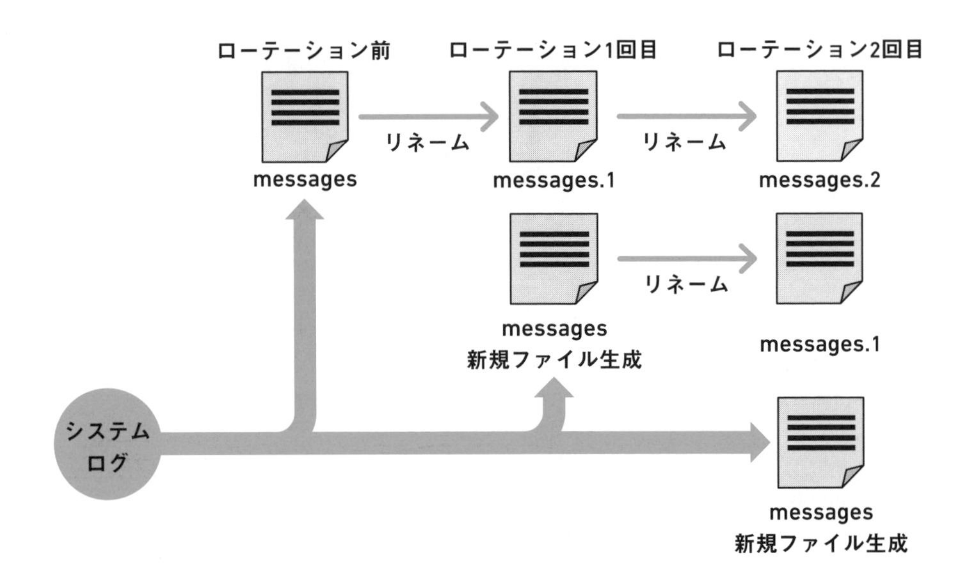

ログローテーションとはログファイルの肥大化を防ぐ機能です。ログファイルはシステムログの設定を変更しない限り基本的に記録を取り続けるため、無限にファイルサイズが増えてしまいます。しかし、ファイルサイズには限界があります。大きすぎるファイルはディスクの圧迫にもなり、システムが停止してしまう原因にもなりえます。

そこでシステムが停止しないように一定の期間でログファイルを切り、新しいログファイルに切り替える必要があります。Linuxのログローテーションの機能を「**logrotate**」といい、**/etc/logrotate.confファイル**に設定します。

関連用語　システムログとは（130）　一般的なログファイル（131）

135 ログテスト

- システムログの取得設定の確認をすること
- rsyslogではloggerコマンドを使う
- journaldではsystemd-catコマンドを使う

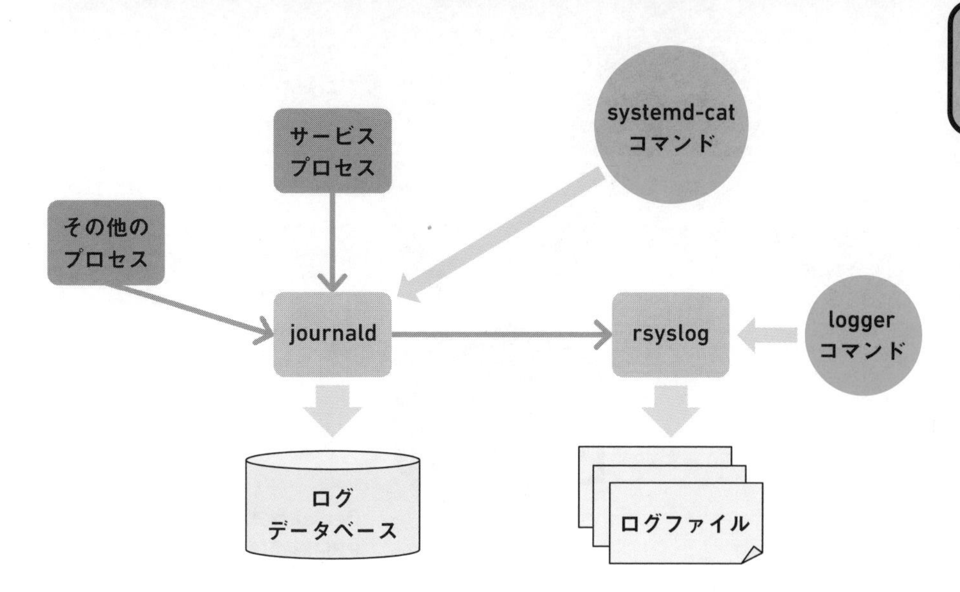

システムログの取得設定後、本当に設定したメッセージを記録できるか確認したい場合、当該のメッセージが自然に発生するまで待っていては時間がかかり過ぎます。そこで疑似的にログのメッセージを発生させ、正しく取得されるか確認することを**ログテスト**といいます。

rsyslogでは**loggerコマンド**で、journaldでは**systemd-catコマンド**で確認します。loggerコマンドはrsyslogのファシリティやプライオリティについての知識が必要ですが、**systemd-catコマンド**はコマンドの結果をjournaldに送るので、メッセージを送るだけなら細かい仕組みの理解は不要です。

関連用語　システムログとは（130）　rsyslog（132）　journald（133）

136 パッケージとは

- アプリケーションに必要なファイル群をまとめたファイル
- Debian形式のパッケージは拡張子が「.deb」
- RPM形式のパッケージは拡張子が「.rpm」

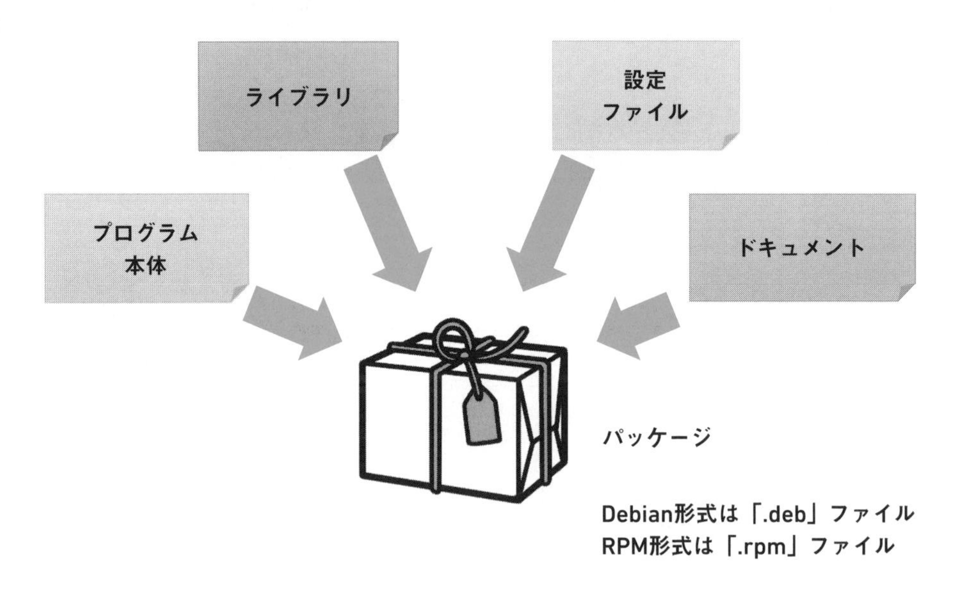

パッケージとは、アプリケーションに必要なプログラム本体やライブラリ、設定ファイルやドキュメントなどのファイル群を1つのファイルにまとめたものです。アプリケーションをインストールやアンインストールするときの一単位として扱います。

パッケージファイルの種類はディストリビューションの系統ごとに異なり、Debian系のディストリビューションでは「**.deb**」が拡張子の**Debian形式**、RedHat系は「**.rpm**」が拡張子の**RPM形式**のファイルを採用しています。slackware系はtarでアーカイブ化されたファイル群をgzipなどで圧縮をかけた「**.tgz**」などの拡張子のファイルを用います。

関連用語　Linuxの系統（3）　圧縮とアーカイブ化（82）

137 パッケージの依存関係

- パッケージには依存関係があるものも存在する
- 依存関係とは前提となるパッケージが存在すること
- パッケージを管理するときに注意が必要

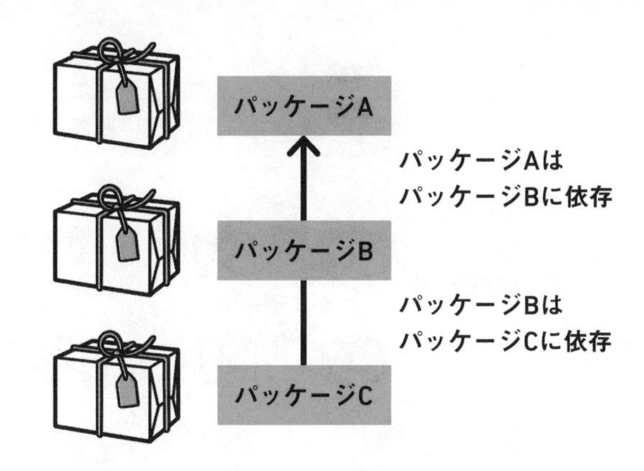

※結果としてパッケージAをインストールするためには、
パッケージA〜Cをインストールする必要がある

あるパッケージを追加するための前提条件になるパッケージが存在することがあります。これをパッケージに**依存関係**があるといいます。設計図がないと製造が始められず、製造が終わらないと組み立てができないといった設計・製造・組み立ての関係性と同じです。

すべてのパッケージに依存関係が存在するわけではありませんが、パッケージの追加や、パッケージのバージョンアップに伴う更新、不要になった際の削除を行うときは、依存関係にあるパッケージにも影響が出ることに注意が必要です。

関連用語	パッケージとは（136）

パッケージ管理

138 パッケージ管理の基本

- パッケージ管理は追加、削除、更新、照会が基本
- 照会はパッケージ情報を調べること
- 管理を行うタイミングは構築時と運用中

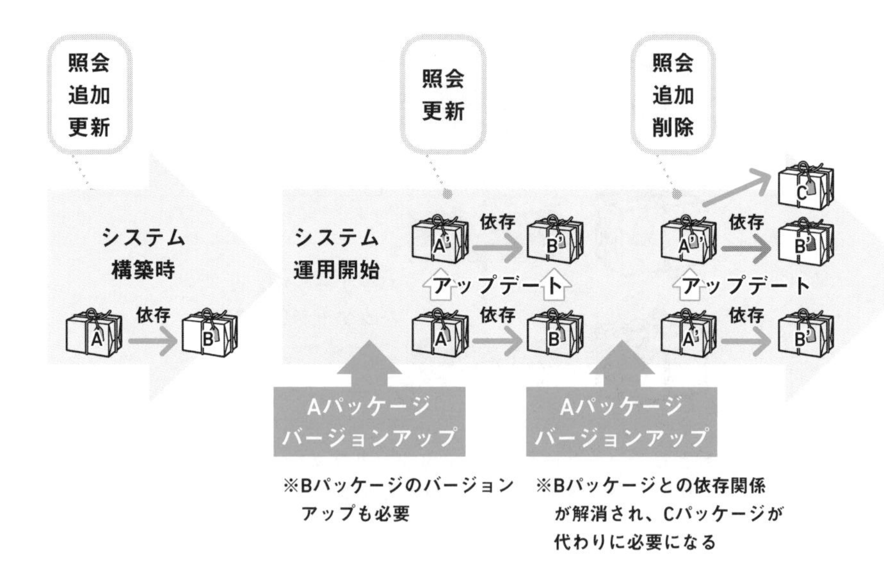

パッケージの管理の基本は、**追加**（インストール）、**削除**（アンインストール）、**更新**（アップデート）、**照会**の4つです。照会はパッケージ情報を調べることを言います。

追加、削除、更新、照会を行うタイミングは図の通りです。Linuxでシステムを構築する際は、最小限の構成でLinuxをインストールし、必要なパッケージを照会し、追加するのが基本です。構築後、システム運用開始をすると、時とともにパッケージ自体がバージョンアップされることもあるので、それに合わせ影響がないか照会し、更新・削除を行います。

関連用語　パッケージとは（136）　パッケージの依存関係（137）

139 リポジトリ

- パッケージの入手先
- 社外ネットワークにあるものは外部リポジトリ
- 社内ネットワークにあるものは内部リポジトリ

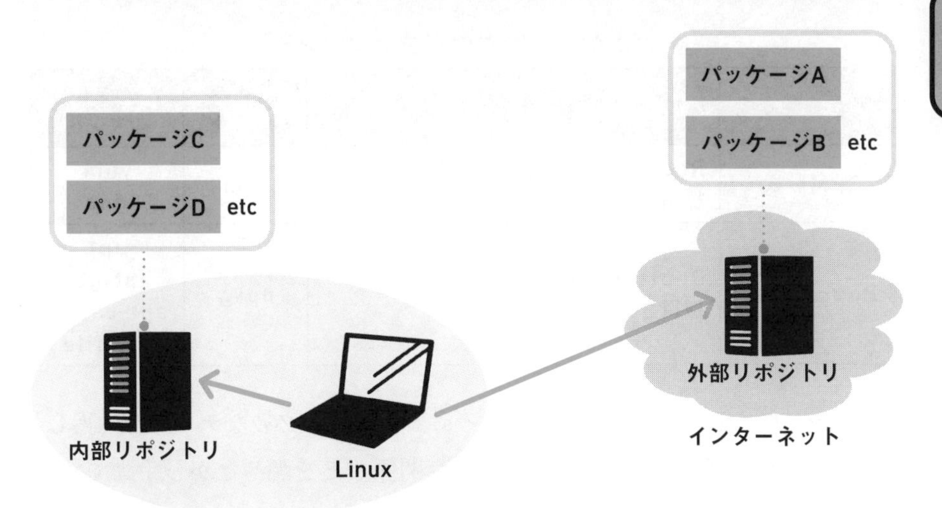

リポジトリとは、何かしらを保存しておく場所の名称として使われることが多い単語です。Linuxのパッケージ管理でリポジトリというと、**yumコマンド**などでパッケージを入手する先である**リポジトリサーバ**を指します。

Linuxインストール直後はデフォルトで参照するリポジトリが設定されていますが、設定ファイルを編集することで参照先のリポジトリサーバを追加することも可能です。

社外ネットワーク（インターネットなど）に配置されているリポジトリは**外部リポジトリ**、社内ネットワークに配置されているリポジトリは**内部リポジトリ**と呼びます。

関連用語　パッケージとは（136）　yumコマンド（142）

140 パッケージ管理コマンド

- ディストリビューションごとにコマンドがある
- RPM形式にはrpmコマンドやyumコマンドがある
- Debian形式にはdpkgコマンドやaptコマンドがある

パッケージ方式の形式とコマンド

パッケージ方式	説明	基本のコマンド	高度なコマンド
RPM形式	Red Hat Enterprise Linuxなどで採用される方式	rpm	yum dnf
Debian形式	DebianGNU/Linuxなどで採用される方式	dpkg	apt apt-get apt-cache apt-file

Linuxへアプリケーションを追加するには、以前は必要なデータを取得し、makeコマンドを駆使してユーザーが依存関係などを調べながら手動でインストールしていました。

その後、必要なデータは**パッケージ**という形にまとめられ、RPM形式のパッケージをインストールする場合は**rpmコマンド**など基本のコマンドが出現し、依存関係をコマンドで調べられるようになりました。さらに、**yumコマンド**など高度なコマンドが登場し、パッケージの依存関係を自動解決してくれるようになりました。Debian形式のパッケージをインストールする場合は、**dpkgコマンド**などの基本コマンド、**aptコマンド**などの高度なコマンドがあります。

依存関係の解決が必須である追加や更新・削除は高度なコマンドを、現環境を調べるなど、リポジトリへのアクセスが不要な場合の照会は基本のコマンドを用いることが多くあります。

関連用語　パッケージとは（136）　パッケージの依存関係（137）　rpmコマンド（141）　yumコマンド（142）

141 rpmコマンド

- RPM形式の基本のパッケージ管理コマンド
- 1つ目に指定するオプションをモードという
- モードで管理動作（照会、追加、更新、削除）が決まる

rpmコマンドの書式

```
# rpm モード[オプション] [引数]
```

モードの例

モード（ショート）	モード（ロング）	説明
-q	--query	パッケージの情報照会
-i	--install	パッケージ追加
-U	--upgrade	パッケージ更新、なければ追加
-F	--freshen	パッケージ更新
-e	--erase	パッケージ削除

rpmコマンドはRPM形式の基本のパッケージ管理コマンドです。コマンドにはオプションがつきものですが、rpmコマンドは1つ目に指定するオプションのことを**モード**といい、このモードによってパッケージを管理する動作（照会、追加、更新、削除）が決まります。**-q**モードで照会、**-i**モードまたは**-U**モードで追加、**-U**モードまたは**-F**モードで更新、**-e**モードで削除を行います。

rpmコマンドのモードやオプションはショート版とロング版があります。どちらも覚えておくとよいでしょう。モードごとにオプションもありますが、各モードに慣れてきたときに調べて覚えるようにしましょう。

関連用語　パッケージとは（136）　パッケージ管理コマンド（140）

142 yumコマンド

- RPM形式の高度なパッケージ管理コマンド
- リポジトリへのアクセス環境が必要
- サブコマンドで管理動作が決まる

yumコマンドの書式

yum [オプション] サブコマンド [引数]

サブコマンドの例

サブコマンド	説明
list	パッケージ一覧表示
install	パッケージ追加
update upgrade	パッケージ更新、なければ追加
remove	パッケージ削除

yumコマンドはRPM形式の高度な**パッケージ管理コマンド**です。実行するには/etc/yum.confファイルや/etc/yum.repos.dディレクトリ内の*.repoファイルで**リポジトリ**の設定が必要です。デフォルトでLinuxをインストールした直後からインターネットにつながる環境であれば、特に手を加えることなく、すぐ使用することができます。

yumコマンドの挙動を決めるのは**サブコマンド**です。**list**でパッケージの一覧表示、**install**で追加、**update**または**upgrade**で更新、**remove**で削除ができます。そのほか、グループという単位でパッケージをグループ化しており、**groups**というサブコマンドでまとめてパッケージを追加することもできます。後継として、使い方はほぼ同じの**dnf**というコマンドがあります。

関連用語　パッケージとは（136）　リポジトリ（139）　パッケージ管理コマンド（140）

143 デバイスファイルとは

- ファイルの種類としては特殊なファイルに分類される
- 周辺機器へのアクセスのために利用される
- /devディレクトリ以下に配置される

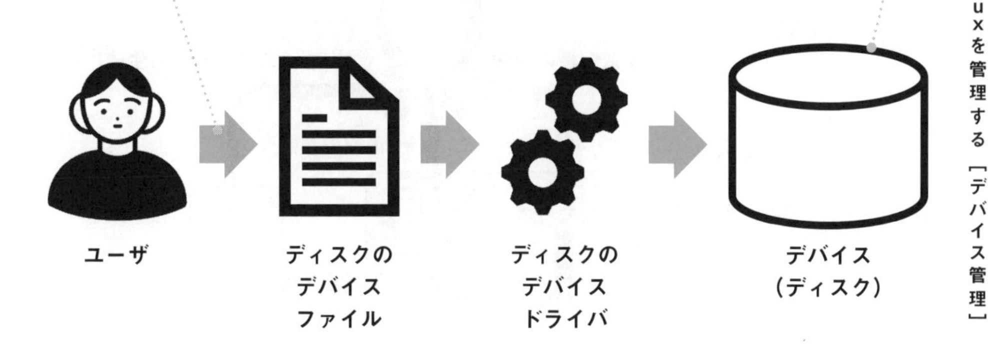

デバイスファイルは、**デバイス**、つまりコンピュータに接続された周辺機器を扱うために必要なファイルで、特殊なファイルに分類されます。LinuxはOSなのでデバイスを管理する必要があり、かつCUIで操作することが多いため、デバイスを操作したいときに、コマンドライン上で指定できるようにファイルの形をとっています。コマンドでデバイスファイルが指定されると、デバイスドライバが動作してデバイスを動かします。

Linuxに接続されているデバイスのデバイスファイルは、**udev**と呼ばれる仕組みによって/devディレクトリ以下に生成されます。

関連用語　CUIとGUI（5）　ソフトウェアの全体像（16）　OSの構成要素（18）　ファイルの種類（71）　udev（144）

144 udev（ユーデブ）とは

- Userspace Device Managementのこと
- デバイスファイルを生成する仕組み
- ルールは/etc/udev/rules.d以下のファイル

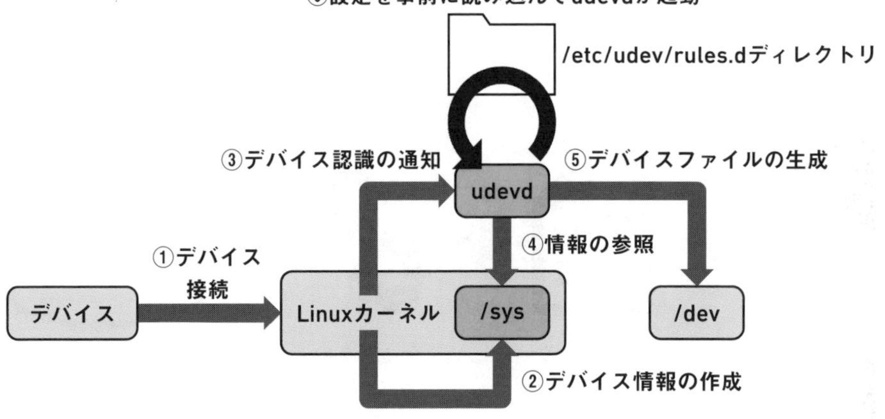

udevとはUserspace Device Managementというデバイスファイルを生成するための仕組みの名称です。

デバイスが接続されたことをはじめに検知するのは**Linuxカーネル**です。カーネルはデバイス情報を作成し、udevが起動する**udevd**というプログラムへデバイスを認識した通知を出します。udevdはデバイス情報を参照し、ルールに基づいてデバイスファイルを生成します。

USBやNIC、ディスクなど、通常接続が予想されるデバイスの各種ルールは、/etc/udev/rules.dディレクトリ以下などに格納されています。

関連用語　デバイスファイル（143）

145 デバイス情報確認コマンド

- PCI接続状況の確認はlspciコマンド
- USB接続状況の確認はlsusbコマンド
- ディスクの状態の確認はlsblkコマンド

lspciコマンドでNIC情報を詳細表示

```
[root@localhost ~]# lspci -v -s 3.0
00:03.0 Ethernet controller: Intel Corporation 82540EM
Gigabit Ethernet Controller (rev 02)
        Subsystem: Intel Corporation PRO/1000 MT Desktop Adapter
        Flags: bus master, 66MHz, medium devsel, latency 64, IRQ 19
        Memory at f0200000 (32-bit, non-prefetchable) [size=128K]
        I/O ports at d020 [size=8]
        Capabilities: [dc] Power Management version 2
        Capabilities: [e4] PCI-X non-bridge device
        Kernel driver in use: e1000
        Kernel modules: e1000
```

-vは詳細表示オプション
-sはデバイス指定のオプション

デバイス情報を表示するコマンドとしてよく挙げられるのが、lspciコマンドや、lsusbコマンド、lsblkコマンドです。

lspciコマンドはPCI接続状況を表示します。

lsusbコマンドはUSB接続状況を表示します。これらのコマンドはデバイスドライバを開発するベンダーにとって有益な情報です。オプションも多くあり、様々な情報を表示できます。Windowsでいうデバイスマネージャーのようなものです。

lsblkコマンドはパーティション分割の内容やマウント状況などのディスクの状態を表示します。ディスク管理に欠かせないコマンドの1つです。

関連用語　PCI（14）　USB（15）　デバイスファイル（143）　ディスク管理の全体像（149）

146 X Window System

- LinuxでGUIを実現するためのシステム
- 省略してXやX11などと表記する
- クライアントサーバシステムを採用している

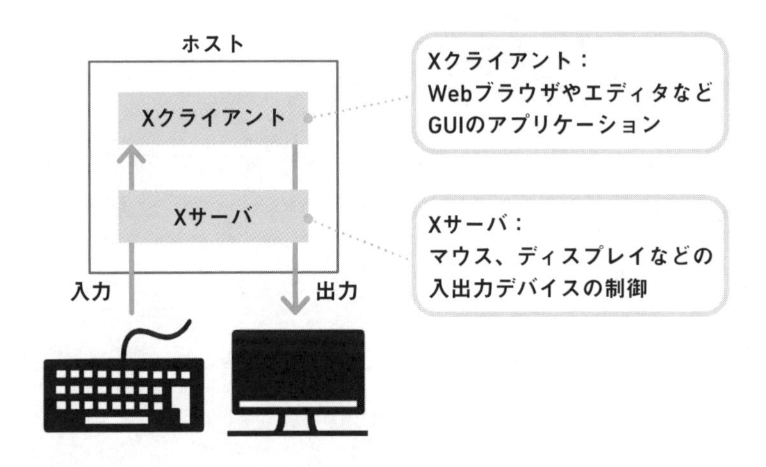

X Window SystemはLinuxディストリビューション上でGUIを実現するためのシステムです。現在のバージョンが11なので、省略してXやX11と表記します。

GUIは個人PCのOSやソフトウェア開発用PCのOSで利用されます。マウスやディスプレイなど、GUIとして必要になるデバイスの制御をし、Windowsのようなマウスでの直感的な操作を実現しています。

また、クライアントサーバシステムを採用しており、ネットワーク経由でリモートの画面にアプリケーションを起動させることも可能です。

関連用語　CUIとGUI（5）　クライアントサーバシステム（6）

147 プリンタの管理

- 印刷のサブシステムとしてCUPSが採用されている
- GUIで設定が可能
- アプリケーションやコマンドから印刷可能

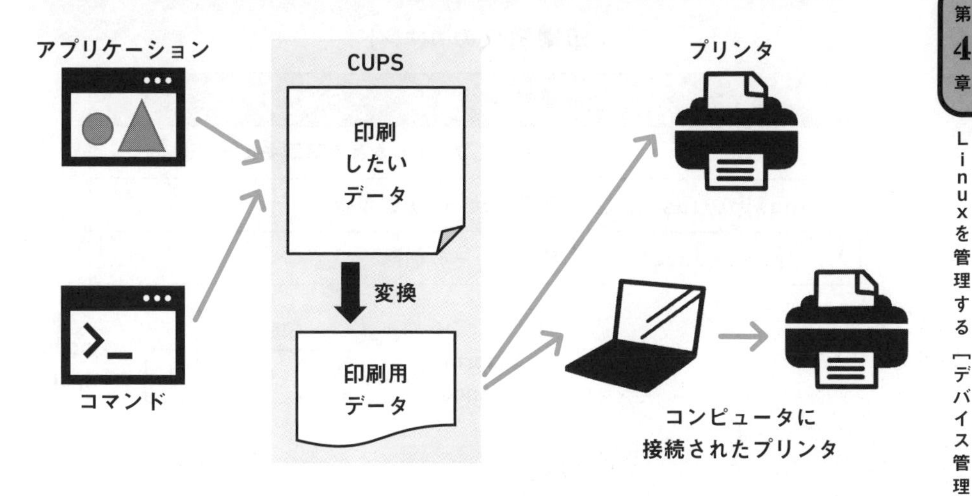

Linuxでのプリンタ管理は、**CUPS**（Common UNIX Printing System）というシステムが採用されていることが多いです。CUPSはGUIを用いて簡単にプリンタの設定が可能で、ネットワークに接続されているプリンタを検索し、Linuxから印刷するプリンタとして設定することができます。

設定する際は、GUIの環境をインストールし、ブラウザを開いてアドレスバーに「**http://localhost:631**」を入力することで設定画面を開くことができます。

印刷はGUIのアプリケーションから発生する場合もあれば、コマンドを入力して印刷する場合もあります。

関連用語　CUIとGUI（5）　X Window System（146）　印刷関連コマンド（148）

デバイス管理

148 印刷関連コマンド

- 印刷コマンドはlprコマンド
- 印刷キューの状態確認はlpqコマンド
- 印刷キューの削除はlprmコマンド

印刷関係のコマンド

コマンド名	説明
lpr, lp	指定したファイルなどを印刷キューへ送る
lpq, lpc, lpstat	印刷キューの状態表示
lprm, cancel	印刷キューの削除

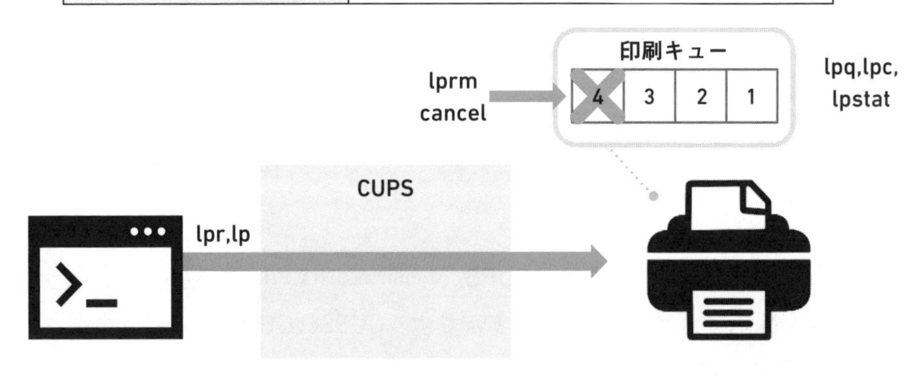

印刷関連のコマンドは大きく3種類あります。どのプリンタから、何部印刷するかなどの印刷を指示する**lprコマンド**や**lpコマンド**、印刷キューの状態を表示する**lpqコマンド**や**lpcコマンド**、**lpstatコマンド**、印刷キューを削除する**lprmコマンド**や**cancelコマンド**です。コマンドの種類が複数あるのはLinuxのベースとなったUnixの系統によりコマンドが異なるためです。

また、印刷キューとは印刷要求のタスクを収めておく受信ボックスのようなもので、受信した順番にプリンタが印刷していきます。

関連用語　UNIX（2）　プリンタの管理（147）

149 ディスク管理の全体像

- ハードディスクが接続されると、デバイスファイルが作成される
- ディスクは接続しただけでは利用することが出来ない
- パーティション分割、ファイルシステム作成、マウントが必要

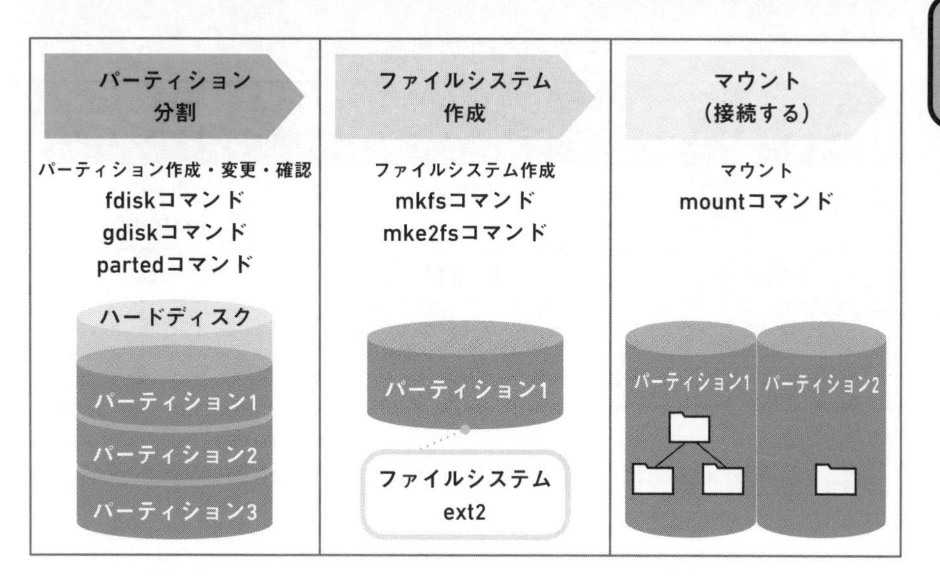

マザーボードにハードディスク等を接続すると、操作対象として指定するデバイスファイルが作成されます。ディスクのデバイスファイルは認識順に**/dev/sda**、**/dev/sdb**、**/dev/sdc**と命名されていきます。

ハードディスクは物理的に接続しただけでは利用することが出来ず、接続したディスクを利用するためには、①ディスクをパーティション分割する、②パーティション内にファイルシステムを作成する、③ファイルシステムをマウント（=接続）することが必要です。パーティション分割、ファイルシステム、マウントに関する説明は次項以降で解説します。

関連用語　ディスク（11）　パーティション（150）　ファイルシステム（152）　マウント（156）

150 パーティション

- パーティションはディスクを論理的に分割した領域のこと
- パーティションの構成情報はパーティションテーブルに格納
- パーティションテーブルはMBRとGPTの2方式

パーティションの種類と特徴

パーティション形式	MBR (マスターブートレコード)	GPT (GUIDパーティションテーブル)
パーティション分割コマンド	fdisk parted	gdisk parted
HDD容量	最大2TB	制限なし
パーティション数	基本パーティションで4個	128個
起動ファームウェア	BIOS	UEFI

接続されたディスクは論理的に分割出来ます。この区分けされた領域を**パーティション**と言います。ディスクをパーティションに分割すると、1つのパーティションが破損しても、他のパーティションには影響せず被害を最小限に抑えることが出来るというメリットがあります。

また、ハードディスク内にあるパーティションの構成情報のことを**パーティションテーブル**と言います。パーティションテーブルには、従来からある**MBR**（マスターブートレコード）と新しい**GPT**（GUIDパーティションテーブル）の2方式があります。MBRとGPTではパーティション分割するコマンドや、ハードディスク容量などが異なり、2TBを超える大容量ハードディスクを扱う場合のパーティションテーブルはGPTでなければなりません。そのほかの違いに、パーティションを作成できる数や起動ファームウェアの種類などがあります。

関連用語　ディスク管理の全体像（149）　パーティションの種類（151）

151 パーティションの種類

- MBRのパーティションの種類は、「基本・拡張・論理」の3つ
- 1つのディスクは最大で4つの基本パーティションに分割可能
- 4つ以上に分割する場合は、拡張・論理パーティションを作成する

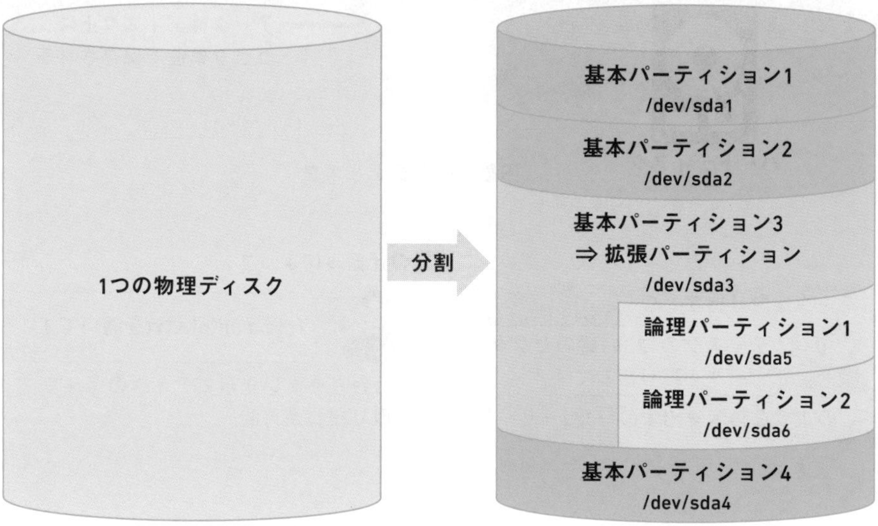

パーティションテーブルがMBRの場合、パーティションには基本パーティション、拡張パーティション、論理パーティションの3種類があります。1つのディスクには必ず1つ以上の基本パーティションが存在し、最大で4つ作成することが可能です。

基本パーティションのデバイスファイル名は/dev/sdaの場合、/dev/sda1～/dev/sda4となります。ディスクを4つ以上のパーティションに分割したい場合は、基本パーティションの1つを**拡張パーティション**とし、その中に**論理パーティション**を作成します。論理パーティションのデバイスファイル名は/dev/sda5、sda6、sda7などになります。

関連用語　パーティション（150）

ディスク管理

152 ファイルシステム

- データは物理的にはセクタ単位でディスクに保存される
- 人間にとってセクタでデータを保存・参照することは難しい
- ファイルシステムはデータをファイルとして管理する仕組み

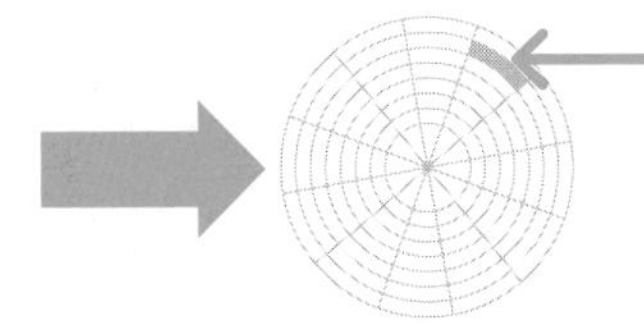

ディスクの12541番のセクタのデータを取り出して！！
このような指示を出すのは難しい。

/etc/sample.txtを開いて！！
分かりやすい指示でデータの保存や取り出しが可能。

データはハードディスクやCD-ROM等の記憶装置に保存されます。これらのディスクは円盤状の磁気ディスクで出来ており、データは「12541番のセクタに保存する」というように、円盤状のどこに保存するかを指定する必要があります。**セクタ**とはディスクの区画のことで、データはセクタ単位で保存されます。また、SSDは半導体メモリですが、同じくセクタ単位で区切って使用しています。

しかしユーザがデータを保存、取り出す時に番号を指定することは現実的ではないので、実際はデータを**ファイル**や**ディレクトリ**という形で分かりやすく取り扱います。このセクタの番号とファイル名などを対応付け、管理する役割を担っているのが**ファイルシステム**です。

関連用語　ファイルの種類（71）　ディスク管理の全体像（149）

153 ファイルシステムの種類

- ext2/ext3/ext4はLinux向けに開発されたファイルシステム
- XFSは、RHEL7やCentOS7 の標準ファイルシステムとなっている
- ジャーナル機能が備わったファイルシステムがある

ファイルシステム	ジャーナル機能	説明
ext2	×	初期のextファイルシステムを拡張し、LinuxOSで広く利用されてきたファイルシステム
ext3	○	ext2にジャーナル機能を追加し、ext2との後方互換性があるファイルシステム
ext4	○	大容量のHDDにも対応し、ext2/ext3との後方互換性があるDebian系における標準ファイルシステム
XFS	○	独自の高性能なジャーナル機能を持つRHEL7、CentOS7 における標準ファイルシステム
Btrfs	○	強力なスナップショット機能を持つファイルシステム
iso9660	−	CD-ROMのファイルシステム

ファイルシステムにはいくつか種類がありますが、現在Linuxではext4やXFSが主流です。

ext4はLinux 向けに開発された**ext**（extended file system）シリーズのファイルシステムで、旧バージョンのext2はLinuxOSで広く利用されてきました。ext2の後継であるext3にはファイルシステムの変更履歴などの操作ログを記録する仕組みであるジャーナル機能が追加されました。ext4は大容量のHDDにも対応したファイルシステムで、DebianやUbuntuにおいて標準ファイルシステムとなっています。

一方、**XFS**は独自の高性能なジャーナル機能をもつファイルシステムで、RHEL7やCentOS7 における標準ファイルシステムです。

関連用語　Linuxの系統（03）　ファイルシステム（152）

154 ルートファイルシステム

- ルートディレクトリが含まれるファイルシステム
- ルートファイルシステムは耐障害性を考慮し、最小構成とする
- システム起動に関連するディレクトリが含まれなければいけない

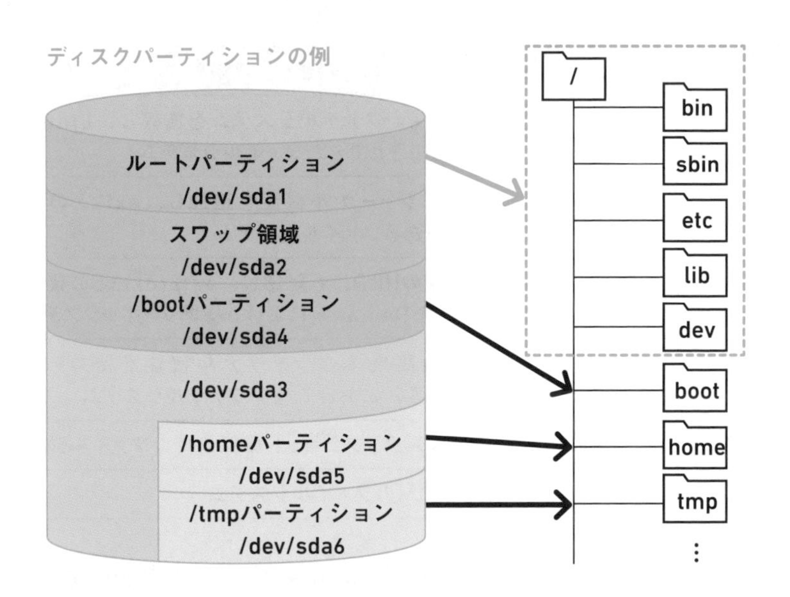

ルートディレクトリが含まれるファイルシステムを**ルートファイルシステム**といいます。ルートディレクトリ直下には**/home**や**/tmp**などのディレクトリが配置されています。これら全てのディレクトリをルートファイルシステムに格納することも可能ですが、通常は複数の**パーティション**を用意し、分割して割り当てます。これはディスク障害時に被害を最小限に抑えることや素早く復旧することを考慮して、ルートファイルシステムを最小構成とするためです。しかし、システム起動に必要な内容が含まれる/bin等、図の点線で囲われているディレクトリは、ルートファイルシステムに格納されている必要があります。

関連用語　ディレクトリ階層（75）　ファイルシステム（152）

155 スワップ領域

- メモリのように使えるディスク領域
- 仮想メモリとも呼ばれる
- Linuxインストール時に必須

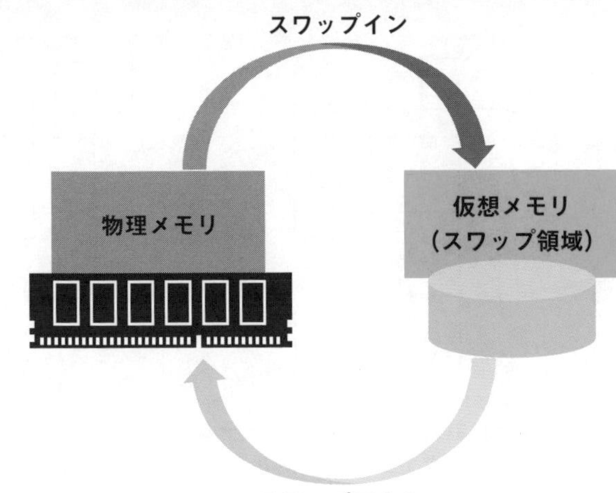

スワップ領域とは、メモリのように使えるディスクの領域のことで、**仮想メモリ**とも呼ばれます。プログラムが動作するとき、プロセスとしてメモリ上に展開されますが、メモリが足りない場合、プログラムが動作できません。このとき使用していないプログラムを一時退避させる領域としてスワップ領域が使用されます。スワップ領域にプログラムが移動することを**スワップイン**、スワップ領域からメモリに戻すことを**スワップアウト**といいます。

スワップ領域はLinuxをインストールするときに確保する必要がある領域です。ひと昔前までは実メモリの1〜2倍用意することが一般的でしたが、昨今サーバに搭載されるメモリサイズが膨大になってきたこともあり、使用するディストリビューションのマニュアルを参照し、推奨のスワップ領域のサイズを指定するのがよいでしょう。

関連用語　メモリ（10）　ディスク（11）

156 マウント

- ファイルシステムを別のファイルシステムに組み込むこと
- マウントされるディレクトリをマウントポイントという
- 永続的なマウントは/etc/fstabファイルを使用

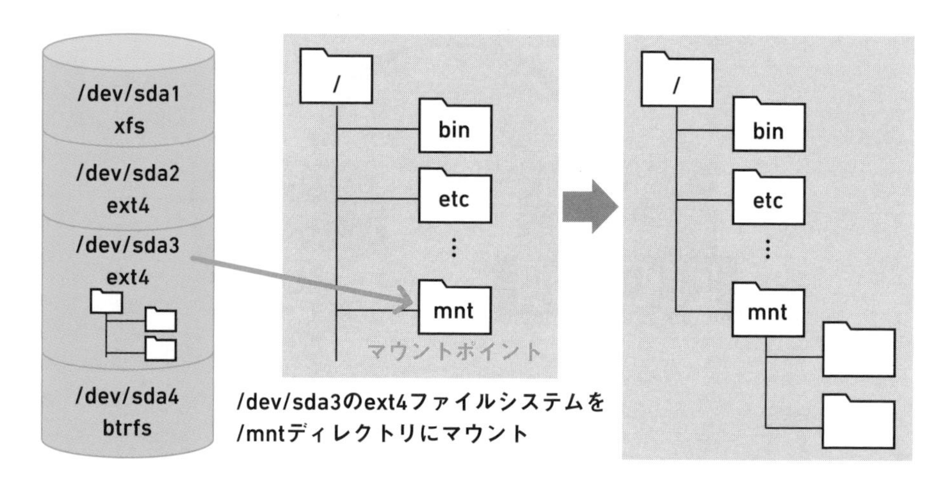

/dev/sda3のext4ファイルシステムを
/mntディレクトリにマウント

ディスクをパーティションで分割してファイルシステムを作成しただけでは、ファイルをディスクに格納することは出来ません。追加したディスクのファイルシステムを、ルートファイルシステムの階層構造に組み込むことで、ディスクへの読み書きが可能となります。このようにファイルシステムに別のファイルシステムを組み込むことを**マウント**と言います。この時ルートファイルシステム内のマウントされる接点のディレクトリのことを**マウントポイント**と言います。

マウントは、**mountコマンド**で実行しますが、それだけではOS再起動後に無効となってしまいます。再起動後も継続的にマウントするには、次項で説明する**/etc/fstabファイル**への記述が必要です。

関連用語	ディレクトリ階層（75）　ディスク管理の全体像（149）　ファイルシステム（152） /etc/fstabファイル（157）

157 /etc/fstab ファイル

- ファイルシステムの情報を格納する
- OS起動時に自動マウントさせる場合に記述するファイル
- 設定内容の反映は再起動するかmount -aコマンドを実行

/etc/fstabファイルの書式

```
/dev/sda3  /mp1  ext4  default  0  0
   ①        ②     ③       ④     ⑤  ⑥
```

書式	説明
①デバイスファイル名	/dev配下のデバイスファイル名（もしくはLABEL、UUID）を指定
②マウントポイント	ファイルシステムをマウントする先のディレクトリを指定
③ファイルシステムの種類	ext3,ext4などのファイルシステムの種類を指定
④マウントオプション	マウントする際のオプションを指定 （例）auto：mount -aコマンド実行時にマウントされる
⑤dump	dumpコマンドによるバックアップの有無を指定 0：バックアップ非対象、1：バックアップ対象
⑥fsck	システム起動時にfsckコマンドによるチェックの有無を指定 0：チェック非対象 1：ルートファイルシステムでチェック実施 2：その他のファイルシステムでチェック実施

ファイルシステムの情報は、**/etc/fstabファイル**に格納されています。OSを起動する際にデバイスファイルを自動的にマウントさせる場合などのマウント時に参照されます。ファイルの書式として、デバイスファイル名、ファイルシステムの種類、マウントポイント、マウントオプション、バックアップ設定、ファイルシステムチェック設定の記述が必要です。設定完了後、設定内容を反映させるには再起動または、マウントのし直しが必要です。

関連用語　デバイスファイル（143）　ファイルシステム（152）　マウント（156）

ディスク管理

158 LVM

- 柔軟にディスク管理を行う機能
- 複数のPVを1つにまとめてVGを構成する
- VGから必要サイズを切り出しLVを仮想パーティションとして扱う

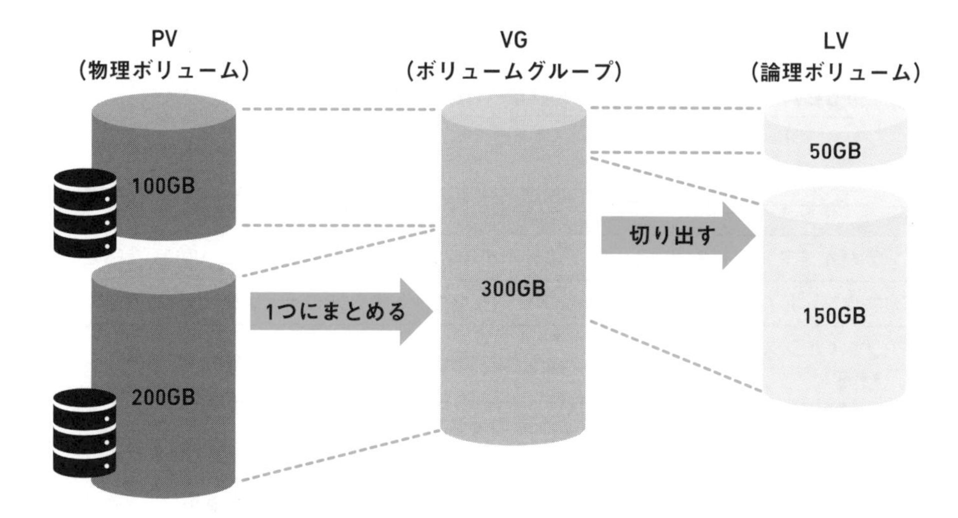

LVM（Logical Volume Manager）は、仮想的なパーティションを使用して、より柔軟にディスク管理を行う機能です。

複数のハードディスクやパーティションなどの記憶領域である**PV**（物理ボリューム）をまとめて単一の**VG**（ボリュームグループ）を構成します。このVGは仮想的なディスクのようなもので、VGから必要なサイズを切り出して**LV**（論理ボリューム）を作成し、仮想的なパーティションとして扱います。

通常はパーティションを作成すると、サイズ変更やディスクサイズを超えたパーティションの作成は出来ませんが、LVMを利用することで利用規模に応じた論理ボリュームの増減が可能となります。

関連用語　ディスク管理の全体像（149）　パーティション（150）

159 ファイル格納の仕組みとiノード

- ファイルがディスクに保存されるとiノード番号が割り振られる
- iノードにはiノード番号などの属性情報が格納される
- iノードのファイルの実体の配置情報をもとに、アクセスする

/home/linux/ディレクトリのsampleファイルにアクセスする

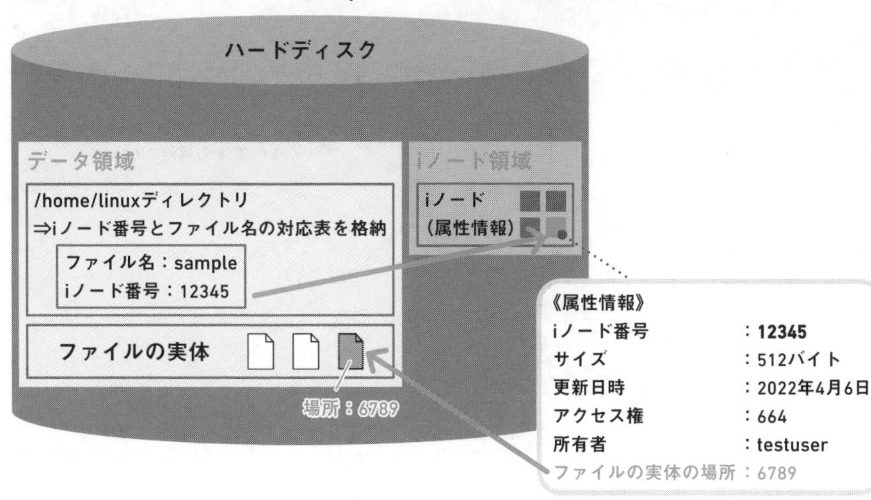

ファイルは、ファイルの実体を保存する**データ領域**と、アクセス権などのファイルの属性情報を格納する**iノード領域**に分けて管理されます。ファイルの実体とは、ディスク上のデータそのものを指し、**iノード番号**とは、ファイルを識別するために割り当てられた一意の番号のことを言います。

図のsampleファイルを例にすると、データ領域内のlinuxディレクトリにファイル名とiノード番号の対応表があり、このiノード番号をもとにiノード領域にて該当ファイルのiノード（属性情報）をチェックします。iノードにはファイルの実体がある場所の情報も格納されているのでそれをもとにsampleファイルのデータへアクセスできます。

関連用語　ファイルの種類（71）　ファイルシステム（152）　ハードリンク（160）　シンボリックリンク（161）

ディスク管理

160 ハードリンク

- 異なるファイル名で1つのファイルの実体にアクセスする仕組み
- 元ファイルとリンクファイルはiノードを共有する
- 元ファイルが削除されても、ファイルの実体へのアクセスは可能

sampleファイルを参照するハードリンクsample_hardファイルの例

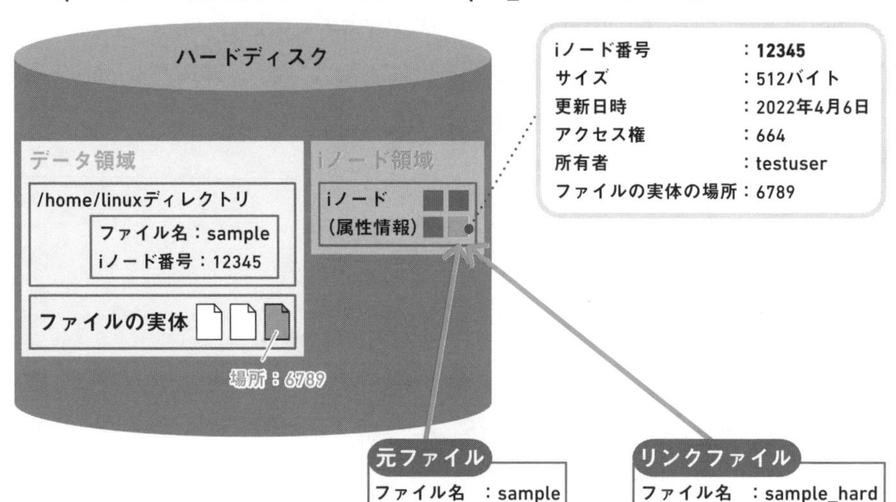

ハードリンクとは、異なるファイル名で1つのファイルの実体にアクセスする仕組みのことです。ハードリンクは**lnコマンド**で作成することができ、作成されたリンクファイルは元ファイルとiノードを共有します。

コピーして作成されたファイルは片方が変更されても、もう一方には影響がありませんが、ハードリンクの場合は実体が1つであるためどちらのファイル名から確認しても内容は同じとなります。

またハードリンクでは元ファイルを削除しても、リンクファイルがファイルの実体にリンクされているので、ファイルの実体は削除されません。

関連用語　ファイルの種類（71）　ファイル格納の仕組みとiノード（159）　アクセス権（189）

161 シンボリックリンク

- Windowsのショートカットに該当する
- リンク元である元ファイルの場所を示すリンク
- リンク元ファイルが削除されるとファイル実体へのアクセス不可

sampleファイルを参照するシンボリックリンクsample_slファイルの例

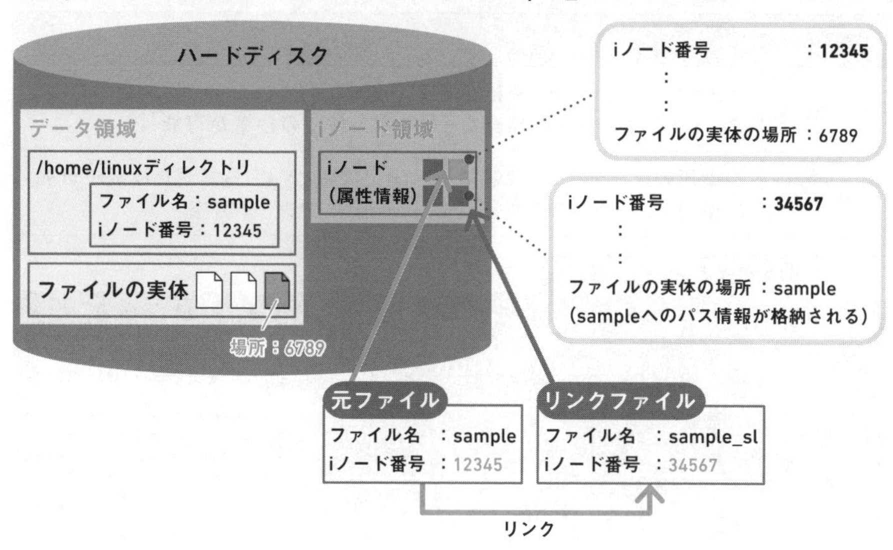

シンボリックリンクはWindowsにおけるショートカットに該当するもので、リンク元である元ファイルの場所を示すリンクのことです。シンボリックリンクの作成は、**lnコマンド**に**-sオプション**を指定することで作成できます。

ハードリンクと同様に操作する実体は同一のため、片方のファイルの編集でどちらのファイル名から閲覧しても内容は同じです。シンボリックリンクが所有する情報は、リンク元である元ファイルがどこにあるかというパス情報のみで、iノード番号も異なります。そのため、リンク元ファイルが移動や削除するとリンクファイル自体は残りますが、リンク元のファイルの実体へのアクセスはできなくなります。

関連用語　ファイルの種類（71）　ファイル格納の仕組みとiノード（159）　アクセス権（189）

162 ファイルの検索

- findコマンドは様々な条件での検索が可能
- locateコマンドは検索用データベースに基づいて高速な検索を行う
- データベース情報はupdatdbコマンドで更新する

コマンド	説明
find	ファイルやディレクトリを検索する ファイルサイズや更新時刻など様々な条件での検索が可能
locate	検索用のデータベースに基づき、findコマンドよりも高速な検索が可能 検索用データベースの更新はupdatedbコマンドで実施

ファイル検索コマンドの実行例

```
[root@localhost ~]# find /home/user -type f -mtime -3
./.cache/abrt/lastnotification
./.bash_history
[root@localhost ~]# touch test.log
[root@localhost ~]# updatedb
[root@localhost ~]# locate test.log
```

- カレントディレクトリ以下から最終更新日が3日以内のファイルを検索
- test.logファイルを作成
- データベース情報を更新
- test.logを検索

Linuxでは様々な検索コマンドが用意されているため、検索内容に応じて最適なコマンドを選択する必要があります。

ファイルやディレクトリを検索する最も代表的なコマンドは**findコマンド**です。findコマンドはファイル名などの名前での検索だけでなく様々な条件での検索が可能ですが、一般ユーザで実行した場合の検索対象はアクセス権限があるディレクトリに限られます。また、findコマンドよりも高速検索できるものに**locateコマンド**があります。locateコマンドは検索用データベースに基づいて検索を行いますが、ディレクトリ構造に変更があった場合には**updatedbコマンド**でデータベース情報を更新する必要があります。

関連用語　ディレクトリ階層（75）　アクセス権（189）

163 コマンドの検索

- whichコマンドはコマンドの絶対パスを表示
- whereisコマンドはコマンドパス、設定ファイル、マニュアルを表示
- typeコマンドはコマンドタイプを表示

コマンド	説明
which	環境変数PATHをもとにコマンドファイルを検索しパスを表示する
whereis	コマンドのパス及び設定ファイルやマニュアルを検索し表示する
type	指定したコマンドのタイプを表示する

コマンド検索コマンドの実行例

```
[user@localhost ~] $ which mkdir
/bin/mkdir
[user@localhost ~] $ whereis mkdir
mkdir: /usr/bin/mkdir /usr/share/man/man1/mkdir.1.gz
/usr/share/man/man1p/mkdir.1p.gz
/usr/share/man/man2/mkdir.2.gz
/usr/share/man/man3p/mkdir.3p.gz
```

mkdirコマンドのコマンドファイルの場所を表示する

mkdirコマンドのコマンドファイルと設定ファイル、マニュアルの場所を表示する

findコマンドやlocateコマンドの検索対象はファイルやディレクトリでしたが、その他にコマンドのパスや設定ファイルなどのコマンド情報を検索するwhich、whereis、typeコマンドがあります。

whichコマンドは**環境変数PATH**をもとに、指定したコマンドの絶対パスを表示します。**whereisコマンド**はコマンドのパスだけではなく、設定ファイルやマニュアルが配置された場所も検索することが出来ます。**typeコマンド**は指定したコマンドが通常のコマンドなのか、シェルの組み込みコマンドかエイリアスか、等の情報を表示します。通常コマンドの場合にコマンドのパスを表示します。

関連用語 環境変数PATH（65） ディレクトリ階層（75）

164 コマンドのタイプ

- コマンドのタイプは外部コマンドと内部コマンドの2つ
- ディスクにファイルとして置かれているのが外部コマンド
- シェルに組み込まれているコマンドが内部コマンド

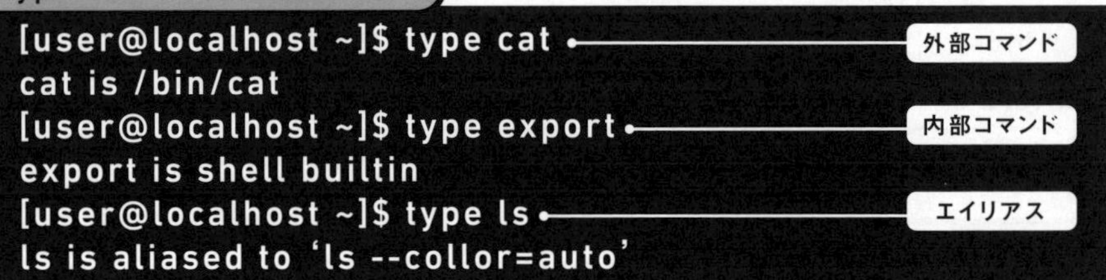

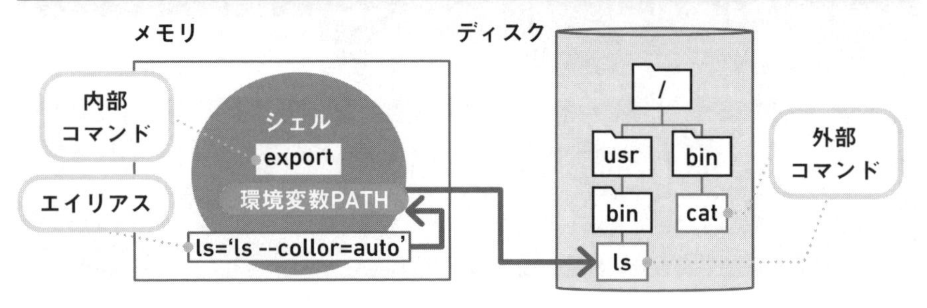

Linuxのコマンドのタイプは外部コマンドと内部コマンドの2つです。ディスクに実行できるファイルとして置かれているコマンドが**外部コマンド**、シェルに組み込まれているコマンドが**内部コマンド**です。

エイリアスはシェルの機能の一部であり、コマンドに別名をつけることなので、実際には外部コマンドや内部コマンドを参照しており、コマンドのタイプではありません。

実行時、外部コマンドは環境変数PATHに登録のあるディレクトリに配置されていないとエラーとなります。内部コマンドはシェルに組み込まれているので環境変数PATHの内容とは関係ありません。

関連用語　シェル（59）　環境変数PATH（65）　エイリアス（69）　コマンドの検索（163）

165 Linuxの起動順序

- 電源投入から作業できるまでLinuxが行う作業の流れ
- ファームウェア、ブートローダ、カーネル、システム制御の順
- 起動できなかった際の原因把握に役立つ

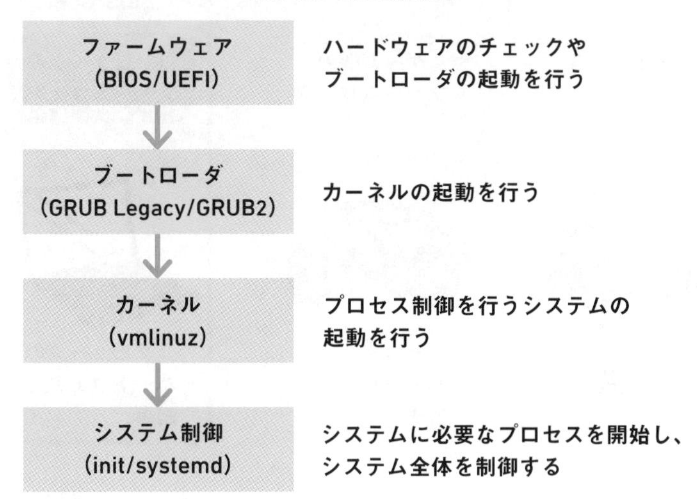
Linuxの起動順序
ファームウェア
(BIOS/UEFI)
ハードウェアのチェックや
ブートローダの起動を行う
ブートローダ
(GRUB Legacy/GRUB2)
カーネルの起動を行う
カーネル
(vmlinuz)
プロセス制御を行うシステムの
起動を行う
システム制御
(init/systemd)
システムに必要なプロセスを開始し、
システム全体を制御する

起動順序は電源投入後、ユーザがログインして作業できる環境が整うまでにLinux内でどのようなプログラムがどの順番で起動するかの流れです。Linuxは図の通り、**ファームウェア、ブートローダ、カーネル、システム制御の順**に起動します。

メンテナンス時にLinuxの停止や起動を行うことがありますが、起動順序を把握することで、電源投入したのに起動しないという場合の原因を把握できます。例えば、ファームウェアの時点でエラーメッセージが表示されれば、ハードウェアで何か問題が起きている、という推測ができます。いざというときのために起動順序を覚えておいたほうがよいでしょう。

関連用語　ファームウェア（166）　ブートローダ（167）　Linuxのカーネル（168）　システム制御（170）

166 ファームウェア（BIOS/UEFI）

バイオス　ユーイーエフアイ

- ハードウェアを制御するソフトウェア
- BIOSはハードウェア制御とブートローダの起動を行う
- UEFIはBIOSの機能にプラスして高度な機能を持つ

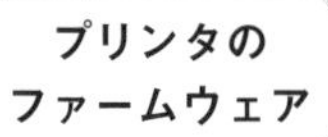

ファームウェアとは、電源直後に起動し、ハードウェアの制御を行うソフトウェアのことで、マザーボード上のROMに保存されています。コンピュータ上でLinuxを起動する場合、BIOSやUEFI対応のプログラムが採用されます。

BIOS（Basic Input/Output System）はキーボードやハードディスクなどのデバイスを制御し、ブートローダを起動する役割を持ちます。**UEFI**（Unified Extensible Firmware Interface）はBIOSの後継で、GUIで制御できるようになるなど、より高度な機能を持ちます。時折、起動時のファームウェアを総称してBIOSと呼ぶこともある点に注意が必要です。

関連用語　CUIとGUI（5）　マザーボード（8）　パーティション（150）　Linuxの起動順序（165）

167 ブートローダ（GRUB Legacy/GRUB2）

グラブレガシー　グラブツー

- カーネルを起動するためのソフトウェア
- 代表的なブートローダはGRUB
- GRUBにはGRUB LegacyとGRUB2がある

例）起動中のGRUBが動作しているタイミング

```
CentOS Linux (3.10.0-1160.el7.x86_64) 7 (Core)
CentOS Linux (0-rescue-63192489cb26844d96bcbc19b26d1e9f) 7 (Core)

Use the ↑ and ↓ keys to change the selection.
Press 'e' to edit the selected item, or 'c' for a command prompt.
The selected entry will be started automatically in 3s.
```

一定時間のカウントが終わるとカーネル起動

ブートローダはカーネルを起動するためのソフトウェアです。最近のLinuxでは**GRUB**（GRand Unified Bootloader）が採用されています。GRUBには、従来のGRUBであるGRUB Legacyと、GRUB Legacyを拡張しアップデートさせた**GRUB2**があります。どのブートローダを採用しているかはLinuxディストリビューションごとに異なります。

Linuxの起動時、カーネルがリストされる画面が表示されますが、ここがGRUBが動作しているタイミングです。特に問題がなければ特定時間をカウントダウンしたのちカーネルの起動に切り替わります。

関連用語　Linuxの起動順序（165）　Linuxのカーネル（168）

起動管理

168 Linuxのカーネル(vmlinuz)

- LinuxOSの中核を担うプログラム
- システム制御を行うプロセスを起動する
- /boot配下のvmlinuzから始まるファイル

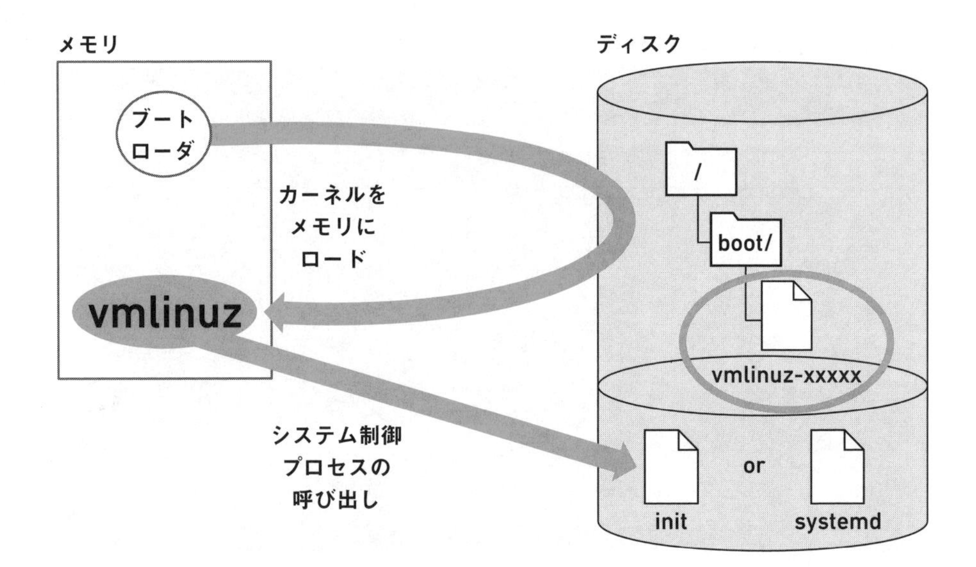

LinuxカーネルはLinuxOSの中核を担うプログラムです。実際のプログラムファイルは/boot配下の**vmlinuz**から始まるファイルで、このファイルがメモリにロードされます。

Linuxの起動順序の中ではプロセス制御を行うシステム（SysVinitやsystemdなど）を起動する役割があります。そして、システム制御を行うプロセスやその他各種プロセスからの命令（**システムコール**）を受け、OSの役割であるファイル管理やデバイス管理を行います。その際に必要となる各種プログラムはカーネルの中に組み込まれているわけではなく、**モジュール**という形で提供されています。

関連用語　Linuxの起動順序（165）　カーネルのモジュール（168）

169 カーネルのモジュール

- Linuxカーネルの取り外し可能なオプションプログラム
- 取り付けることをモジュールのロードという
- 取り外すことをモジュールのアンロードという

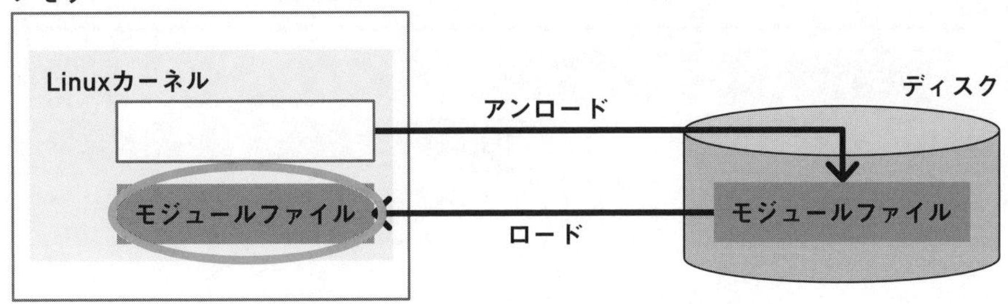

モジュール操作コマンド

操作	コマンド
ロード	modprobe
	insmod
アンロード	modprobe
	rmmod
確認	lsmod

Linuxのカーネルは機能を**モジュール**、つまり部品として持ちます。モジュールは取り外し可能なオプションのプログラムのようなものです。

Linuxカーネルは**OSS**なので様々な人が様々な機能を開発し、様々に実装できますが、世界中で開発されたすべての機能をカーネルに盛り込んでしまうとカーネル自体が大きくなりすぎてしまい、メモリを圧迫してしまいます。それを避けるために取り外しが可能なモジュールの形でカーネルの機能が提供されています。モジュールを取り付けることを**ロード**、取り外すことを**アンロード**と呼びます。

関連用語　OSS（23）　Linuxのカーネル（168）

170 システム制御(init/systemd)

- カーネル起動後、システム制御するソフトウェア
- SysVinit・Upstartが起動するプロセスはinit
- systemdが起動するプロセスはsystemd

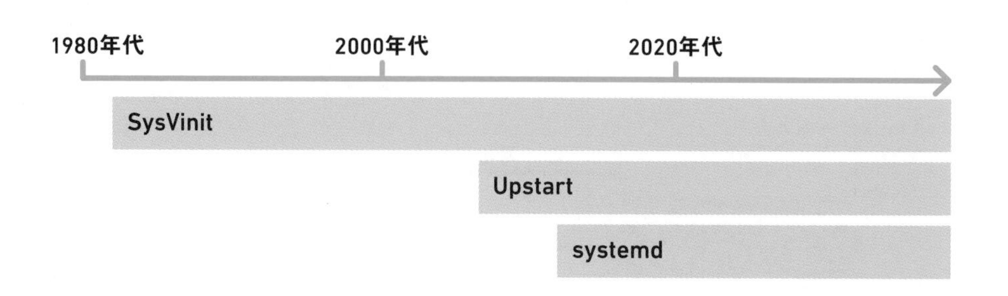

SysVinit	Upstart	systemd
CentOS5以前	CentOS6.x	CentOS7以降

システム制御は、カーネル起動後にシステム全体を制御するソフトウェアのことです。有名なものとして登場した順に**SysVinit**、**Upstart**、**systemd**があります。どのシステム制御が採用されているかはディストリビューションに依存します。本書の実行環境として用意しているCentOS7ではsystemdが採用されています（実行環境の説明については、巻末参照)。CentOS5はSysVinit、CentOS6はUpstartが採用されていました。

システム制御のソフトウェアはプロセスを起動して制御を行いますが、SysVinitとUpstartでは**initプロセス**を用い、systemdでは名称と同様の**systemdプロセス**を用います。これらのプロセスはPID1となりシステムを制御します。

関連用語　Linuxの起動順序（165）　initプロセスの動き（171）　systemdプロセスの動き（172）

171 initプロセスの動き

- SysVinitやUpstartで初めに起動するプロセス
- すべてのプロセスの親プロセスとなる
- カーネルから起動され、ログインできる環境まで整える

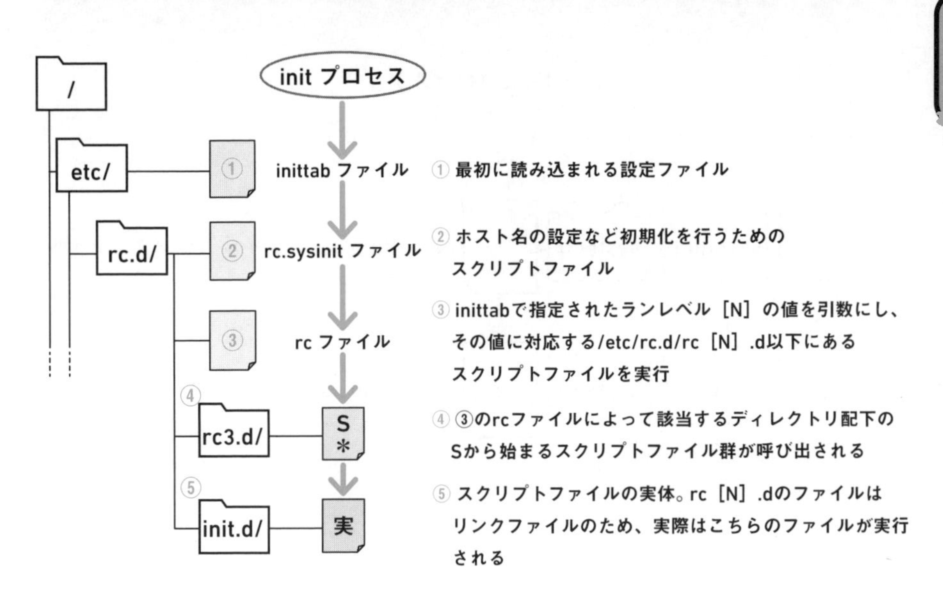

/
etc/
rc.d/
rc3.d/
init.d/
init プロセス
inittab ファイル
rc.sysinit ファイル
rc ファイル
S
*
実
① 最初に読み込まれる設定ファイル
② ホスト名の設定など初期化を行うための
スクリプトファイル
③ inittabで指定されたランレベル［N］の値を引数にし、
その値に対応する/etc/rc.d/rc［N］.d以下にある
スクリプトファイルを実行
④ ③のrcファイルによって該当するディレクトリ配下の
Sから始まるスクリプトファイル群が呼び出される
⑤ スクリプトファイルの実体。rc［N］.dのファイルは
リンクファイルのため、実際はこちらのファイルが実行
される

initプロセスはSysVinitやUpstartを採用するLinuxで初めに起動するプロセスです。カーネルから起動された後は、initプロセスが様々なファイルを参照したり、スクリプトを実行したりして、ユーザがログインできる環境を整えます。

そのため、すべてのプロセスは親プロセスをたどるとinitプロセスに行きつきます。

SysVinitではスクリプトは順次実行だったため、Linuxの起動速度は低速でした。しかし、Upstartではスクリプトの並列実行ができるようになり、Linuxの起動速度が大幅に改善されました。

関連用語　システム制御（170）　ランレベルとターゲット（173）

172 systemd プロセスの動き

- systemdで初めに起動するプロセス
- すべてのプロセスの親プロセスとなる
- カーネルから起動され、ログインできる環境まで整える

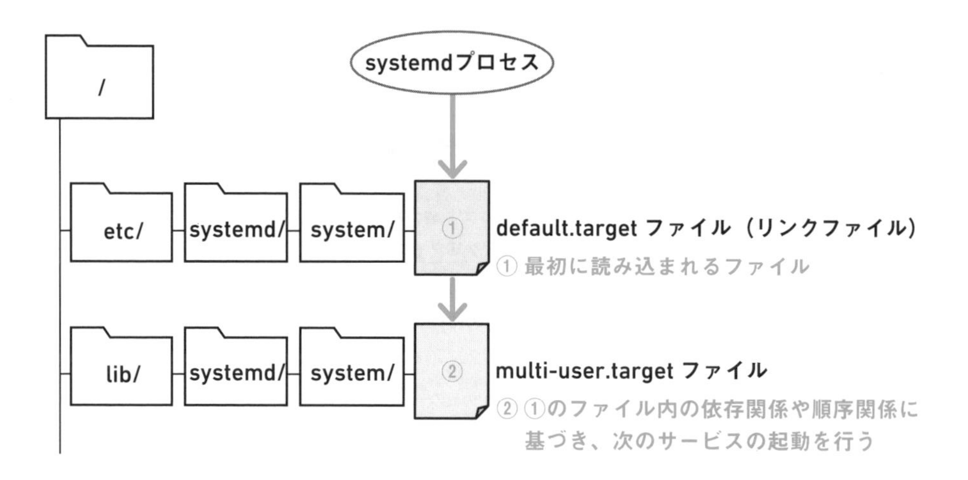

systemdプロセスはsystemdを採用するLinuxで初めに起動するプロセスです。カーネルから起動された後、systemdプロセスは、まず**default.targetファイル**を参照します。これはリンクファイルになっており、Linuxをどのような状態にすればいいか書かれたファイルへリンクします。その後リンク先のファイルを参照し、必要なプロセスを起動してユーザがログインできる環境を整えます。そのため、すべてのプロセスは親プロセスをたどるとsystemdプロセスに行きつきます。

systemdは依存関係に基づき並行して効率的にサービスの起動を行うため、SysVinitやUpstartよりも高速な起動が可能です。各サービスの管理方法も統一され、統合的なシステム制御を提供します。

関連用語　システム制御（170）　ランレベルとターゲット（173）

173 ランレベルとターゲット

- OSの状態を表すもの
- ランレベルはinitプロセス使用時のOSの状態
- ターゲットはsystemdプロセス使用時のOSの状態

ランレベルとターゲットの対応表

ランレベル	ターゲット	説明
0	poweroff.target	システム停止
1（s, S）	rescue.target	rootユーザのみアクセス可能なシングルユーザーモード
2,3,4	multi-user.target	CUIで一般ユーザもアクセス可能なマルチユーザーモード
5	graphical.target	GUIで一般ユーザもアクセス可能なマルチユーザーモード
6	reboot.target	再起動
ー（該当なし）	emergency.target	緊急モード

ランレベルやターゲットはOSの状態を表す用語で、起動直後のOSの状態のことは「デフォルトのランレベル」や「デフォルトのターゲット」と言います。

ランレベルはinitプロセスを使用しているとき、つまりSysVinitやUpstartが採用されているシステムでOSの状態を表すときに使用する数字やアルファベットです。

ターゲットはsystemdプロセスを使用しているとき、つまりsystemdが採用されているシステムでOSの状態を表すときに使用される各状態の名称です。

関連用語　initプロセスの動き（171）　systemdプロセスの動き（172）

起動管理

174 shutdown コマンド

- Linuxをシャットダウンするためのコマンド
- 再起動も可能
- rootユーザなど管理者権限を要する

コマンド名	説明
shutdown	オプション-h：シャットダウン オプション-r：再起動 時間指定が必須（now、分数など）

shutdownコマンドの実行例

```
[root@localhost ~]# shutdown -h now
```

- shutdown：コマンド
- -h：シャットダウンを指示するオプション
- now：いつ行うか時間指定の引数（今すぐシャットダウンを行う）

shutdownコマンドはLinuxをシャットダウン、つまりシステムを終了させ電源オフの状態にするために使用するコマンドです。今すぐシャットダウンしたければ、「**shutdown -h now**」と入力して実行します。再起動をしたければ**オプション-r**を指定してください。

shutdownコマンドは時間指定が必須となります。すぐに実行させるときは、**now**を指定します。例えば、+5のように数値の指定を行うと、5分後にシャットダウンを行う予約をすることができます。シャットダウンの予約は**オプション-c**を用いることでキャンセルすることができます。

Linuxはマルチユーザが前提なので、シャットダウンをすると全ユーザに影響が出ます。そのためshutdownコマンドの実行には基本的に管理者権限が必要です。

関連用語　Linuxの起動順序（165）

175 Network Manager

- ネットワーク管理ツール
- GUIやnmcliコマンド、nmtuiコマンドでネットワークを一元管理
- ネットワーク設定や接続管理、状態確認などを行う

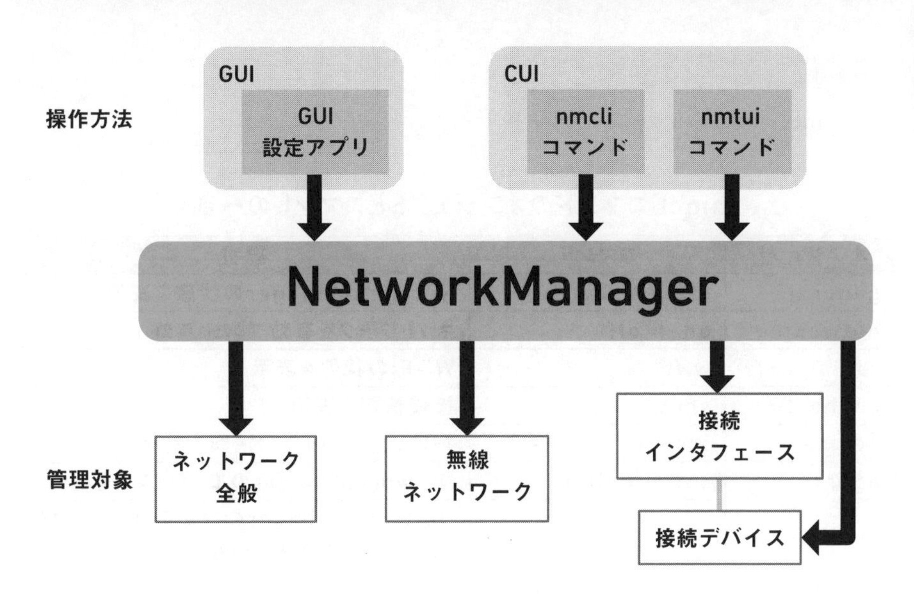

NetworkManagerは、Red Hat Enterprise LinuxやCentOSに導入されているネットワーク管理のツールです。主にネットワークを自動で構成・管理するために開発されました。当初はGUIのみの提供でしたが、その後**nmcliコマンド**を用いたコマンドラインからの操作や、**nmtuiコマンド**を用いたテキスト形式のTUIによる一元管理が出来るようになりました。

NetworkManagerで管理をするのは、ホスト名の設定やネットワークの有効／無効化などのネットワーク全般から、無線ネットワークや接続デバイス、接続デバイスに紐づく接続インタフェースの各種設定などです。

関連用語　インタフェース（13）　ネットワーク（29）　nmcliコマンド（176）

176 nmcliコマンド

- 引数に操作対象をオブジェクトとして指定する
- オブジェクトはgeneral、netwoking、radioなど
- nmcliコマンドでの設定は、設定ファイルを書き換えられる

nmcliコマンドの書式

```
nmcli オブジェクト [コマンド]
```

nmcliコマンドのオブジェクトとコマンドの一部

オブジェクト	コマンド	説明
general	status	NetworkManagerの状態を表示
netwoking	on ｜ off	ネットワークを有効（または無効）
radio	wifi	Wi-Fiの状態を表示
connection	show	接続情報を表示
device	show インタフェース名	指定したデバイスの情報を表示
agent	secretpolkit	NetworkManagerのエージェントを制御
monitor	―	NetworkManagerのアクティビティや接続状態の変更などを監視

nmcliコマンドは、引数に操作対象をオブジェクトとして指定し設定や管理を行います。オブジェクトにはNetworkManagerの状態及び管理を扱う**general**、ネットワーク全般の管理を扱う**networking**、デバイス管理の**device**、接続管理の**connection**、無線ネットワーク管理の**radio**、NetworkManagerのエージェントを制御する**agent**、NetworkManagerの変更を監視する**monitor**があります。オブジェクト名はconnectionであればconやcのように省略して指定することも可能です。

nmcliコマンドでIPアドレスやホスト名を設定すると、設定ファイルが書き換えられ、恒久的な設定になります。

関連用語　インタフェース（13）　ネットワーク（29）　NetworkManager（175）

177 IPアドレスの設定

- 従来はip/ifconfigコマンドを使用して設定
- NetworkManager導入後はnmtui/nmcliコマンドの使用を推奨
- nmtui/nmcliコマンドは恒久的な設定となる

nmtuiコマンドによる設定

```
[root@localhost ~] # nmtui
```

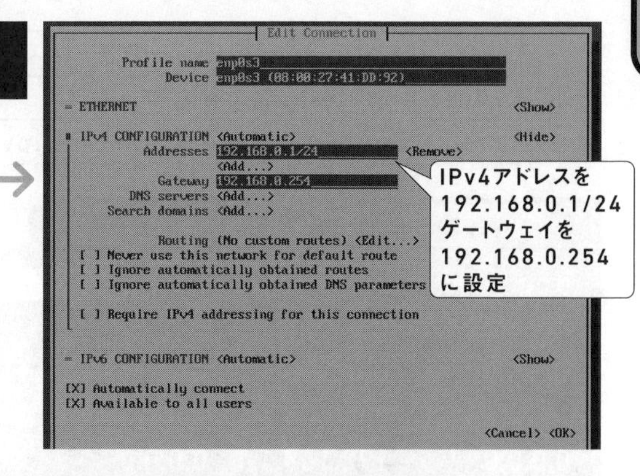

nmcliコマンドによる設定

⇒インタフェースenp0s3のIPアドレスを192.168.10.1/24に設定する

```
[root@localhost ~] # nmcli con modify enp0s3 ipv4.
address 192.168.0.1/24
```

LinuxでのIPアドレスの設定コマンドはいくつかあります。従来はipコマンドやifconfigコマンドを用いたり、ネットワークインタフェースの設定ファイルの/etc/sysconfig/network-scripts/ifcfg-［NIC名］ファイルを直接編集して設定を行っていました。NetworkManagerの導入以降は、**nmtuiコマンド**や**nmcliコマンド**を使用した設定が推奨されています。従来のコマンドの実行では、設定は一時的でサーバの再起動やnetworkサービスの再起動で設定がリセットされていましたが、nmtui/nmcliコマンドを実行すると恒久的に設定されます。

関連用語　インタフェース（13）　ネットワーク（29）　IPアドレス（32）　nmcliコマンド（176）

ネットワーク管理

178 デフォルトゲートウェイの設定

- ip route add/ route addコマンドで設定
- 既にデフォルトゲートウェイの設定がある場合は削除後に設定
- NetworkManager導入済みの場合はnmtui/nmcliコマンドでの設定可

デフォルトゲートウェイを設定する

ip route add default via IPアドレス
route add default gw IPアドレス
nmcli con modify インタフェース名 ipv4.gateway IPアドレス

デフォルトゲートウェイの既存設定がある場合

```
[root@localhost ~] # route          ← 現在のルーティングテーブルを確認
Kernel IP routing table
Destination  Gateway      Genmask      Flags  Metric  Ref  Use  Iface
192.168.0.0  0.0.0.0      255.255.0.0  U      0       0    0    enp0s3
0.0.0.0      192.168.1.1  0.0.0.0      UG     0       0    0    enp0s3
[root@localhost ~] # ip route del default via 192.168.1.1    ← デフォルトGW(192.168.1.1)の削除
[root@localhost ~] # ip route add default via 192.168.1.254  ← デフォルトGW(192.168.1.254)の追加
```

デフォルトゲートウェイは異なるネットワークへ通信する際の出口の役割をしますが、どのような経路を通るかはルーティングテーブルに記載された経路情報を参照して決定します。そのため、ルーティングテーブルの表示や設定を行う**ipコマンド**や**routeコマンド**を使用してデフォルトゲートウェイの設定をします。デフォルトゲートウェイが設定済みの場合には、先に既存設定を削除してから再設定をする必要があります。削除する場合は**ip route/routeコマンド**の後に**del**を指定し、設定を追加する場合には**add**を指定します。

またNetworkManagerが導入済みの場合は、**nmcliコマンド**や**nmtuiコマンド**で設定することも可能です。

関連用語　デフォルトゲートウェイ（39）　ルーティング（40）　nmcliコマンド（176）

179 インタフェースのup/down

- 従来はifconfig/ifup/ifdownコマンドで設定
- NetworkManager導入後、従来のコマンドが利用不可な場合がある
- 現在は、ip linkコマンドやnmcliコマンドでの設定を推奨

コマンド	書式
ifconfig	ifconfig インタフェース名 up/down
ifup/ifdown	ifup/ifdown インタフェース名
ip link	ip link setインタフェース名 up/down
nmcli	nmcli connection up/down インタフェース名

（例）インタフェースenp0s3を有効化（up）する

```
[root@localhost ~] # ip link show set enp0s3 up
[root@localhost ~] # ip link show
2: enp0s3: <BROADCAST,MULTICAST,UP,LOWER_UP> mtu
1500 qdisc pfifo_fast state UP mode DEFAULT group
default qlen 1000
   link/ether 08:00:27:86:c8:9c brd ff:ff:ff:ff:ff:ff
```

ネットワークインタフェースの有効化や無効化は、従来はifconfigコマンドでパラメータのup（有効）やdown（無効）を指定したり、ifupコマンド、ifdownコマンドを利用して設定をしていました。しかし、**NetworkManager**が導入済みのシステムでは、これらのコマンドが利用できないことがあります。そこで現在ではインタフェースの状態の確認や変更をする**ip linkコマンド**を使用して設定する方法や、**nmcliコマンド**でオブジェクトに**connection**を指定して設定する方法が推奨されています。

関連用語　インタフェース（13）　ネットワーク（29）　nmcliコマンド（176）

180 Linuxの名前解決手順

- 名前解決方法：/etc/hostsファイルをもとに行う
- 名前解決方法：DNSサーバに問い合わせて行う
- 名前解決方法の順序は/etc/nsswitch.conf で設定

① www.example.com へアクセス

⑦ 203.0.113.100にアクセス

www.example.com
203.0.113.100

② **/etc/nsswitch.confファイル**
hosts：　file　dns
※問い合わせはローカルファイル→DNSサーバの順番

③ **/etc/hostsファイル**
198.51.100.100　test.example.com
※記載がないので名前解決不可

④ **/etc/resolv.confファイル**
nameserver　192.168.0.1
※ 192.168.0.1のDNSサーバに問い合わせる

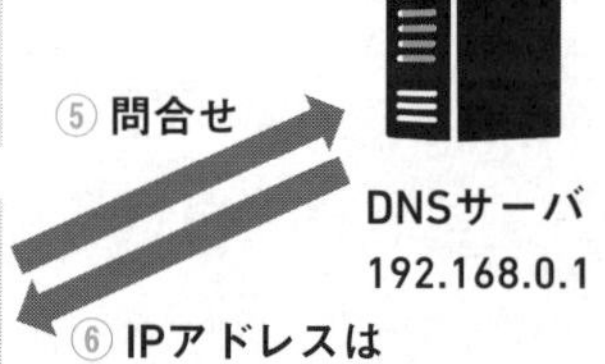

名前解決には、ローカルホストが所有する/etc/hostsファイルをもとに行う方法と、リモートのDNSサーバに問い合わせる方法があります。

/etc/hostsファイルは、IPアドレスとそれに対応するホスト名を記載することで名前解決を行います。DNSサーバに問い合わせる場合は、**/etc/resolv.confファイル**にどのDNSサーバを参照するかを設定することで、DNSサーバが名前解決を行います。名前解決の際に/etc/hostsファイルとDNSサーバへの問合せのどちらを優先するかは**/etc/nsswitch.confファイル**に設定します。

関連用語　名前解決（42）　DNS（43）

181 ホスト名の設定

- 一時的な変更はhostnameコマンド
- 恒久的な変更はhostnamectlコマンドか/etc/hostnameの編集
- ホスト名の表示は引数なしでhostnameやhostnamectlを実行

hostnamectlコマンドで恒久的に変更する

ホスト名の変更には、サブコマンドset-hostnameを用いる

```
[root@localhost ~] # hostnamectl set-hostname test.example.com
[root@ test ~] # hostnamectl
  Static hostname: test.example.com
        Icon name: computer-vm
          Chassis: vm
       Machine ID: 3051ed635c3eb24383ede668b65fc959
          Boot ID: 57e451616bb444aabd047a1dacd2fe97
   Virtualization: kvm
 Operating System: CentOS Linux 7 (Core)
      CPE OS Name: cpe:/o:centos:centos:7
           Kernel: Linux 3.10.0-1160.el7.x86_64
     Architecture: x86-64
[root@localhost ~] # shutdown -r now
<～再起動後～>
[root@test ~] #
```

現在のホスト名を表示する

再起動

再起動後、ホスト名が変更される

ホスト名の設定は、一時的な変更も恒久的な変更もできます。一時的な変更の場合には、**hostnameコマンド**を使用し、変更後のホスト名を指定します。恒久的な変更の場合には、**hostnamectlコマンド**や**nmcliコマンド**を使用して変更後のホスト名を指定する方法と、**/etc/hostname**を直接編集して設定する方法があります。

またhostnameとhostnamectlは、何も指定せず実行すると、現在のホスト名を表示することができます。

関連用語　名前解決（42）　nmcliコマンド（176）

182 ネットワークの調査：ssコマンド

- ネットワーク通信で利用するソケットの情報を表示
- netstatコマンドの後継
- 主に不要なポートがないかを確認

ssコマンドのオプション（一部）

オプション	説明
-a	全てのソケットを表示
-n	サービス名の名前解決をしない（例：sshと表示せずに22と表示する）
-t	TCPソケットのみを表示
-u	UDPソケットのみを表示

ssコマンドの実行例

```
[user@localhost ~] $ ss -atu
Netid State   Recv-Q Send-Q Local Address:Port   Peer Address:Port
tcp   LISTEN  0      128    *:ssh                *:*
tcp   LISTEN  0      100    127.0.0.1:smtp       *:*
tcp   LISTEN  0      128    *:sunrpc             *:*
tcp   ESTAB   0      0      192.168.3.22:ssh     192.168.3.12:61948
```

利用中のTCPソケットとUDPソケットをすべて表示

他のパソコンとsshで接続中であることがわかる

※State欄
LISTEN ⇒ 接続待受け中
ESTAB ⇒ 接続中

ssコマンドは開いているポートの確認など、ネットワーク通信で利用する**ソケット**についての情報を表示します。以前使用されていたnetstatコマンドの後継です。ソケットとはプログラムとネットワークをつなげる接続口のことを示します。

攻撃者は外部からサーバの開いているポートに接続し、情報収集したり攻撃を仕掛けてくることがあります。そのため、現在どのポートが開いているかをssコマンドで確認し、不要なポートを塞ぎ、開いているポートは最小限にしておくことがセキュリティ上重要です。

関連用語　プロトコルとポート番号（30）　TCP/IP（31）　TCPとUDP（41）

183 ネットワークの調査：pingコマンド①

- ホスト名またはIPアドレスを指定して実行する
- パケットを送信して応答が返ってくるかで疎通確認を行う
- 疎通確認を行うプロトコルはICMP

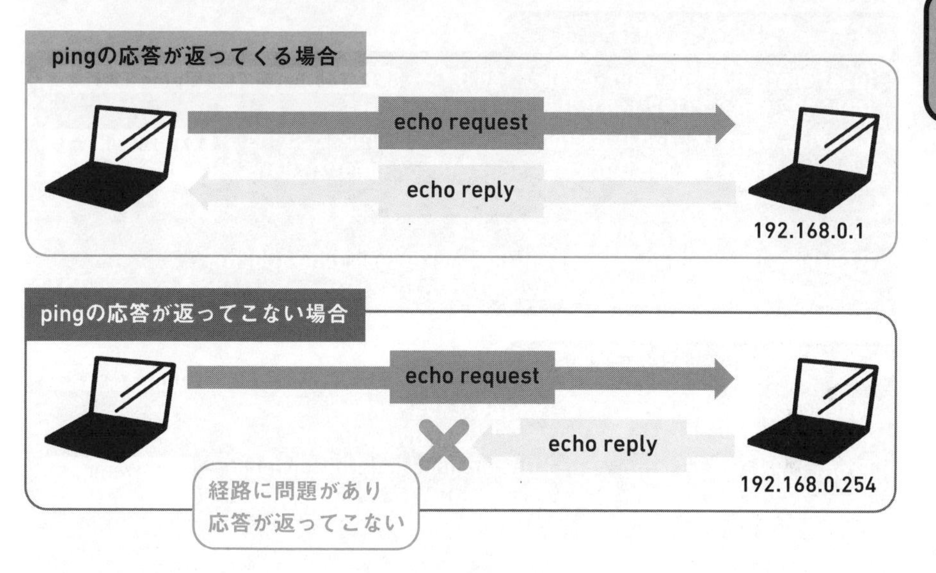

pingコマンドはホスト名やIPアドレスを指定し、パケットを送信して応答が返ってくるかを調べることで、宛先までの経路が正しく接続されているか、宛先ホストがダウンしていないかなどを確認するコマンドです。この確認作業のことを**疎通確認**といいます。

パケットとは、インターネット通信を行う際に、データを小さいサイズに分割したものです。pingコマンドでは**ICMP**というプロトコルの「**echo request（応答要求）**」というパケットを送信し、疎通が確立されている場合は相手から「**echo reply（エコー応答）**」パケットを受け取ります。

関連用語　プロトコルとポート番号（30）　TCP/IP（31）　IPアドレス（32）

184 ネットワークの調査：pingコマンド②

- 実行回数の指定はオプション-cで行う
- 疎通確認できると応答時間がわかる
- 疎通確認ができない応答時間ではなく理由がわかる

pingコマンドの実行例（疎通確認○）

```
[user@localhost ~]$ ping -c 2 192.168.0.1
PING 192.168.0.1 (192.168.0.1) 56(84) bytes of data.
64 bytes from 192.168.0.1: icmp_seq=1 ttl=64 time=2.35 ms
64 bytes from 192.168.0.1: icmp_seq=2 ttl=64 time=2.78 ms

--- 192.168.0.1 ping statistics ---
2 packets transmitted, 2 received, 0% packet loss, time 1002ms
rtt min/avg/max/mdev = 2.356/2.568/2.781/0.218 ms
```

192.168.0.1宛てに2回pingを実行する

192.168.0.1から応答がある

pingコマンドの実行例（疎通確認×）

```
[user@localhost ~]$ ping -c 2 192.168.0.254
PING 192.168.0.254 (192.168.0.254) 56(84) bytes of data.
From 192.168.0.67 icmp_seq=1 Destination Host Unreachable
From 192.168.0.67 icmp_seq=2 Destination Host Unreachable

--- 192.168.0.254 ping statistics ---
2 packets transmitted, 0 received, +2 errors, 100% packet loss, time 1001ms
pipe 2
```

192.168.0.254宛てに2回pingを実行する

192.168.0.254から応答がない

Linuxの**pingコマンド**はデフォルトでは無限に疎通確認が実行されます。実行後にCtrl+Cで中断できますが、**オプション-c**を使用するとあらかじめ回数を指定して実行できます。

宛先のホストと疎通確認が取れた場合は応答時間が表示され、宛先のホストと疎通確認が取れない場合はその理由が表示されます。実行の最後には疎通確認を行った際のまとめが表示されます。

IPv6アドレスの場合は**ping6コマンド**の使用が必要です。

関連用語　プロトコルとポート番号（30）　TCP/IP（31）　IPアドレス（32）

185 パスワードの管理

- パスワードの設定変更はpasswdコマンド
- rootユーザは全ユーザ、一般ユーザは自分のパスワードのみ変更可
- パスワードの有効期限情報の設定確認はchageコマンド

コマンド	説明
passwd	パスワードを設定・変更する。rootユーザは、全ユーザのパスワード変更可。一般ユーザは、自分のパスワードのみ変更可。ユーザのパスワードをロックし、無効化が可能
chage	ユーザのパスワードの有効期限情報を設定・確認する。オプションを指定しない場合は対話モードになる

パスワード管理コマンドの実行例

```
[root@localhost ~] # chage -m 3 -M 90 -W 7 user2      ← パスワード有効期限情報を変更
[root@localhost ~] # chage  -l user2                 ← パスワード有効期限情報を表示
 （途中省略）
Minimum number of days between password change       : 3
Maximum number of days between password change       : 90
Number of days of warning before password expires    : 7
```

パスワードの変更には最低3日あける
パスワードは90日ごとに変更が必要
パスワードが切れる7日前から警告

パスワードを忘れてしまったり、流出してしまった場合にはパスワードを変更する必要があります。セキュリティ要件等によってはパスワードに有効期限を設定して定期的な変更が求められることがあります。

パスワードの設定変更は、**passwdコマンド**で行います。rootユーザでは全ユーザのパスワードを変更できますが、一般ユーザの場合は変更できるのは自分自身のみです。

パスワードの有効期限を設定変更するには**chageコマンド**を利用します。パスワードの期日に関する情報は**shadowファイル**に保存されます。

関連用語 /etc/shadowファイル（105） ユーザ管理コマンド（106）

186 ログイン制御

- /etc/nologinファイル作成でrootユーザ以外のログインを禁止
- 特定ユーザのログイン禁止はログインシェル変更によって可能
- ログインシェルを/sbin/nologinや/bin/falseに設定する

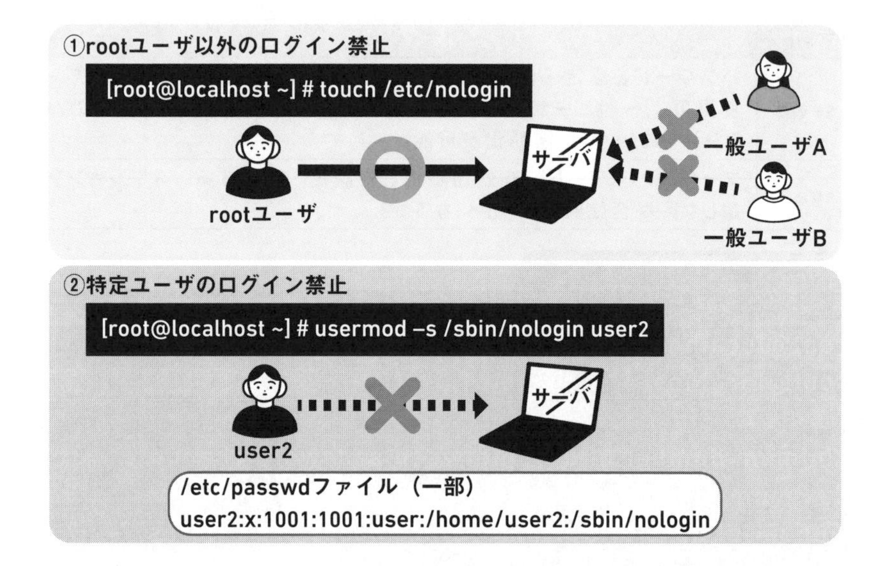

シャットダウン中やメンテナンス時にユーザのログインを制限することがあります。そのような場合は**/etc/nologinファイル**を作成することでrootユーザ以外のログインを禁止することが出来ます。ファイルの作成は**rootユーザ**で行います。ログインを許可するには作成したファイルを削除します。

特定のユーザのみログインを禁止する場合には、**usermodコマンド**でユーザのログインシェルを**/sbin/nologin**や**/bin/false**に設定するか、**/etc/passwdファイル**のログインシェルを直接編集します。また、**passwdコマンド**でアカウントロックのオプション**-l**を用いて「**passwd -l ユーザ名**」を実行する方法でもログインを禁止することが可能です。

関連用語　作成コマンド（78）　ユーザ管理コマンド（106）　パスワードの管理（185）

187 suコマンド

- ユーザの切り替えを行うコマンド
- 引数にユーザを指定しない場合はrootユーザに切り替わる
- ハイフン「-」の有無で切り替え後に引き継ぐ情報が異なる

suコマンドの実行例

```
[user@localhost ~]$ su -          「-」をつけ、rootユーザに切り替え
Password:
Last login: Tue Jan 31 16:37:00 JST 2023 on pts/0
[root@localhost ~]# pwd
/root          「-」は切り替え先のユーザの環境になるため、rootユーザのホームディレクトリに移動
[root@localhost ~]# exit
logout
[user@localhost ~]$ su          「-」をつけず、rootユーザに切り替え
Password:
[root@localhost user]# pwd
/home/user          「-」がないと、元のユーザの環境のままなのでuserユーザのカレントディレクトリのまま
```

suコマンドはログオフして再度ログインすることなく、操作ユーザを別のユーザへ切り替えるコマンドです。ユーザ名を引数として指定すると指定したユーザに切り替わり、ユーザを指定しない場合は**rootユーザ**に切り替わります。一般ユーザでログインしている時に他のユーザに切り替えるには、切り替え先ユーザのパスワードが求められます。

また、suの後に「-」を付ける場合、環境変数やホームディレクトリ等は切り替え先ユーザの情報に変わりますが、「-」をつけない場合は、環境変数やカレントディレクトリは切り替え前のユーザ情報をそのまま引き継ぎます。

関連用語　Linuxのユーザ体系（102）　sudoコマンド（188）

188 sudoコマンド

- 一般ユーザが管理者権限コマンドを実行する際に使用
- sudoコマンド実行権限は/etc/sudoersファイルに設定
- /etc/sudoersファイルはvisudoコマンドで編集

/etc/sudoersファイルの設定例

```
[root@localhost ~] # visudo    ← rootユーザでvisudoコマンドを実行
（途中省略）
user ALL=(ALL) /sbin/shutdown  ← userユーザに対してshutdownコマンドの実行権限を付与
```

sudoコマンドを実行する

```
[user@localhost ~] $ sudo /sbin/shutdown –h now   ← userユーザでshutdownコマンドを実行
We trust you have received the usual lecture from the local System
Administrator. It usually boils down to these three things:
（途中省略）
Password:   ← userユーザのパスワードを入力することでシャットダウンされる
```

管理者（root）権限が必要なコマンドの実行やファイル操作をするには2つの方法があります。

１つは**suコマンド**で**rootユーザ**に切り替わることですが、これは一般ユーザにrootユーザのパスワードを教える必要があるため、セキュリティ上リスクが高くなります。

もう1つは、**sudoコマンド**を使用して管理者権限でコマンドを実行することです。しかし、すべてのユーザが全ての管理者コマンドを実行出来てしまうのでは意味がないので、どのユーザにどの管理者コマンドの権限を与えるかの設定を**/etc/sudoersファイル**で行います。またsudoersファイルはviではなく**visudoコマンド**を使用し編集・設定します。

関連用語 viエディタ（101） Linuxのユーザ体系（102） suコマンド（187）

189 アクセス権

- ファイルに対する許可を表すもの
- 読み取り、書き込み、実行の3種類で判断
- 所有者、グループ、その他のユーザに対して設定する

アクセス権の確認コマンド

```
[user@localhost ~] $ ls -l
-rw-rw-r--.1 user user  0 Nov 6 11:46 test.txt
```

アクセス権 → rw-rw-r--

所有者のアクセス権 グループのアクセス権 その他ユーザのアクセス権

アクセス権	表記	説明
読み取り	r	ファイル ……内容表示 ディレクトリ…ディレクトリ内の一覧表示
書き込み	w	ファイル ……編集や上書きコピー等 ディレクトリ…新規ファイル作成、削除等
実行	x	ファイル ……プログラムやシェルの実行 ディレクトリ…ディレクトリ内のファイルへのアクセス等

全てのファイルやディレクトリには、どのユーザに対してどのような操作を許可するかといった情報である**アクセス権**が設定されています。アクセス権は**パーミッション**とも呼ばれ、**ls -lコマンド**で確認することが出来ます。

アクセス権の種類は、読み取り権「**r**」、書き込み権「**w**」、実行権「**x**」の3つで、それぞれアルファベットで表記します。アクセス権が何もない場合は「**-**」となります。

アクセス権はファイルやディレクトリの所有者、所有者のグループ、その他のユーザに対してそれぞれ設定することが出来ます。

次項では所有者と所有グループについて解説します。

関連用語 lsコマンド（72） Linuxのユーザ体系（102） 所有者と所有グループ（190）

190 所有者と所有グループ

- ファイル、ディレクトリには所有者と所有グループの属性がある
- 作成したユーザが所有者となる
- 作成したユーザのプライマリグループが所有グループとなる

所有者、グループの確認コマンド

```
[user@localhost ~] $ touch test.txt
[user@localhost ~] $ ls -l
-rw-r-----. 1 user user 0  Nov 8 17:00 test.txt
```

所有者 所有グループ

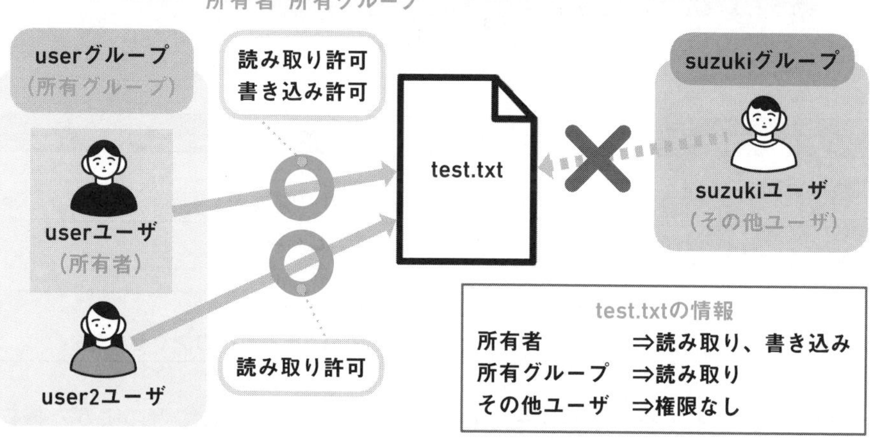

全てのファイルやディレクトリには**所有者**と**所有グループ**という属性が存在し、それらに当てはまらないユーザをその他のユーザと定義しています。ファイルやディレクトリを作成すると、作成したユーザが所有者として設定され、所有者のプライマリグループが所有グループとなります。例えば、所有者にのみ書き込み権限が与えられている場合は、所有者以外のユーザはファイルを変更することが出来ません。所有グループに所属しているユーザにも共有して書込みをさせたいなら、グループへ書き込み権限を付与する必要があります。

関連用語　lsコマンド（72）　Linuxのユーザ体系（102）　アクセス権（189）

191 アクセス権の数値化

- アクセス権は数値での表記が可能
- 読み取り権は「4」、書き込み権は「2」、実行権は「1」
- アクセス権「rwxr-xr--」の数値表記は「754」

アクセス権	記号表記	数値表記
読み取り	r	4
書き込み	w	2
実行	x	1
権限なし	-	0

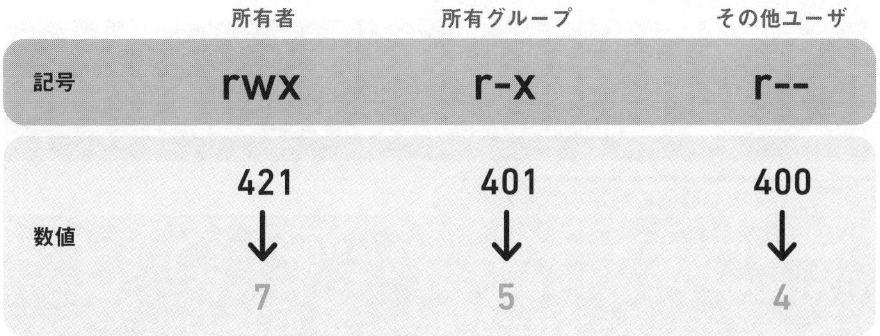

	所有者	所有グループ	その他ユーザ
記号	rwx	r-x	r--
数値	421 ↓ 7	401 ↓ 5	400 ↓ 4

アクセス権は「**rwx**」や「**-**」で表記しますが、数値でも表すことが出来ます。数値表記の場合は読み取り権を「4」、書き込み権を「2」、実行権を「1」と表し、権限なしの場合の「-」は「0」となります。

所有者、所有グループ、その他のユーザごとに数値を足して、ファイルやディレクトリのアクセス権を3桁の数字で表すことが出来ます。例えば、「rwxr-xr--」のアクセス権の数値表記は「754」となります。

関連用語　アクセス権（189）　所有者と所有グループ（190）

192 アクセス権の変更

- アクセス権の変更はchmodコマンドで行う
- アクセス権の指定方法は記号と数値表記の2パターン
- 記号の場合は「対象ユーザ」「操作」「権限」を指定する

対象	説明
u	所有者
g	所有グループ
o	その他のユーザ
a	全てのユーザ

操作	説明
＋	権限の追加
−	権限の削除
＝	権限を指定

権限	説明
r	読み取り
w	書き込み
x	実行
-	権限なし

①アクセス権を記号で指定して変更する

```
[user@localhost ~] $ chmod a=rw test.txt
[user@localhost ~] $ ls -l
-rw-rw-rw-. 1 user  user  0  Nov 24 21:05 test.txt
```

②アクセス権を数値で指定して変更する

```
[user@localhost ~] $ chmod 644 test.txt
[user@localhost ~] $ ls -l
-rw-r--r--. 1 user  user  0  Nov 24 21:05 test.txt
```

アクセス権の変更は**chmodコマンド**で行います。変更時のアクセス権の指定方法には「対象ユーザ」「操作」「権限」を記号で指定する方法と、数値表記で指定する方法の2パターンがあります。

アクセス権を記号で指定する場合は権限の追加は「**+**」、削除は「**-**」、権限の指定は「**=**」を使用します。また、所有者は「**u**」、所有グループは「**g**」、その他のユーザは「**o**」、全てのユーザは「**a**」で表します。

関連用語　lsコマンド（72）　アクセス権（189）　所有者と所有グループ（190）

193 所有者と所有グループの変更

- 所有者の変更はchownコマンド
- chownコマンドで変更できるのはrootユーザのみ
- 所有グループの変更はchgrpコマンド

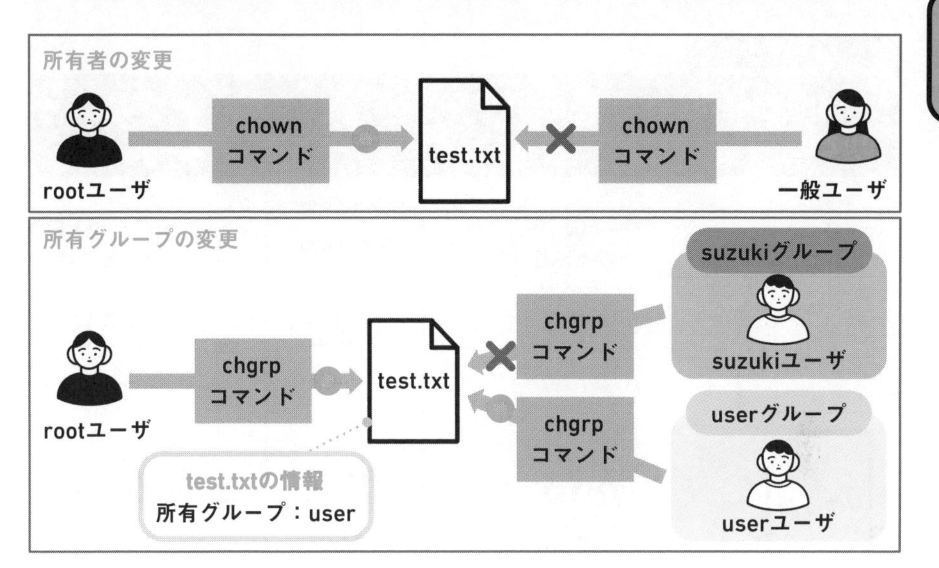

ファイルやディレクトリの所有者の変更は**chownコマンド**で行います。chownコマンドで所有者の変更が出来るのは、**rootユーザ**だけです。また、chownコマンドでは所有者だけではなく、所有グループも併せて変更することが可能です。

所属グループだけを変更する場合には、**chgrpコマンド**を使用します。chgrpコマンドは一般ユーザでも実行可能ですが、実行するユーザが変更したいファイルやディレクトリの所有グループに所属している必要があります。

関連用語　アクセス権（189）　所有者と所有グループ（190）

194 デフォルトのアクセス権

- デフォルトのアクセス権はumask値によって決定する
- umask値はユーザごとに設定されている
- umask値の設定や確認はumaskコマンドで行う

umask値を確認

```
[root@localhost ~] # umask
0022
```

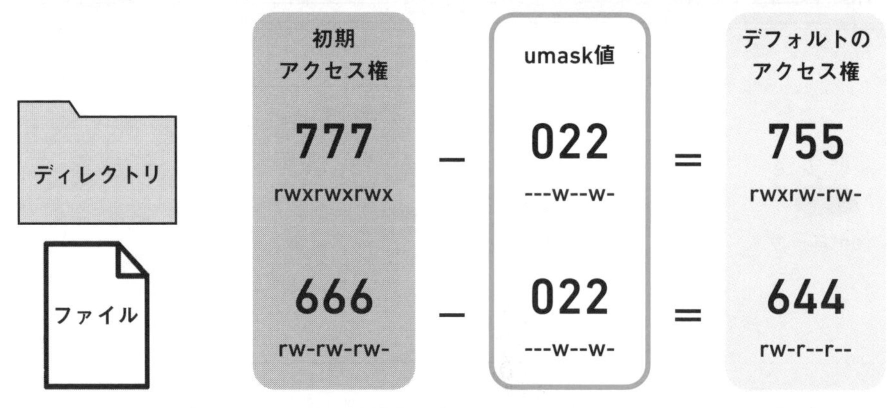

ファイルやディレクトリを新規作成すると、ファイルは644、ディレクトリは755というように毎回同じアクセス権が付与されます。これをデフォルトのアクセス権といい、**umask値**という数値によって決定する仕組みとなっています。

ファイルは初期設定の「666」から、ディレクトリは初期設定の「777」から、それぞれumask値を引いた値がデフォルトのアクセス権として設定されます。

umask値はユーザごとに設定されています。rootユーザのデフォルト値は「0022」、一般ユーザは「0002」となり、4桁で表示されますが見るのは下3桁です。設定や確認は**umaskコマンド**で行います。

関連用語　アクセス権（189）

195 特殊なアクセス権① SUID

- ファイル所有者の権限での実行が可能となる
- SUIDが設定されている場合の所有者の実行権は「s」
- 数値では3桁のアクセス権に「4000」を加えて表記する

passwdコマンドの情報を確認

```
[user@localhost ~] $ ls -l /usr/bin/passwd
-rwsr-xr-x. 1 root root 30768 2月 22 20:48 2012 /usr/
bin/passwd
```

passwdコマンドにはSUIDが設定されている

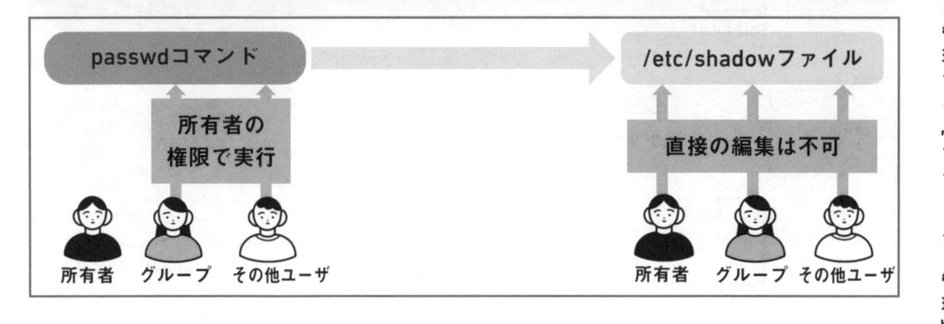

/etc/shadowファイルはセキュリティ上アクセス権が設定されていないファイルです。しかし、一般ユーザが**passwdコマンド**で自身のパスワードを変更すると、shadowファイルが更新されます。これはpasswdコマンドに**SUID**という特殊なアクセス権が設定されているためです。SUIDが設定されているコマンドを実行すると、所有者のアクセス権に成り代わって実行できます。passwdコマンドの所有者は**rootユーザ**のため、誰が実行してもshadowファイルの情報を更新できます。また、SUIDが設定されている場合の所有者の実行権は「x」ではなく「s」となり、数値表記の場合は3桁で表されるアクセス権に「4000」を加えます。

関連用語　/etc/shadowファイル（105）　パスワードの管理（185）　アクセス権（189）　所有者と所有グループ（190）

196 特殊なアクセス権② SGID

- 所有グループの権限での実行が可能となる
- SGIDが設定されている場合のグループの実行権は「s」
- 数値は3桁のアクセス権に「2000」を加えて表記する

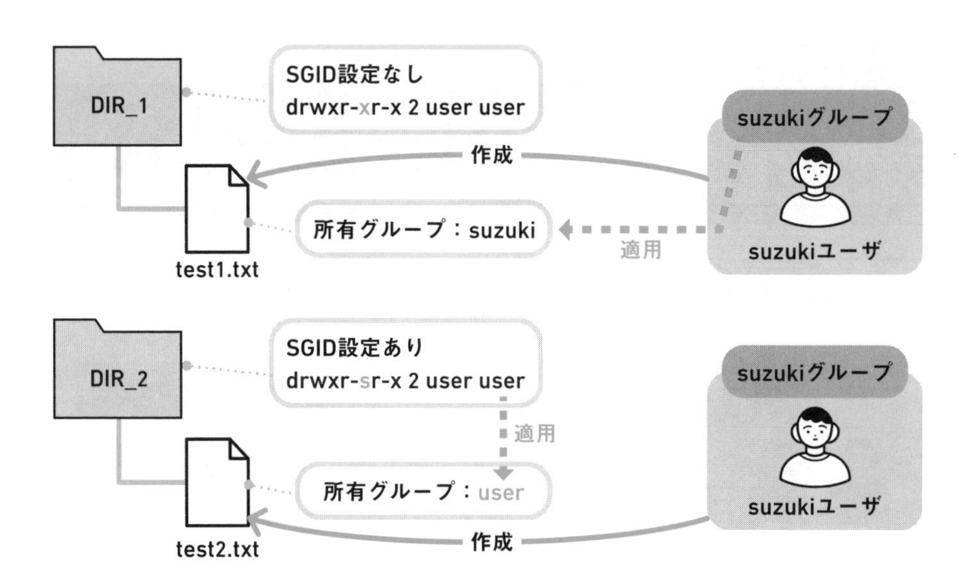

SUIDと同様、**SGID**が設定されているファイルを実行すると、ファイルの所有グループのアクセス権に成り代わって実行することが可能となります。

また、ディレクトリに**SUID**を設定した場合には、このディレクトリ内に作成されたすべてのファイルやディレクトリの所有グループに、SUIDを設定したディレクトリの所有グループが適用されます。

SGIDが設定されている場合の所有グループの実行権は、「x」ではなく「s」となり、数値表記の場合は3桁で表されるアクセス権に「2000」を加えます。

関連用語　作成コマンド（78）　アクセス権（189）　所有者と所有グループ（190）

197 特殊なアクセス権③ スティッキービット

- ディレクトリに設定する特殊なアクセス権
- 全ユーザに書き込み権があっても、作成ユーザ以外の削除は不可
- スティッキービット設定時の、その他ユーザの実行権は「t」

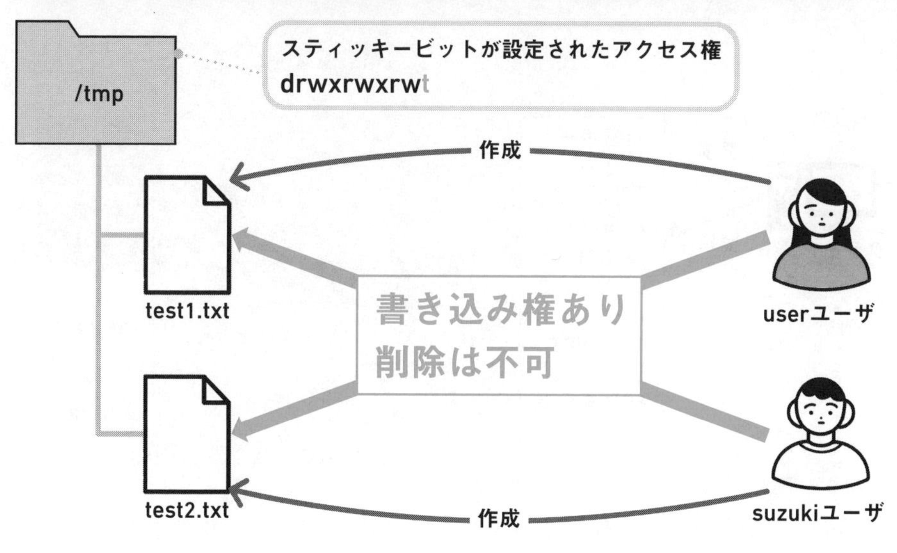

全ユーザに書き込み権限があるディレクトリでは、ファイルの作成や削除が誰でも自由に出来てしまいます。しかし自分が作成したファイルが勝手に削除されては困ります。

そこで、このディレクトリに**スティッキービット**を設定すると、作成したユーザ以外がファイルを削除することが出来なくなります。スティッキービットは、ファイルの一時置き場として利用される**/tmpディレクトリ**に設定されています。

スティッキービットが設定されている場合は、その他ユーザの実行権が「x」ではなく「t」となり、数値表記の場合は3桁で表されるアクセス権に「1000」を加えます。

関連用語　ディレクトリ階層（75）　アクセス権（189）　所有者と所有グループ（190）

198 スーパーサーバ

- 複数のプログラムを一括管理するプログラム
- ポートを監視し、通信が発生した際に該当プログラムを起動
- メモリの節約とアクセス制御の集中管理が可能

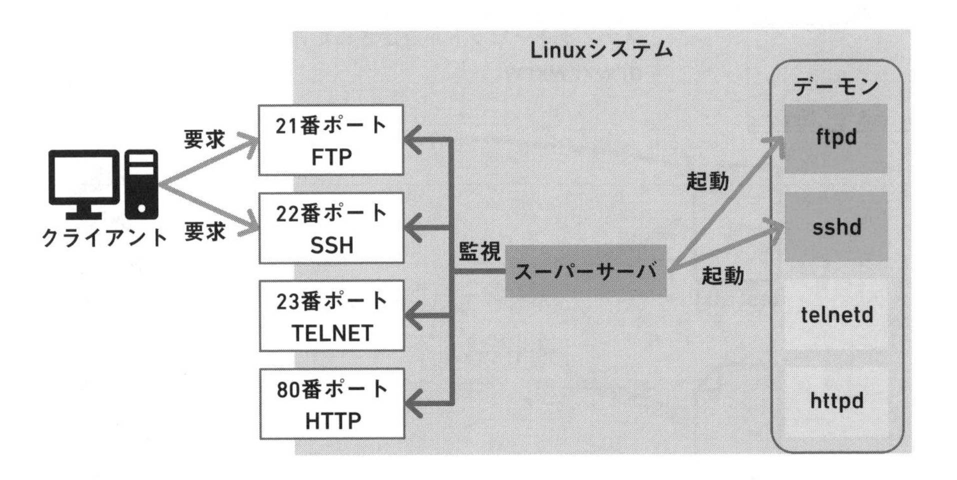

Linuxではサービスを提供するためメモリに常駐するプログラムを**デーモン**と呼びます。このデーモンが常に起動していると、メモリを消費してしまうため、**スーパーサーバ**という複数のサーバプロセスを一括管理するプログラムが、他プログラムが受け付けるポートを監視し、通信が発生した際に該当プログラムを起動させる仕組みとなっています。スーパーサーバを使うと、メモリの節約と本来デーモンごとで行うアクセス制御を集中管理出来るメリットがあります。

一方で、スーパーサーバは、必要に応じてプログラムを起動するので、応答が遅くなることがデメリットとなり、Webサービスやメールサービスなど応答要求の頻度が高いサービスには不向きです。

関連用語　プロトコルとポート番号（30）　プロセスとは（110）

199 スーパーサーバの設定

- スーパーサーバにはinetdとxinetdがある
- xinetdの全体的な設定は/etc/xinetd.confファイルで行う
- xinetdで各サービスの設定は/etc/xinetd.d/配下のファイルで行う

項目	inetd	xinetd
設定ファイル	/etc/inetd.conf	/etc/xinetd.conf
各サービスの設定	/etc/inetd.conf	/etc/xinetd.d/配下のファイル ※各サービス名がファイル名となっている
アクセス制御	TCP Wrapperと連携	各サービスの設定ファイルで定義する

/etc/xinetd.d/sshの設定例

```
service ssh
{
        disable              = no        ← サービスの有効/無効を指定（noが有効）
        socket_type          = stream
        wait                 = no
        user                 = root
        only_from            192.168.0.1 ← アクセス制御（192.168.0.1からのリクエストだけ許可）
        log_on_failure       += USERID
}
```

スーパーサーバには**inetd**と**xinetd**があり、スーパーサーバを利用するシステムでは主にxinetdが採用されています。xinetdでは、スーパーサーバの全体的な設定は/etc/xinetd.confファイルで行い、サービスごとの設定は/etc/xinetd.d/ディレクトリ配下のファイルで行います。xinetd.d /ディレクトリ配下には、ftpやtelnetなどサービス名の設定ファイルが配置され、各サービスの設定を行います。設定ファイルの変更後はxinetdを再起動することで設定を反映します。

現在では、xinetdは非推奨となり、**systemd**で代替しています。

関連用語　プロトコルとポート番号（30）　systemdプロセスの動き（172）　スーパーサーバ（198）

200 TCP Wrapper

- ネットワークサービスのアクセス制御を行う機能
- 設定ファイルは/etc/hosts.allowと/etc/hosts.deny
- 両ファイルに記載がないと許可される

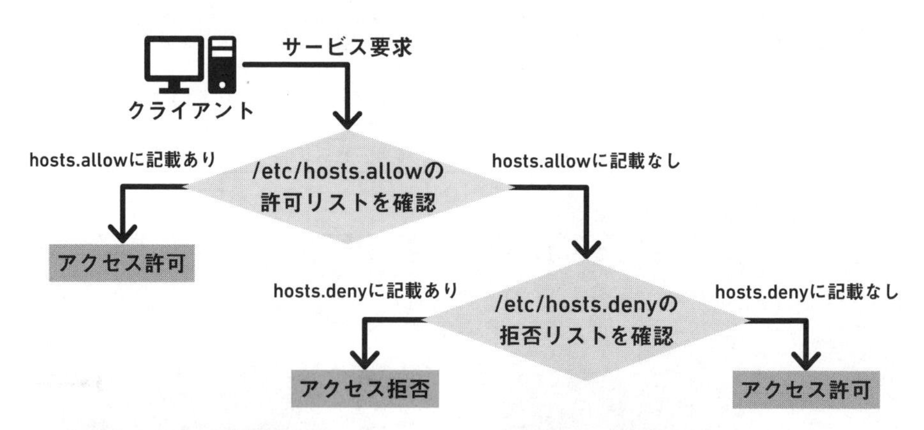

/etc/hosts.allowの記載例

sshd： 192.168.1.

⇒ 192.168.1.で始まる全てのホストのsshアクセスを許可

/etc/hosts.denyの記載例

ALL：ALL

⇒ 全てのホストからの全てのサービスへのアクセスを拒否

inetdはアクセス制御の機能を持っていません。そのため、システム上に常駐してアクセス制御を行う**TCP Wrapper**と連携してネットワークサービスのアクセス制御を行います。クライアントからのサービス要求を受け取ると、設定ファイルに基づいてアクセス許可/拒否のチェックを行います。

設定ファイルは**/etc/hosts.allowファイル**と**/etc/hosts.denyファイル**です。**hosts.allowファイル**に許可設定を、**hosts.denyファイル**に拒否設定を記載します。アクセスがあると許可設定から評価され、次に拒否設定を評価します。両ファイルに記載のないアクセスは許可される点に注意が必要です。

関連用語　スーパーサーバ（198）　スーパーサーバの設定（199）

201 OpenSSH

- SSHプロトコルを利用した通信を行うオープンソースソフトウェア
- サーバとクライアントの両方の機能を持つ
- SSHサーバはsshdが起動し、/etc/ssh/sshd_configで設定を行う

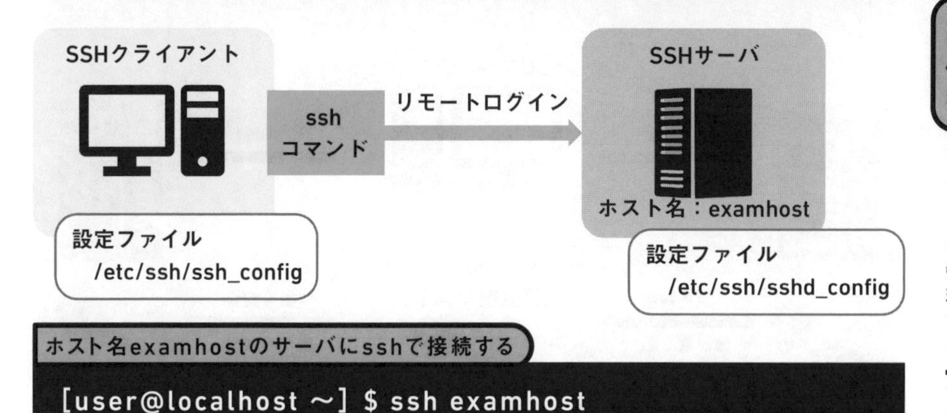

ホスト名examhostのサーバにsshで接続する

```
[user@localhost ~] $ ssh examhost
```

OpenSSHは、OpenBSDプロジェクトによって開発が行われている、**SSHプロトコル**を利用した通信を行うためのオープンソースソフトウェアです。OpenSSHは、サーバとクライアントの両方の機能を持っており、ほとんどのLinuxOSにデフォルトでインストールされています。

SSH接続される側である**SSHサーバ**では、**sshdデーモン**という常駐プログラムが起動している必要があります。SSHサーバ側の設定は/etc/ssh/sshd_configファイルが、SSHクライアント側の設定は /etc/ssh/ssh_configファイルが参照されます。単に使用するだけであれば、両ファイルともデフォルトのままで構いませんが、セキュリティを高めたいときなどには編集が必要です。

次頁以降ではSSHで用いられる認証方式であるホスト認証とユーザ認証について説明します。

関連用語　公開鍵暗号方式（54）　SSH（58）

202 OpenSSHのホスト認証

- クライアントがサーバの正当性を確認する認証方式
- 公開鍵を使用して認証を行う
- サーバの公開鍵は~/.ssh/known_hostsに登録

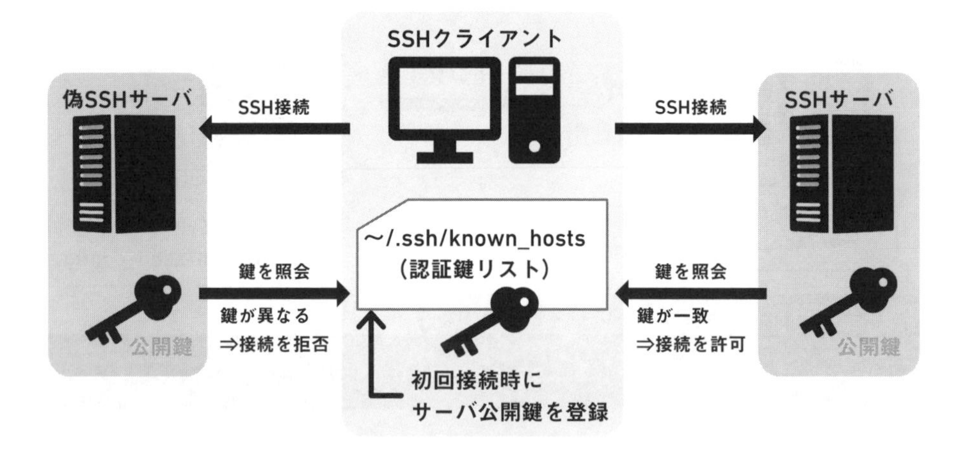

ホスト認証は、SSHクライアントが接続先のSSHサーバの正当性を確認することです。

クライアントからサーバへの初回接続時に、サーバの公開鍵がクライアントの**~/.ssh/known_hostsファイル**に登録されます。サーバの公開鍵はサーバの/etc/sshディレクトリに格納されている**.pub**拡張子がついたファイルです。

クライアントから同じサーバに対してSSH接続をすると、サーバ側から送付される公開鍵とクライアントが所有する公開鍵が同じであるかを照会します。同じ鍵であれば接続完了し、違う鍵であれば接続を拒否します。この仕組みによって正しい接続先であるかを確認し、サーバのなりすましを防ぐことが出来ます。

関連用語　公開鍵暗号方式（54）　SSH（58）　OpenSSH（201）

セキュリティ管理

203 OpenSSHのユーザ認証

- パスワード認証と公開鍵認証が利用可
- 公開鍵認証は公開鍵と秘密鍵の鍵ペアを用いて認証を行う
- 鍵ペアの生成はssh-keygenコマンドを使用する

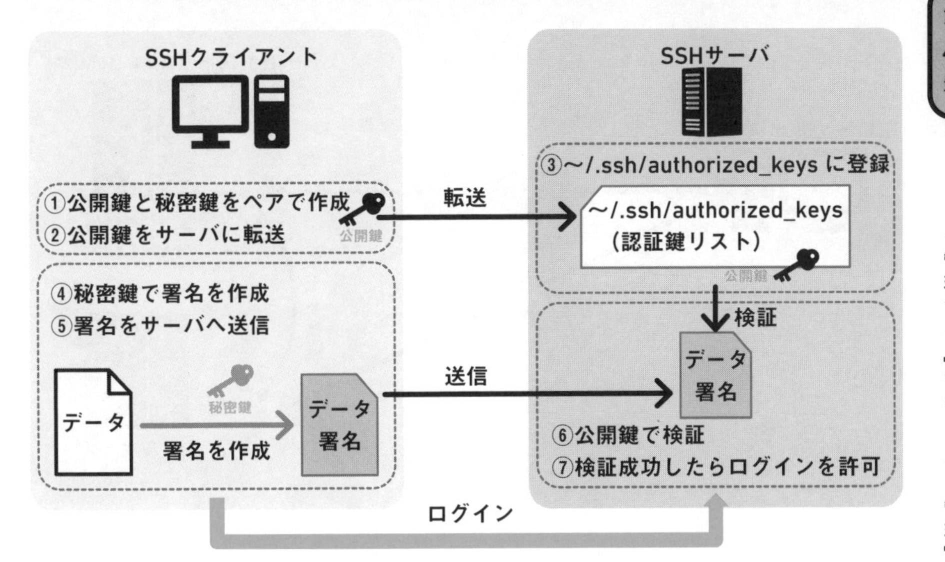

ユーザ認証は、SSHサーバがアクセスしてくるSSHクライアントが正当なアクセス権があるか確認することです。ユーザ認証には、ユーザ名とパスワードを使用して認証を行う**パスワード認証**と**公開鍵認証**があります。

公開鍵認証では、まずクライアントで秘密鍵と公開鍵の鍵ペアを作成します。鍵ペアの作成は**ssh-keygenコマンド**で行います。作成した公開鍵をサーバに転送し、**~/.ssh/authorized_keysファイル**に登録します。次にクライアントの秘密鍵を利用して署名を作成し、サーバに送信します。サーバは署名を受け取ると、登録済みの公開鍵を使って検証し、検証が成功した場合のみログインを許可します。

関連用語　公開鍵暗号方式（54）　デジタル署名（56）　SSH（58）　OpenSSH（201）

セキュリティ管理

204 SSHポートフォワーディング

- 特定のポートに届いたデータを別のポートに転送する機能
- sshコマンドにはポート転送のオプションが備わっている
- SSHの通信経路を利用した転送のため、安全性が高い

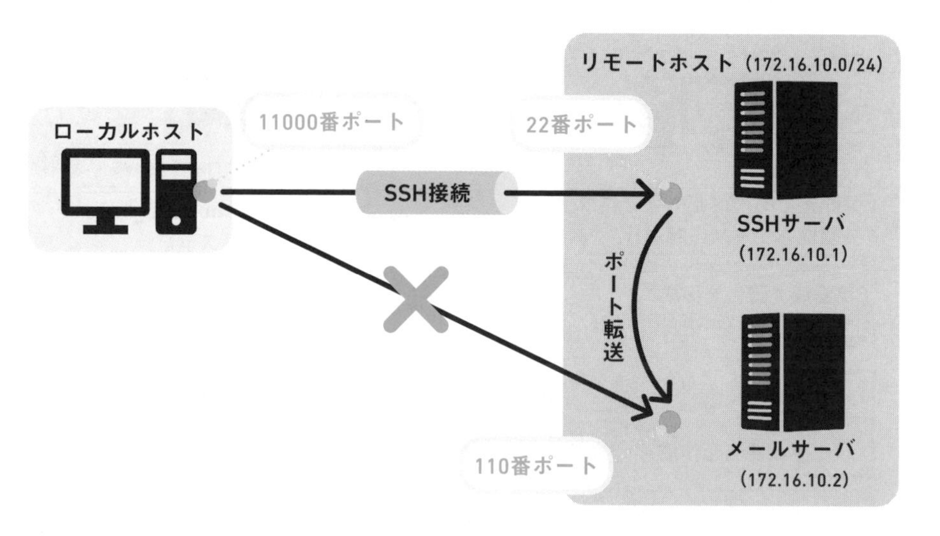

sshコマンドにはポート転送のオプションがデフォルトで備わっています。この機能を利用するのが**SSHポートフォワーディング**です。SSHポートフォワーディングは、SSHの接続を利用して、ローカルホストの任意のポートへの通信を特定ポートへ転送する機能です。例えば、ローカルホストの11000番ポートにアクセスすると、SSHサーバを経由してメールサーバ（110番ポート）にアクセスできます。

ポートフォワーディングを行うメリットは、SSHの通信経路を利用するため、本来暗号化通信が行われないプロトコルでも、通信は暗号化されて安全にデータを送信することが出来ることです。また、外部からアクセスが出来ないメールサーバ等に対して接続することが可能となります。

関連用語　プロトコルとポート番号（30）　公開鍵暗号方式（54）　SSH（58）

205 GnuPG

- ファイルの暗号化や復号、電子署名等を行うソフトウェア
- 公開鍵暗号方式や共通鍵暗号方式が利用される
- GnuPGの使用にはgpgコマンドを利用する

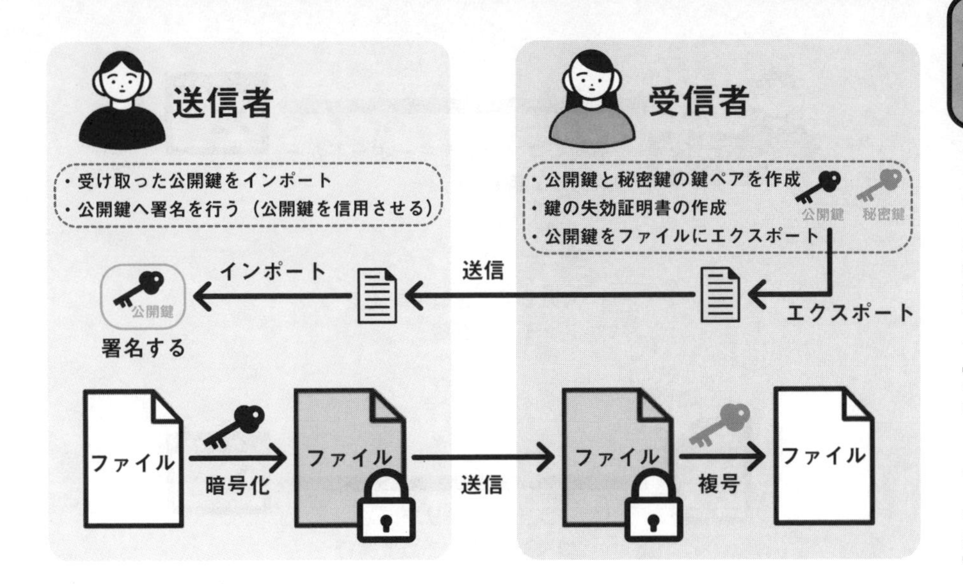

GnuPGはGNU Privacy Guardの略で、共通鍵暗号方式や公開鍵暗号方式を利用して、ファイルの暗号化や復号、電子署名、認証をするオープンソースソフトウェアです。GnuPGの使用には**gpgコマンド**を利用します。

公開鍵暗号方式を利用したGnuPGでは公開鍵や秘密鍵を作成し、その鍵を使用して暗号化や復号、署名を行うほかに鍵を管理する機能があります。例えば鍵作成時に決めたパスフレーズが流出したり、忘れてしまったり、鍵が盗まれる等のリスクに備えて、事前に**失効証明書**を作成しておくことで鍵の無効化ができ、鍵の悪用を防ぎます。

関連用語　共通鍵暗号方式（53）　公開鍵暗号方式（54）

206 シェルスクリプトとは

- コマンドが記されたテキストファイル
- 1行につき1コマンドラインを記述
- 定型業務を自動化する際に作られる

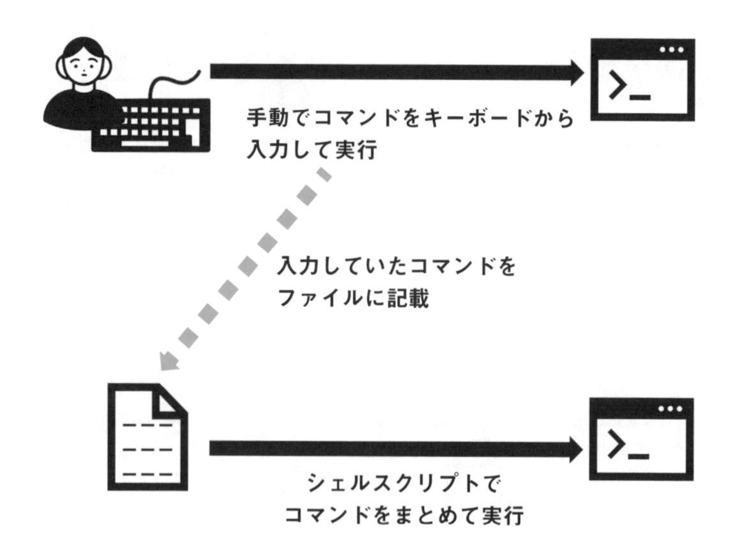
手動でコマンドをキーボードから
入力して実行
入力していたコマンドを
ファイルに記載
シェルスクリプトで
コマンドをまとめて実行

シェルスクリプトとは、コマンドが記されたテキストファイルのことです。シェルスクリプトファイルの1行はコマンドライン上の1行の入力に相当します。シェルスクリプトファイルをシェル上で指定することで記述されたコマンドをまとめて実行でき、作業の自動化を行えます。

例えば毎日同じコマンドを同じ順番で実行する定型業務がある場合、手動でのコマンド実行はオペレーションミスを誘発する可能性があります。そこで、定型業務のコマンドをシェルスクリプトとして作成し、実行することで、業務を効率化し、ミスを減らすことができます。

関連用語　シェル（59）　コマンド①（60）　コマンド②（61）　シェルスクリプトの構造（207）

207 シェルスクリプトの構造

- #!が行頭の場合、shebang（シバン、シェバン）
- #が行頭の場合、処理が無視される
- 上記以外はコマンドとしてすべて実行される

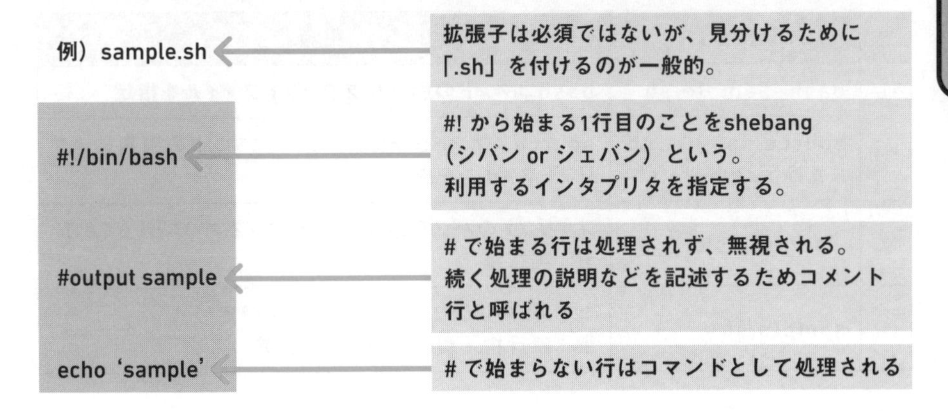
例）sample.sh
拡張子は必須ではないが、見分けるために「.sh」を付けるのが一般的。
#!/bin/bash
#! から始まる1行目のことをshebang（シバン or シェバン）という。利用するインタプリタを指定する。
#output sample
で始まる行は処理されず、無視される。続く処理の説明などを記述するためコメント行と呼ばれる
echo 'sample'
で始まらない行はコマンドとして処理される

シェルスクリプトには書き方のルールがあります。基本的に先頭には「**#!**」から始まるシェルの**絶対パス**が書かれています。これは**shebang**（シバンまたはシェバン）といい、後述のコマンドを実行するインタプリタを指定する機能です。シェルには複数種類があり、シェルによっては細かい動作が異なるため、どのシェルで実行するか記載する必要があります。

また、「**#**」から行が始まる場合、その行はコマンドとして処理されず無視されます。続く処理の説明などを記述するため**コメント行**と呼ばれます。処理を無視する機能を活用し、すでに記載のあるコマンドを一時的に無効にするためにも使います。このように「#」を行頭につけて、その行の効力を無効化する作業を、**コメントアウトする**と言います。

上記以外はすべてコマンドとして処理されます。

関連用語　コンパイラとインタプリタ（20）　シェルスクリプトとは（206）

208 シェルスクリプトの実行①

- シェルスクリプトの代表的な実行方法は4つ
- bashコマンド、sourceコマンドを使う方法
- ファイルパス指定、ファイル名指定する方法

	実行書式	説明
①	bash sample.sh	bashコマンドの引数にスクリプトファイルを指定
②	source sample.sh または . sample.sh	sourceコマンドまたは.（ドット）コマンドの引数にスクリプトファイルを指定
③	./sample.sh	スクリプトのパスを指定（絶対パス・相対パスどちらでも可） 要：実行権
④	sample.sh	コマンドのようにファイル名だけを指定 要：実行権・環境変数PATH設定

シェルスクリプトを実行する方法は主に4つ挙げられます。

①**bashコマンド**で実行する方法

②**sourceコマンド**（省略形は.コマンド）で実行する方法

③**ファイルパス**でシェルスクリプトを指定し、実行する方法

④コマンドのようにファイル名だけで実行する方法

実行時における条件はシェルスクリプトの実行方法により異なります。①、②は引数にシェルスクリプトファイルを指定する必要があります。③、④はシェルスクリプトのファイル自体に実行権の付与が必要です。また、④は実行権のほかにも環境変数PATHにシェルスクリプトファイルを配置したディレクトリの登録が必要です。

それぞれの実行されたときの挙動の違いは次項以降に説明します。

関連用語　環境変数PATH（65）　アクセス権（189）　シェルスクリプトとは（206）

209 シェルスクリプトの実行②

- bashコマンドを使うとbashが子シェルとして起動し実行
- source (.)コマンドを使うとログインシェルが実行
- いずれもコマンドが実行するため、実行権は不要

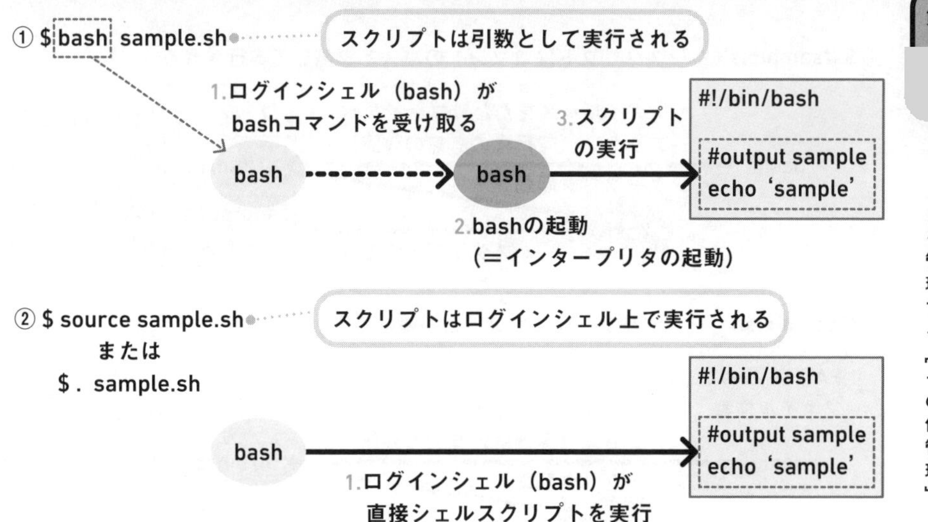
① $ bash sample.sh
スクリプトは引数として実行される
1.ログインシェル（bash）が
bashコマンドを受け取る
bash
bash
3.スクリプト
の実行
#!/bin/bash
#output sample
echo 'sample'
2.bashの起動
（＝インタープリタの起動）
② $ source sample.sh
または
$. sample.sh
スクリプトはログインシェル上で実行される
bash
#!/bin/bash
#output sample
echo 'sample'
1.ログインシェル（bash）が
直接シェルスクリプトを実行

bashコマンドを使用する場合、ログインシェルのbashが新たに子シェルbashを起動し、その子シェルbashがシェルスクリプトの内容を実行します。**source(.)コマンド**は特にシェルなどを起動せず、ログインシェルが自らシェルスクリプトを実行します。

シェルスクリプトを作成し、試しに実行してみるときはbashコマンドが手軽です。また、ログインシェルに変数やエイリアスを設定したい場合はsource(.)コマンドが便利です。

いずれも実行する機能はコマンドが持っているため、シェルスクリプトのファイル自体に実行権は不要です。

関連用語　シェル（59）　シェル変数（63）　aliasコマンド（69）　シェルスクリプトの実行①（208）

210 シェルスクリプトの実行③

- ファイルパスを指定し実行
- コマンドのようにファイル名を指定し実行
- いずれも実行権が必須

③ $ ./sample.sh　←スクリプトはコマンドのパスと認識して実行される

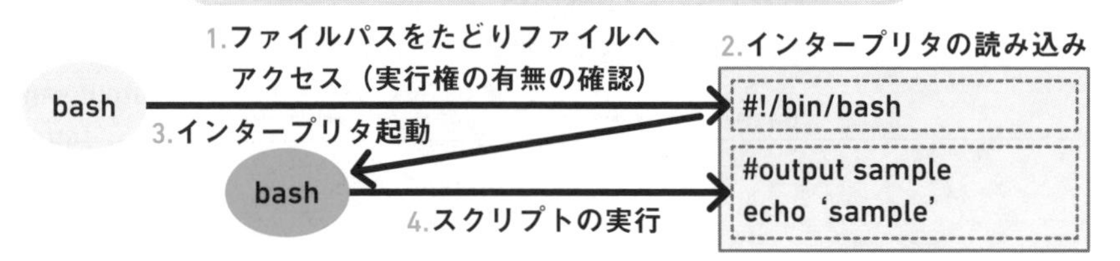
1.ファイルパスをたどりファイルへ
アクセス（実行権の有無の確認）
2.インタープリタの読み込み
bash
#!/bin/bash
3.インタープリタ起動
bash
#output sample
echo 'sample'
4.スクリプトの実行

④ $ sample.sh　←スクリプトはコマンドと同様に実行される

1.PATH変数内をファイル検索
2.ファイルパスをたどりファイルへアクセス（実行権の有無の確認）
3.インタープリタの読み込み
bash
#!/bin/bash
4.インタープリタ起動
bash
#output sample
echo 'sample'
5.スクリプトの実行

ファイルパスを指定して**シェルスクリプト**を実行できます。指定の仕方は絶対パスでも相対パスでも構いません。ただし、シェルスクリプトのファイルに**実行権**が必要です。実行権の付与には**chmodコマンド**を使います。

コマンドのようにファイル名を指定してシェルスクリプトを実行することもできます。ファイルパスでの指定と同様、実行権が必要です。また、環境変数PATHにシェルスクリプトが置かれているディレクトリの登録も必要です。

個人で繰り返し使うならファイルパスでの実行でも充分ですが、複数人で実行する必要があれば、ファイル名を指定して実行できるよう環境を整えるとよいでしょう。

関連用語　環境変数PATH（65）　アクセス権（189）　シェルスクリプトの実行①（208）

211 シェルの特殊な変数

- 特殊な変数は$と記号、数字の組み合わせ
- 主にシェルスクリプトで利用される
- シェルの引数や、実行中のPIDなどを呼び出せる

変数名	説明
$0	シェルスクリプトファイル名が格納される
$1	1番目の引数が格納される
$2	2番目の引数が格納される。以降、$3、$4と続く
$#	コマンドラインに与えられた引数の数が格納される
$@	すべての引数が格納される
$$	現在のシェルのプロセス番号が格納される
$?	コマンド実行時の終了ステータス（正常終了⇒ 0 、失敗⇒ 0以外の数値）

$@

例）$ sample.sh hello world

$0 $1 $2

シェルスクリプトでは**$記号**と他の記号や数字を組み合わせた特殊な変数が使われます。どのような意味合いがあるのか覚えることで柔軟なシェルスクリプトを作成できます。

「sample.sh hello world」と実行した際は、sample.shの引数にhelloとworldが与えられていますので、$0には「sample.sh」が格納され、$1には「hello」が格納され、$2には「world」が格納されます。引数が2つ与えられているので$#には「2」が、$@には「hello world」が格納されます。そして、$$にはsample.shを実行したシェルのPIDが格納され、$?にはsample.shを実行した結果の終了ステータスが格納されます。

関連用語　シェル（59）　シェル変数（63）　シェルスクリプト（206）

212 制御構文

- シェルスクリプトで処理を自動化する仕組み
- 条件分岐処理：ifコマンド、caseコマンド
- 繰り返し処理：whileコマンド、forコマンド

処理	コマンド	説明
条件分岐処理	if	条件式に合致する場合、および合致しない場合で処理を分岐できる
	case	与えられた変数の値によって処理を分岐できる
繰り返し処理	while	条件式に合致している間、繰り返し処理を行う ※繰り返し処理の中で条件式が合致しないようにする処理をしないと永遠に終わらない繰り返し=無限ループになる
	for	変数に代入するリストを用意し、1つずつ代入して繰り返し処理を行う

シェルスクリプトは定型業務を自動化できるのが一番の強みです。しかし、コマンドの実行結果によっては「判断」が必要になります。例えば、特定のファイルがあればコマンドAを実行する、なければコマンドBを実行する、などです。このような判断を都度スクリプトの中でできるように条件分岐処理の**ifコマンド**や**caseコマンド**があります。

また、何度も同じ処理を記述するのは大変です。修正が発生した場合も手間となります。特定の条件を設けて繰り返しができるように繰り返し処理の**whileコマンド**や**forコマンド**があります。

これら、スクリプトの制御を行うコマンド類を**制御構文**と呼びます。次項以降で詳しく紹介します。

関連用語	プログラムのアルゴリズム（21）　シェルスクリプト（206）　条件分岐処理のコマンド（213）　繰り返し処理のコマンド（214）

213 条件分岐処理のコマンド

- 特定の条件をもとに処理を分岐させるコマンド
- ifコマンドは柔軟な条件式で分岐可能
- caseコマンドは変数の値によって分岐可能

条件分岐処理の書式	動きのイメージ
if 条件式 　then 　　条件式に合致した場合のコマンド 　else 　　条件式に合致しない場合のコマンド fi	条件に合致した / 条件に合致しない 条件 処理A　処理B
case 変数名 in 　値1) 変数の値が値1の場合のコマンド ;; 　値2) 変数の値が値2の場合のコマンド ;; 　　: 　*) 変数の値が上記以外の場合のコマンド ;; esac	変数 値1　値2　その他 処理A　処理B　処理C

条件分岐のコマンドは、特定の条件をもとに処理を分岐させます。例えば得点が65%以上なら合格、65%未満なら不合格と表示する、といった処理が条件分岐にあたります。

ifコマンドは、後述する条件式を作るコマンドを用いて多様な条件での分岐処理を作成できます。多様な条件を設定できるため、汎用的な条件分岐処理です。

caseコマンドは、指定した変数の値による分岐処理を作成可能です。スクリプト実行時の引数から判断したり、caseコマンドの前に何か処理をさせた結果から生じる変数に応じて分岐させる、といった特定の条件分岐処理が得意です。

関連用語　シェルスクリプト（206）　制御構文（212）　条件を検証するコマンド（215）

214 繰り返し処理のコマンド

- 特定の条件をもとに処理を繰り返すコマンド
- whileコマンドは柔軟な条件式で繰り返し可能
- forコマンドはリストが尽きるまで繰り返し可能

繰り返し処理の書式	動きのイメージ
while 条件式 　do 　　コマンド 　done	条件に合致した　条件に合致しない 条件 処理
for 変数名 in 変数への代入値リスト 　do 　　コマンド 　done	リストがなくなるまで繰り返す － 処理

繰り返し処理のコマンドは、特定の条件をもとに処理を繰り返すコマンドです。例えば、ECサイトなどで商品検索した際に同じレイアウトで表示するなどの処理も1枠分を特定回数繰り返している処理です。

whileコマンドは、ifコマンドと同様、条件式を用いて柔軟な条件を作成できる汎用的な繰り返し処理です。

forコマンドは、変数への代入値リストがなくなるまで繰り返す、という特性を持っているため、特定回数を繰り返したいときなどに便利な繰り返し処理です。

いずれのコマンドもdoからdoneの間を繰り返します。

関連用語　シェルスクリプト（206）　制御構文（212）　条件を検証するコマンド（215）

215 条件を検証するコマンド

- 条件式を検証するコマンドはtestコマンド
- ifコマンドやwhileコマンドで使用
- testと記述する場合と[]の間に記述する場合がある

コマンド名	説明
test	条件を検証する

検証できる条件の一例

条件	説明
-f ファイルパス	指定ファイルが通常ファイルか検証
値1 -eq 値2	値1と値2が同じか検証

検証の一例

```
[user@localhost ~] $ test -f /etc/passwd
[user@localhost ~] $ echo $?
0
```

- test -f /etc/passwd：/etc/passwdファイルが、通常ファイルかを検証
- 0：条件に合致していたら0、していなかったら0以外の値を返す

ifコマンドやwhileコマンドは条件式をもとに分岐や繰り返しを行いますが、その条件式を検証するコマンドが**testコマンド**です。ファイルに対する検証や、数値、文字に対する検証など様々な検証が行えます。

また、**testコマンド**の後にオプションとして記載する場合もあれば、[ ]で囲った中に条件を記載することもあります。

例えば「test -f /etc/passwd」と「[-f /etc/passwd]」は表記が異なりますが同じ意味になります。比較的、コマンドライン上で試す場合はtestコマンド表記で、シェルスクリプト上では［ ］の表記が用いられています。

関連用語　シェルスクリプト（206）　条件分岐処理のコマンド（213）　繰り返し処理のコマンド（214）

216 関数設定のコマンド

- 処理をまとめたいときは関数を用いる
- シェルスクリプトの作成やメンテナンスの簡易化が望める
- 関数を設定するときはfunctionコマンドを使用する

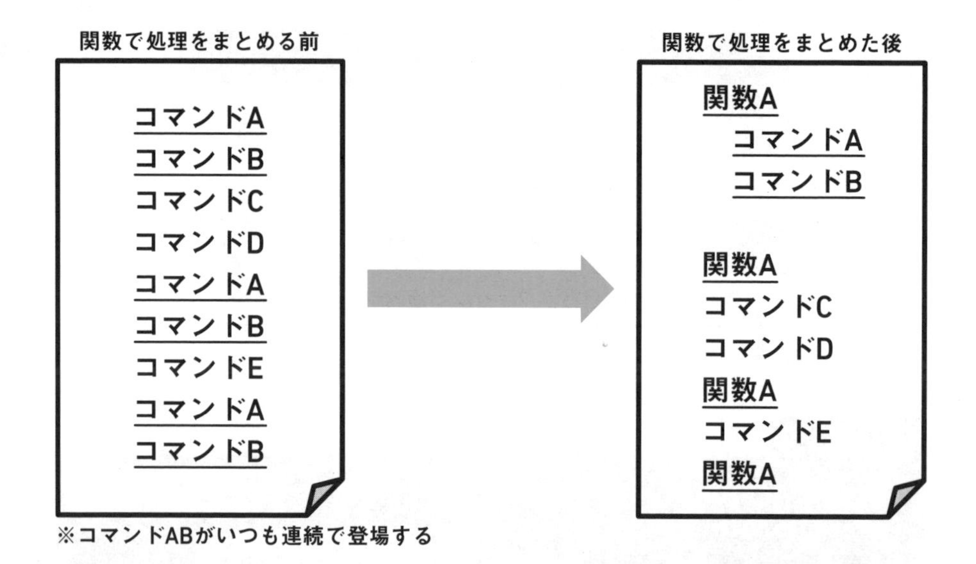

※コマンドABがいつも連続で登場する

例えば、同じ処理が間をあけて何回も必要になる場合、**関数**という形で処理に名前を付けて1つにまとめることができます。

関数を用いるメリットは、シェルスクリプトの作成やメンテナンスの簡易化にあります。作成するときは複数のコマンドを何回も書く必要がなくなり、メンテナンスの際は複数個所の修正ではなく関数を定義している場所を修正するだけで完了するため、修正し忘れを防止できます。

関数を設定するときは**functionコマンド**を用います。詳しい書式は次項で紹介します。

関連用語　シェルスクリプト（206）　functionコマンド（217）

217 fuctionコマンド

- 関数を設定するコマンド
- {}の間に実行したいコマンドを記載する
- 関数を削除する場合はunsetコマンドを使う

functionコマンドの書式

```
function 関数名()
{
    関数に含めたいコマンド
      :
}
```

関数設定の一例

```
[user@localhost ~] $ function func()   ← funcという名前の関数を設定
> {
> echo test                           ← {}の間に実行するコマンドを記載 ※＞は自動出力されます
> }
[user@localhost ~] $ func             ← funcという名前の関数を設定
test
```

functionコマンドは関数を設定するコマンドです。

コマンドライン上で実行する場合はコマンド入力後に「**>**」が自動で出力されますが、シェルスクリプト上で関数を設定したい場合、「>」をわざわざ入力する必要はありません。

関数を使って呼び出したいコマンドは「**{}**」の間に記載します。

コマンドライン上で関数を設定した場合、関数はシェルに設定されます。そのため、**unsetコマンド**やログアウトで削除されます。シェルスクリプト上に記載した場合は、スクリプトが実行されている間のみ有効です。

関連用語 シェルスクリプト（206） 関数設定のコマンド（216）

その他管理

218 メール配信のしくみ

- メールの送受信にはメールアドレスが必要
- 宛先のメールサーバへはSMTPを使用する
- 配送されたメールの取得にはPOPやIMAPを使用する

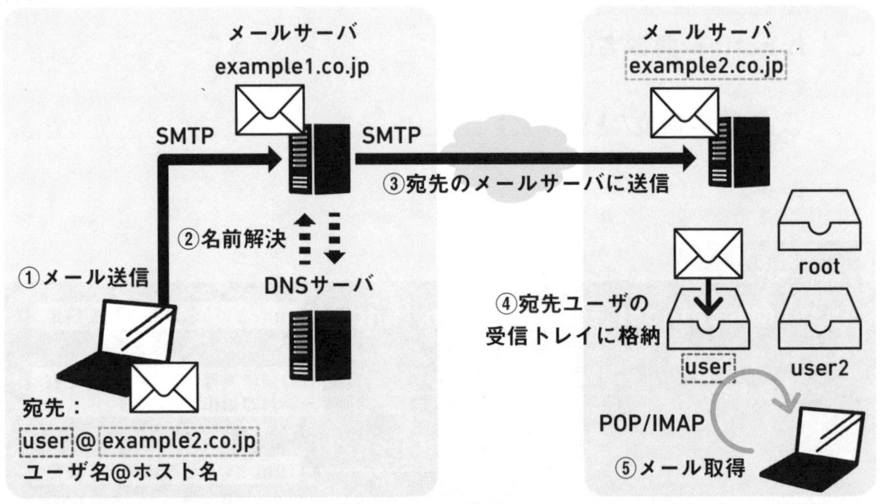

メールの送受信を行うには、メールアドレスが必要です。アドレスは「**ユーザ名@メールサーバのホスト名**」で構成されています。

メールが宛先に向けて送信されると、まず自社のメールサーバに送信されます。そこで宛先のメールアドレスから**IPアドレス**を調べ、メールを転送します。宛先のメールサーバに届いたメールは宛先ユーザの受信トレイに格納されます。

宛先のメールサーバまでの配送には**SMTP**が、受信トレイに配送されたメールの取得には**POP**や**IMAP**が使用されます。

関連用語　プロトコルとポート番号（30）　IPアドレス（32）　名前解決（42）

219 mailコマンド

- Linuxで簡易的にメールを送受信するコマンド
- メールサーバ構築時のテストメール配信などに利用
- 受信メールの閲覧、メール作成等が行える

コマンド名	説明
mail	受信メールの閲覧
mail 宛先	メールの送信

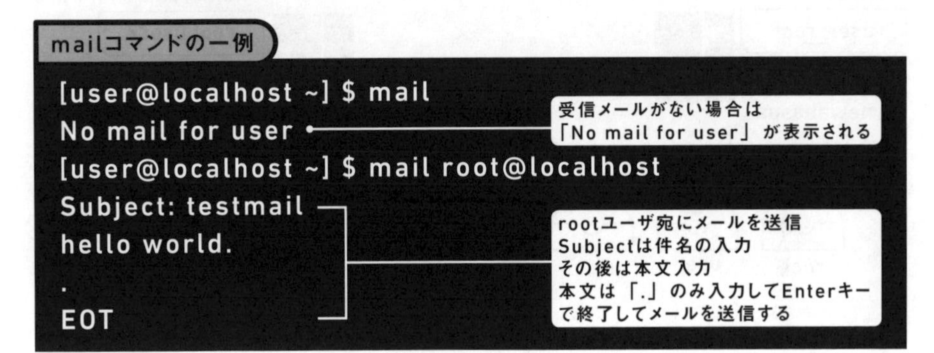

mailコマンドの一例
[user@localhost ~] $ mail
No mail for user
[user@localhost ~] $ mail root@localhost
Subject: testmail
hello world.
.
EOT
受信メールがない場合は「No mail for user」が表示される
rootユーザ宛にメールを送信
Subjectは件名の入力
その後は本文入力
本文は「.」のみ入力してEnterキーで終了してメールを送信する

Linuxで簡易的にメールを送受信するときは**mailコマンド**を使用します。ビジネスメールの送信に使うことはあまりありませんが、システム間のメッセージのやり取りやメールサーバを構築した際のテストメールの送信に利用します。

現在ログイン中のユーザが受信したメールを確認するには、mailコマンドをオプションや引数なしで実行します。

メールを送信する場合は、mailコマンドの後ろに宛先のメールアドレスを入力します。件名の入力後はメール本文の入力を待ち受ける状態となります。本文入力後「.」のみ入力してEnterキーを押下すると、終了と送信を行います。

関連用語　メール配信の仕組み（218）

220 メールの転送設定

- 誰かに来たメールを別の誰かへ自動転送すること
- システム的な転送は/etc/aliasesファイルを編集
- ユーザ毎の転送は~/.forwardファイルを作成

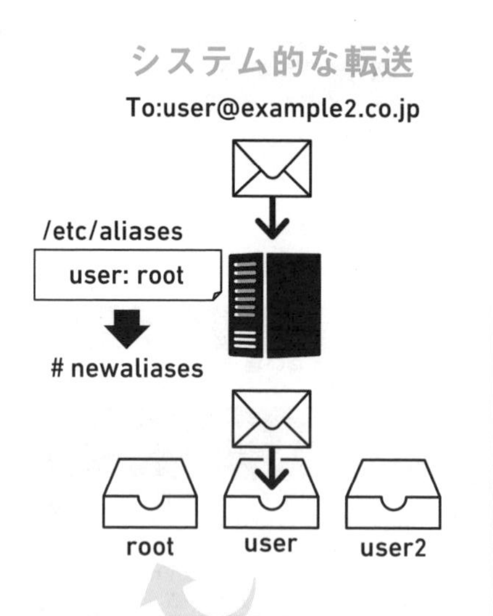

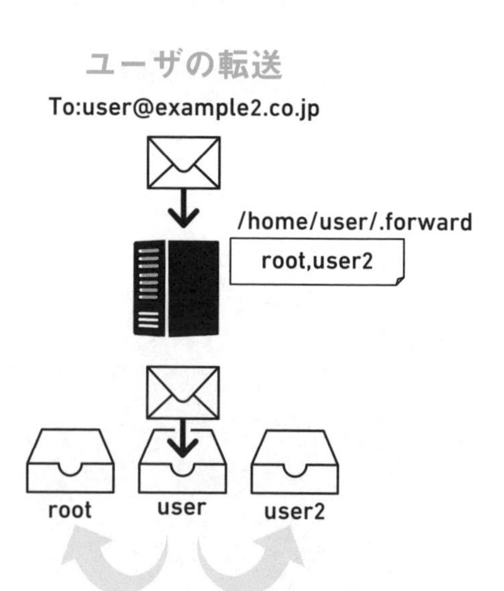

メールは**転送設定**ができます。転送設定とは特定のユーザが受信するメールを別のユーザに自動で転送する設定のことです。メールの転送設定はシステム的に管理者が設定する場合もあれば、ユーザが個人で設定することも可能です。

システム的に設定する場合は、**/etc/aliasesファイル**にどのユーザ宛に来たメールをどのユーザに転送するか記載し、**newaliasesコマンド**を実行します。

ユーザが個人で設定する場合は、**~/.forwardファイル**に転送先のユーザを記載するだけです。うまく動作しない場合はアクセス権を600や644に設定します。

関連用語 アクセス権（189）　メール配信の仕組み（218）

章末問題

ユーザ管理

1 Linuxの管理者ユーザの名称は?

2 ユーザ情報が記載されるファイルの絶対パスは?

3 グループ情報が記載されるファイルの絶対パスは?

4 ユーザのパスワードが記載されるファイルの絶対パスは?

5 ユーザを追加するコマンドは?

6 グループを削除するコマンドは?

プロセス管理

1 実行状態のプログラムを何というか?

2 プロセスに割り当てられる番号の名称は?

3 プロセスに送られる信号の総称は?

4 プロセスに信号を送るコマンドは?

5 コマンドやプログラムをシェル上で管理するための単位は?

6 バックグラウンドで実行するときコマンド実行時に必要になる記号は?

7 定期的にコマンドを実行するときに使う機能は?

8 atコマンドの使用を許可するために記述する必要があるファイルの絶対パスは?

時刻管理

1 Linuxの2種類の時計の名称は?

2 Linuxの2種類の時計を表示するコマンドは?

3 ネットワーク上の時計と同期するためのプロトコルの名称は?

4 共通の標準時を使う地域の名称は?

5 「4の答え」を格納する環境変数の名称は?

ログ管理

1 コンピュータ内の動作状況の記録の名称は?

2 コンピュータ内の動作状況の記録を取る2つのシステムは何と何か?

3 ログファイルの肥大化を防ぐ機能の名称は?

4 ログのテストを行うときに使うコマンドは?(2つ)

パッケージ管理

1 アプリケーションに必要なファイル群をまとめたものの名称は?

2 「1の答え」の4つの管理方法は?

3 パッケージの入手先の名称は?

4 RPM形式で使われる基本のコマンドは?

5 Debian形式で使われる基本のコマンドは?

デバイス管理

1 コンピュータに接続された周辺機器を扱うために必要なファイルの名称は?

2 デバイスファイルを生成するための仕組みの名称は?

3 USBの情報を確認するコマンドは?

4 LinuxでGUIを実現するためのシステムの名称は?

5 Linuxでプリンタ管理を行うシステムの名称は?

6 印刷要求を出すコマンドは?(2つ)

ディスク管理

1 ディスクが分割された領域の名称は?

2 ディスクを分割するときに使用するコマンドは?

3 ファイルとして保存するための仕組みの名称は?

4 /(ルート)ディレクトリを含む、主軸となるファイルシステムの名称は?

5 ファイルシステムを結合する作業の名称は?

6 ファイルシステム情報が格納されているファイルの絶対パスは?

7 ボリュームグループを構成し、論理ボリュームとして使うことにより、柔軟にディスク管理を行う機能の名称は?

8 Windowsでいうショートカットの機能と同等の機能の名称は?

9 様々な条件を付けてファイルを検索できるコマンドは?

起動管理

1 BIOSやUEFIなどハードウェアの制御をするソフトウェアの総称は?

2 GRUBなどのカーネルを起動するためのソフトウェアの総称は?

3 OSの中核を担うソフトウェアの名称は?

4 Linuxでシステム制御を行う代表的なプロセスの名称は?（2つ）

5 SvsVinitやUpstartなどで使われるOSの状態を表す言葉は?

6 Linuxのシステムを終了するときに使用するコマンドは?

ネットワーク管理

1 Linuxでネットワークを管理するためのツールの名称は?

2 ネットワーク管理ツールを操作するコマンドは?

3 IPアドレスを設定できるコマンドは?

4 デフォルトゲートウェイを設定できるコマンドは?

5 Linuxで名前解決設定を記述できるファイルの絶対パスは?

6 LinuxでDNSサーバ設定を記述できるファイルの絶対パスは?

7 ホスト名を設定できるコマンドは?

8 通信の疎通確認ができるコマンドは?

セキュリティ管理

1 パスワードの期日を設定できるコマンドは?

2 作成するだけで一般ユーザのログインを禁止できるファイルの絶対パスは?

3 ユーザを切り替えるコマンドは?

4 一般ユーザのまま管理者コマンドを実行できるコマンドは?

5 ファイルやディレクトリのアクセス権を変更できるコマンドは?

6 755のアクセス権をアルファベットの表記にすると?

7 ファイルやディレクトリの所有者や所有グループを変更できるコマンドは?

8 デフォルトのアクセス権を制御できる値の名称は?

9 実行したときに所有者の権限でコマンドやファイルを実行できる特殊なアクセス権の名称は?

10 複数プログラムを一括管理するプログラムの総称は?

11 TCP Wrapperでアクセス制御に使われる2つのファイルの絶対パスは?

12 Linuxで利用されるSSHプロトコルを利用した通信を提供しているオープンソースソフトウェアの名称は?

13 ファイルの暗号化や複合、電子署名などを行う機能を提供するオープンソースソフトウェアの名称は?

その他管理

1 コマンドが記された実行できるテキストファイルの名称は?

2 コマンドが記された実行できるテキストファイルの先頭に書かれている、利用するインタープリタの指定を指す名称は?

3 コマンドのようにファイル名だけを使って実行するとき、必要になる条件2つは?

4 シェルで使える特殊な変数で、コマンドの終了ステータスが格納される変数名は?

5 繰り返し処理を行いたいときに使用される代表的なコマンド2つは?

6 ifコマンドで対になっている文言は?

7 条件を検証するコマンドは?

8 関数を作成するコマンドは?

9 メール転送に使われるプロトコルは?

10 Linuxでメールの送信や受信の確認に使われるコマンドは?

11 Linuxでメールの転送設定をしたいときに一般ユーザが編集するファイルは?

解答

ユーザ管理

1. root
2. /etc/passwd
3. /etc/group
4. /etc/shadow
5. useradd
6. groupdel

プロセス管理

1. プロセス
2. プロセスID　または　PID
3. シグナル
4. kill
5. ジョブ
6. &
7. cron
8. /etc/at.allow

時刻管理

1. システムクロック、ハードウェアクロック
2. date、hwclock
3. NTP

4 タイムゾーン

5 TZ

ログ管理

1 システムログ

2 rsyslog、journald

3 ログローテーション

4 logger、system-cat

パッケージ管理

1 パッケージ

2 照会、追加、更新、削除

3 リポジトリ

4 rpm

5 dpkg

デバイス管理

1 デバイスファイル

2 udev

3 lsusb

4 X Window System または X または X11

5 CUPS

6 lpr、lp

ディスク管理

1 パーティション

2 fdisk または gdisk

3 ファイルシステム

4 ルートファイルシステム

5 マウント

6 /etc/fstab

7 LVM

8 シンボリックリンク

9 find

起動管理

1 ファームウェア

2 ブートローダ

3 カーネル

4 init、systemd

5 ランレベル

6 shutdown

ネットワーク管理

1 NetworkManager

2 nmcli または nmtui

3 ip または ifconfig または nmcli または nmtui

4 ip　または　route
または　nmcli
または　nmtui

5 /etc/hosts

6 /etc/resolv.conf

7 hostname　または
host namectl
または　nmcli

8 ping

セキュリティ管理

1 chage

2 /etc/nologin

3 su

4 sudo

5 chmod

6 rwxr-xr-x

7 chown　※chgrpは所属グループしか変更できないので不正解

8 umask値

9 SUID

10 スーパーサーバ

11 /etc/hosts.allow 、/etc/hosts.deny

12 OpenSSH

13 GnuPG

その他管理

1 シェルスクリプト

2 shebang（シバン/シェバン）

3 実行権が付与されていること、環境変数PATHに配置ディレクトリが含まれていること

4 $?

5 while、for

6 fi

7 test　または　[]

8 function

9 SMTP

10 mail

11 ~/.forward

総合問題

この練習問題では本書で学習できる内容で回答できる問題を掲載しています。問題には、どの章で出てきたのか、また、難易度の設定の記載があります。

難易度は三段階あり、簡単なものから★1つ、★2つ、★3つの順に難しくなっていきます。基礎固めの確認としてお使いいただく場合は★2つが本書を見返さなくても正解できるくらいに慣れるとよいでしょう。★3つは本書を読み込んだうえで思考して答えられるように難しく設定しています。★2つの問題に慣れてきたら挑戦してみましょう。

問題

1

難易度 ★

リーナス・トーバルズ氏によって開発された、UNIX互換のOSの名称で正しいのは次のうちどれ？

A Linux
B UNIX
C LPIC
D LinuC

2

難易度 ★

Webクライアント（ブラウザ）からの要求に応える役割を持つものとして最も適切なものは次のうちどれ？

A Webサーバ
B メールサーバ
C DNSサーバ
D DHCPサーバ

3

難易度 ★

ハードウェアの五大装置の中で記憶装置に当たるのは次のうちどれ？（2つ選択）

A CPU
B メモリ
C ディスク
D キーボード
E モニタ

4

難易度 ★★

メモリの特徴として正しいのは、次のうちどれ？（2つ選択）

A 電源がなくても記憶を保持する
B 電源がないと記憶を保持できない
C CPUとやりとりできるくらい高速で動作
D CPUとやりとりができないくらい低速で動作

5

難易度 ★★

OSの構成要素に含まれないのは次のうちどれ?

A ライブラリ
B カーネル
C プロセス
D デバイスドライバ

6

難易度 ★

プログラムを開発する際に元となるテキストファイルの名称で正しいものは次のうちどれ?

A プログラミング
B ソースコード
C バグ
D コンパイル

7

難易度 ★★

コピーレフト型ライセンスと呼ばれているOSSライセンスは次のうちどれ?(2つ選択)

A GPL
B Apache License
C AGPL
D MIT License

8

難易度 ★★

プロトコルとポート番号の組み合わせで誤っているものは次のうちどれ?

A 22番:SSH
B 25番:SMTP
C 54番:DNS
D 80番:HTTP

9

IPv4アドレスの192.168.1.0/24のネットワークに所属するアドレスは次のうちどれ?

- A 192.168.0.100
- B 192.168.1.200
- C 172.16.0.1
- D 10.0.1.50

10

次のIPアドレスに関する説明のうち正しいのはどれ?(2つ選択)

- A グローバルIPアドレスはインターネット上で一意である
- B プライベートIPアドレスはインターネット上で一意である
- C グローバルIPアドレスはLAN上で一意である
- D プライベートIPアドレスはLAN上で一意である

11

難易度 ★★

名前解決の機能を提供するプロトコルとして正しいのは次のうちどれ?

- A DHCP
- B HTTP
- C SMTP
- D DNS

12

難易度 ★★

クラウドのIaaSが提供している領域で正しいのは次のうちどれ?

- A インフラ環境
- B アプリケーション実行環境
- C ソフトウェア機能

13 ☐☐☐

難易度 ★★

ホストOS型の仮想化を提供しているソフトウェアは次のうちどれ?(2つ選択)

A VMware Workstation Player
B VMware vSphere
C Oracle VM VirtualBox
D Xen

14 ☐☐☐

難易度 ★

公開鍵暗号化の特徴は次のうちどれ?(2つ選択)

A 暗号化と復号の処理が速い
B 通信する相手の数だけ鍵が必要になる
C 暗号化と復号の処理が遅い
D 不特定多数との通信に向いている

15 ☐☐☐

難易度 ★★

認証局(CA)の説明でないものは次のうちどれ?

A 認証機能と暗号化で安全にリモート操作を行うプロトコル
B デジタル証明書を発行する機関
C 公開鍵の正当性を証明する第三者
D セキュリティリスクのあるデジタル証明書を失効させる

16 ☐☐☐

難易度 ★

Linuxを操作するために入力するのは次のうちどれ?

A カーネル
B シェル
C コマンド
D オプション

17 ☐☐☐

シェル変数の特徴で正しいのは次のうちどれ？（2つ選択）

A 変数を設定したシェルとその子シェルで参照できる
B 変数を設定したシェルでのみ参照できる
C 一時的に使用する目的で使用される
D 永続的に使用する目的で使用される

---

18 ☐☐☐

難易度 ★★

コマンドを続けて実行するときに使用するメタキャラクタは次のうちどれ？

A |
B ?
C *
D ;

---

19 ☐☐☐

難易度 ★★★

ls -lコマンドの実行結果の行の先頭が「-」の場合、ファイルの種類として正しいのは次のうちどれ？

A 通常ファイル
B ディレクトリ
C リンク
D 特殊ファイル

---

20 ☐☐☐

難易度 ★

ディレクトリの削除ができるコマンドで正しいのは次のうちどれ？（2つ選択）

A cp
B rm
C touch
D rmdir

21 ☑☑☑

難易度 ★★★

tarコマンドを使ってアーカイブファイルを作成する書式で適切なものは次のうちどれ?

A tar -xvf archive.tar Afile Bfile Cfile
B tar -tvf archive.tar Afile Bfile Cfile
C tar -cvf archive.tar Afile Bfile Cfile
D tar -zvf archive.tar Afile Bfile Cfile

---

22 ☑☑☑

難易度 ★★

空欄に入るのは、次のうちどれ?

```
[user@localhost ~]$ cat ______ EOF
> test
> message
> EOF
test
message
[user@localhost ~]$
```

A >
B >>
C <
D <<

---

23 ☑☑☑

難易度 ★★

コマンドの実行結果をファイルにも画面にも出力したい場合に使用するコマンドは次のうちどれ?

A cat
B cut
C head
D tee

24 ☐☐☐

viエディタでコマンドモードから入力モードに切り替えるキーは次のうちどれ?(3つ選択)

- A a
- B i
- C u
- D e
- E o

---

25 ☐☐☐

難易度 ★★

viエディタで入力モードからコマンドモードに切り替えるキーは次のうちどれ?

- A Ctrl
- B Shift
- C Alt
- D Esc

---

26 ☐☐☐

難易度 ★★

ユーザアカウントの情報が記載されているファイルは次のうちどれ?

- A /etc/skel
- B /etc/passwd
- C /etc/group
- D /etc/user

---

27 ☐☐☐

難易度 ★★

ユーザが所属するグループを変更するときに使うコマンドは次のうちどれ?

- A groupmod
- B usermod
- C chgrp
- D groupdel

28

プロセスの一覧を表示することができるコマンドは次のうちどれ?

A ps
B kill
C jobs
D fg

29

通常の終了を意味するシグナルは次のうちどれ?

A SIGHUP
B SIGINT
C SIGKILL
D SIGTERM

30

難易度

毎週月曜日の3時15分にscript.shを実行するcrontabの設定行は次のうちどれ?

A 3 15 * * 1 script.sh
B 3 15 * * 7 script.sh
C 15 3 * * 1 script.sh
D 15 3 * * 0 script.sh

31

/etc/at.allowファイルにlinuxとuser、/etc/at.denyファイルにuserとtestが記載されていた場合に正しい内容は次のうちどれ?

A atコマンドはrootユーザのみ使用可
B atコマンドはlinuxユーザのみ使用可
C atコマンドはlinuxユーザとuserユーザのみ使用可
D atコマンドは誰も使用できない

32 ☐☐☐

難易度 ★

dateコマンドでできることは次のうちどれ?

- A ハードウェアクロックの時刻を表示できる
- B システムクロックの時刻を表示・設定できる
- C NTPを使ってネットワーク上のNTPサーバの時刻と同期できる
- D ネットワーク上のNTPサーバを探すことができる

---

33 ☐☐☐

難易度 ★★

NTPのソフトウェアで正しい名称は次のうちどれ?(2つ選択)

- A stratum
- B ntpd
- C Chrony
- D tzselect

---

34 ☐☐☐

難易度 ★

タイムゾーンの変更方法で正しいのは次のうちどれ?(2つ選択)

- A /etc/localtimeのリンク先を変更する
- B /usr/share/zoneinfoのリンク先を変更する
- C 環境変数TIMEZONEの値を変更する
- D 環境変数TZの値を変更する

---

35 ☐☐☐

難易度 ★★

Linux上の一般的なログを表示させる方法として適切なのは次のうちどれ?(2つ選択)

- A journalctlコマンドを実行する
- B journaldコマンドを実行する
- C /var/log/messagesファイルをtailコマンドなどで開く
- D /var/log/systemlogファイルをtailコマンドなどで開く

36

難易度 ★★

ログファイルの肥大化を防ぐ機能は次のうちどれ?

A syslog

B rsyslog

C journald

D logrotate

37

難易度 ★★

システムログにメッセージを送信できるコマンドは次のうちどれ?(2つ選択)

A systemd-cat

B logger

C log

D systemcat

38

難易度 ★★

Redhat系のパッケージ管理コマンドは次のうちどれ?(3つ選択)

A apt

B dpkg

C dnf

D rpm

E yum

39

インストール済みのパッケージか確認するために実行するコマンドで適切なのは次のうちどれ?

A rpm -q httpd

B rpm -i httpd

C yum update httpd

D yum remove httpd

総合問題

40

難易度 ★

パッケージ追加を行うコマンドは次のうちどれ?

A yum add
B yum app
C yum insert
D yum install

41

難易度 ★★

デバイス情報を確認するコマンドで、ディスクの状態を表示できるコマンドは次のうちどれ?

A lspci
B lsusb
C lsdisk
D lsblk

42

難易度 ★★

印刷キューの状態を表示できるコマンドは次のうちどれ?(2つ選択)

A lpr
B lpq
C lpc
D lprm

43

難易度 ★★

ディスクの追加の順番で正しいのは次のうちどれ?

A ファイルシステム作成→パーティション分割→マウント
B パーティション分割→マウント→ファイルシステム作成
C パーティション分割→ファイルシステム作成→マウント
D ファイルシステム作成→マウント→パーティション分割

44 ☐☐☐

難易度 ★★☆

パーティション分割を行うコマンドは次のうちどれ？（3つ選択）

- A fdisk
- B gdisk
- C parted
- D mkfs
- E mount

---

45 ☐☐☐

難易度 ★★☆

Linuxのファイルシステムとして採用されることが多いのは次のうちどれ？（2つ選択）

- A ext4
- B VFAT
- C iso9660
- D XFS

---

46 ☐☐☐

難易度 ★★★

/etc/fstabファイルの書式で正しいのは次のうちどれ？

- A /dev/sdb1 /mnt xfs default 0 0
- B /dev/sdb1 /mnt default xfs 0 0
- C /mnt /dev/sdb1 xfs default 0 0
- D /mnt /dev/sdb1 default xfs 0 0

47 ☐☐☐

難易度 ★★★

testファイルに対するハードリンク、tset_hlが存在する環境で、testファイルを削除したあと、test_hlをcatコマンドなどで開いたときの動作として正しいのは次のうちどれ?

- A ファイルが見つかりません、というエラーが表示される
- B testファイルの内容が表示される
- C コマンドが見つかりません、というエラーが表示される
- D test_hlと表示される

---

48 ☐☐☐

難易度 ★★

引数で指定したコマンドの絶対パスを表示できるコマンドは次のうちどれ?
(2つ選択)

- A find
- B locate
- C type
- D which

---

49 ☐☐☐

難易度 ★★

Linuxの起動順序で正しいのは次のうちどれ?

- A BIOS → GRUB → systemd → vmlinuz
- B GRUB → BIOS → vmlinuz → systemd
- C BIOS → GRUB → vmlinuz → systemd
- D GRUB → BIOS → systemd → vmlinuz

50 ☐☐☐

難易度 ★★★

initプロセスがランレベル3で起動するときに参照されるディレクトリは次のうちどれ?

- A /dev/rc.d/rc3.d
- B /var/rc.d/rc3.d
- C /home/rc.d/rc3.d
- D /etc/rc.d/rc3.d

---

51 ☐☐☐

難易度 ★★

systemdで緊急モードを意味するターゲットは次のうちどれ?

- A multi-user.target
- B rescue.target
- C emergency.target
- D default.target

---

52 ☐☐☐

難易度 ★★

システムを今すぐ再起動するコマンドは次のうちどれ?

- A shutdown -h now
- B shutdown -r now
- C shutdown -j now
- D shutdown -a now

---

53 ☐☐☐

難易度 ★★

LinuxでIPアドレス設定ができないコマンドは次のうちどれ?

- A ip
- B ifconfig
- C ipconfig
- D nmcli

54

難易度 

Linuxでデフォルトゲートウェイの設定ができないコマンドは次のうちどれ？

A ip
B route
C nmcli
D netstat

55

難易度 

名前解決方法の順序を決めているファイルの書式は次のうちどれ？

A hosts:　　file dns
B 203.0.113.100　　www.example.com
C nameserver　　192.168.0.1
D domain example.com

56

難易度 

Linuxでホスト名の設定ができないコマンドは次のうちどれ？

A ip
B hostname
C hostnamectl
D nmcli

57

難易度 

一般ユーザのログインをひとりずつ禁止するときに、ユーザのシェルとして設定することがあるファイルは次のうちどれ？（2つ選択）

A /etc/nologin
B /sbin/nologin
C /bin/false
D /bin/bash

58 ☐☐☐

難易度 

sudoコマンドで管理コマンドを実行できるように設定するため、実行するコマンドは次のうちどれ？

A visudo
B sudovi
C vi /etc/sudoers
D su

---

59 ☐☐☐

難易度 

次のファイルのアクセス権を755にするために実行するコマンドは次のうちどれ？（2つ選択）

```
-rw-rw-r--. 1  user  user   0  Nov 6 11:46  test.txt
```

A chmod a+x,g-w test.txt
B chmod a=rx,u+w test.txt
C chmod a+x,g+w test.txt
D chmod a=rx,u-w test.txt

---

60 ☐☐☐

難易度 

ファイルの所有グループを変更できるコマンドは次のうちどれ？（2つ選択）

A chmod
B chown
C chage
D chgrp

---

61 ☐☐☐

難易度

特殊なアクセス権であるSUIDが設定されているアクセス権は次のうちどれ？

A rwsr-xr-x
B rwxr-sr-x
C rwxr-xr-s
D rwxr-xr-t

62

難易度 ★

TCP Wrapperでアクセス許可を行っているファイルは次のうちどれ?

- A /etc/hosts.allow
- B /etc/hosts.admit
- C /etc/hosts.deny
- D /etc/hosts.conf

SSHクライアントの設定ファイルは次のうちどれ?

- A ~/.ssh/known_hosts
- B /etc/ssh/ssh_config
- C /etc/ssh/sshd_config
- D ~/.ssh/authorized_keys

64

現在のシェルでシェルスクリプトscript.shを実行することができるコマンドは次のうちどれ?（2つ選択）

- A bash script.sh
- B source script.sh
- C ./script.sh
- D . script.sh
- E script.sh

65

/etc/shadowファイルが、ファイルとして存在しているかを確認するコマンドは次のうちどれ?（2つ選択）

- A check -f /etc/shadow
- B test -f /etc/shadow
- C [-f /etc/shadow]
- D function -f /etc/shadow

66 ☐ ☐ ☐

難易度 ★★

繰り返し処理を行うコマンドは次のうちどれ?(2つ選択)

A if
B for
C case
D while

---

67 ☐ ☐ ☐

難易度 ★★

ifコマンドで条件と合致しなかった場合の処理を記述するために使用するコマンドは次のうちどれ?

A do
B then
C done
D else

---

68 ☐ ☐ ☐

難易度 ★★

宛先のメールサーバに送信するときに使われるプロトコルは次のうちどれ?

A IMAP
B POP
C FTP
D SMTP

---

69 ☐ ☐ ☐

難易度 ★★

mailコマンドでできないことは次のうちどれ?

A メールの送信
B 受信メールの閲覧
C メールの暗号化
D 受信メールの削除

70 ☐ ☐ ☐

難易度 ★★★

/etc/aliasesファイルを編集後、メール転送が有効にならない場合の対応として正しいのは次のうちどれ?

- **A** ファイルのアクセス権を600に変更する
- **B** newaliasesコマンドを実行する
- **C** aliasコマンドを実行する
- **D** 一度ログアウトしてログインしなおす

1 A Linux

第1章 ― Linuxとは

［解説］
リーナス・トーバルズ氏によって開発された、UNIX互換のOSの名称で正しいのは、AのLinuxです。
B UNIXは現存する最も古いOSのことです。
C LPICやD LinuCはLinuxの資格の名称であり、OSの名称ではありません。

2 A Webサーバ

第1章 ― Linuxとは

［解説］
Webクライアント（ブラウザ）からの要求に応える役割を持つのは、AのWebサーバです。
B メールサーバはメールを送信・転送する要求に応える役割です。
C DNSサーバは名前解決の要求に応える役割です。
D DHCPサーバはIPアドレスの自動付与に応える役割です。

3 B メモリ、C ディスク

第2章 ― ハードウェア

［解説］
ハードウェアの五大装置の中で記憶装置に当たるのは、Bメモリ、Cディスクです。Bメモリは主記憶装置、Cディスクは補助記憶装置とも呼ばれますが両方とも記憶装置です。
A CPUは演算装置と制御装置を兼ねたハードウェアです。
D キーボードは入力装置のハードウェアです。
E モニタは出力装置のハードウェアです。

4 B 電源がないと記憶を保持できない、C CPUとやりとりできるくらい高速で動作

第2章 ― ハードウェア

［解説］
メモリの特徴はB電源がないと記憶を保持できない、C CPUとやりとりできるくらい高速で動作、の2点です。
A電源がなくても記憶を保持する、D CPUとやりとりができないくらい低速で動作、の2点はディスクの特徴になります。

5 C プロセス

第2章 ー ソフトウェア

［解説］

OSの構成要素は、OSの中核を担うBカーネル、デバイスを操作するためのDデバイスドライバ、プログラムの部品となるプログラムであるAライブラリの3つです。
これに含まれないのは、Cプロセスです。なお、プロセスとは、実行状態のプログラムのことです。

6 B ソースコード

第2章 ー ソフトウェア

［解説］

プログラムの元になるテキストファイルは、Bソースコードです。
Aプログラミングはソースコードを作成する作業のことです。Cバグはプログラムがうまく動かない原因となる箇所のことです。
Dコンパイルはコンピュータがプログラムを実行できる形にすることです。

7 A GPL、C AGPL

第2章 ー ソフトウェア

［解説］

コピーレフト型ライセンスとは、OSS開発者の著作権を保護しつつ、派生物も含めてすべての人が利用、改変、再頒布できるべき、という思想が反映されたOSSのライセンスです。
選択肢の中でコピーレフト型のライセンスは、AGPL、CAGPLです。
BApache License、DMIT Licenseはパーミッシブ型のライセンスです。

8 C 54番:DNS

第2章 ー ネットワーク

［解説］

DNSのポート番号は53番のため、C54番:DNSが誤りです。
A22番:SSH、B25番:SMTP、D80番:HTTP、は正しい組み合わせです。

9 B 192.168.1.200

第2章 ー ネットワーク

［解説］

まずIPv4アドレスの192.168.1.0/24のネットワークに所属するアドレスのネットワーク部とホスト部の境目を見つけましょう。「/24」とありますので24ビット分、つまり192.168.1.までがネットワーク部、最後の桁がホスト部となります。同じネットワークなのはB 192.168.1.200だけです。
A 192.168.0.100、C 172.16.0.1、D 10.0.1.50、は192.168.1.0/24とは異なるネットワークです。

10 A グローバルIPアドレスはインターネット上で一意である、D プライベートIPアドレスはLAN上で一意である

第2章 ー ネットワーク

［解説］

グローバルIPアドレスはインターネット上で一意である必要があるため、A グローバルIPアドレスはインターネット上で一意である、が正しく、C グローバルIPアドレスはLAN上で一意である、が誤りです。
また、プライベートIPアドレスはLAN上で一意である必要があるため、D プライベートIPアドレスはLAN上で一意であるが正しく、B プライベートIPアドレスはインターネット上で一意である、が誤りです。

11 D DNS

第2章 ー ネットワーク

［解説］

名前解決のサービスを提供するのは、D DNSです。
A DHCPはIPアドレスなどのネットワーク情報を自動的に割り当てるプロトコルです。
B HTTPはWebサービスを提供するプロトコルです。
C SMTPはメールサービスを提供するプロトコルです。

12 A インフラ環境

第2章 ー ネットワーク

［解説］

IaaSはInfrastructure as a Serviceの略で、A インフラ環境を提供しています。
B アプリケーション実行環境は、PaaS（Platform as a Service）、C ソフトウェア機能は、SaaS（Software as a Service）の領域であるため、誤りです。

13 A VMware Workstation Player、C Oracle VM VirtualBox

第2章 ー ネットワーク

［解説］

ホストOS型の仮想化は、ホストOS上でアプリケーションとして仮想化を実現できるため、導入がしやすいというメリットを持ちます。この形式の仮想化ソフトウェアはA VMware Workstation Player、C Oracle VM VirtualBoxです。
B VMware vSphere、D Xenは、ハイパーバイザー型の仮想化ソフトウェアです。

14 C 暗号化と復号の処理が遅い、D 不特定多数との通信に向いている

第2章 ー セキュリティ

［解説］

公開鍵暗号方式の特徴は、選択肢の中では C 暗号化と復号の処理が遅い、D 不特定多数との通信に向いている、の2点です。
A 暗号化と復号の処理が速い、B 通信する相手の数だけ鍵が必要になる、は共通鍵暗号方式の特徴です。

15 A 認証機能と暗号化で安全にリモート操作を行うプロトコル

第2章 ー セキュリティ

［解説］

認証局の説明は、B デジタル証明書を発行する機関、C 公開鍵の正当性を証明する第三者、D セキュリティリスクのあるデジタル証明書を失効させる、の3点です。
A 認証機能と暗号化で安全にリモート操作を行うプロトコルはSSHの説明になります。

16 C コマンド

第3章 ー 基本操作

［解説］

Linuxを操作するために入力するのは、C コマンドです。
A カーネルはOSの中核となるプログラムです。
B シェルはコマンドを受け取り、カーネルに伝える橋渡し役のプログラムです。
D オプションはコマンドの追加機能のことです。

17 B 変数を設定したシェルでのみ参照できる、C 一時的に使用する目的で使用される

第3章 ー 基本操作

[解説]

シェル変数の特徴は、B変数を設定したシェルでのみ参照できる、C一時的に使用する目的で使用される、です。シェルスクリプトで変数を定義するときなどに使われます。

A変数を設定したシェルとその子シェルで参照できる、D永続的に使用する目的で使用される、は、環境変数の特徴です。言語設定やパス設定等、永続的に使用する環境設定に使われます。

18 D ;

第3章 ー 基本操作

[解説]

コマンドを続けて実行するときに使用するメタキャラクタは、D;です。

A|はコマンドの実行結果を次のコマンドに渡します。

B?は履歴のアクセスに使われます。

C*はワイルドカードとして任意の文字列を表します。

19 A 通常ファイル

第3章 ー 基本操作

[解説]

ls -lコマンドの実行結果で先頭が「-」の場合は、A通常ファイルです。

Bディレクトリは「d」の場合です。

Cリンクは「l」の場合です。

D特殊ファイルは「b」や「c」などの場合です。

20 B rm、D rmdir

第3章 ー 基本操作

[解説]

ディレクトリを削除できるのは、Brm、Drmdirです。rmコマンドはオプション-rと併用することでディレクトリを削除できます。

Acpはコピーするコマンドです。

Ctouchはファイルの新規作成または既存ファイルのタイムスタンプの更新を行うコマンドです。

21 Ⓒ tar -cvf archive.tar Afile Bfile Cfile

第3章 ー 基本操作

［解説］

アーカイブファイルを作成する書式は、オプション-cが必要なため、Ⓒtar -cvf archive.tar Afile Bfile Cfileが正解です。

Ⓐtar -xvf archive.tar Afile Bfile Cfileの-xオプションは展開するためのオプションのため不正解です。

Ⓑtar -tvf archive.tar Afile Bfile Cfileの-tオプションは内容を確認するためのオプションのため不正解です。

Ⓓtar -zvf archive.tar Afile Bfile Cfileの-zオプションはgzipで圧縮するためのオプションのため不正解です。

22 Ⓓ <<

第3章 ー テキストデータ処理

［解説］

[user@localhost ~]$ cat ____ EOFの空欄に入るのは、続く内容が「>」でテキスト入力を促している状態になっているため、Ⓓ<<、ヒアドキュメントの記号です。

Ⓐ>は、出力リダイレクト（上書き）のため不適切です。

Ⓑ>>は、出力リダイレクト（追記）のため不適切です。

Ⓒ<は、入力リダイレクトのため不適切です。

23 Ⓓ tee

第3章 ー テキストデータ処理

［解説］

コマンドの実行結果をファイルにも画面にも出力したい場合に使用するコマンドは、Ⓓteeです。

Ⓐcatはファイルの内容を画面に表示するコマンドです。

Ⓑcutはファイルから必要な項目を切り取り画面に表示するコマンドです。

Ⓒheadはファイルの先頭を表示するコマンドです。

24 A a、B i、E o

第3章 ー テキストデータ処理

［解説］

viエディタで入力モードに切り替えるキーはA a、B i、E oです。A aはカーソルの後ろから、B iはカーソルの前から、E oはカーソルのある行の次の行から入力が開始されます。

C uはコマンドモードで、1つ前の状態に戻す機能を持ちます。

D eはコマンドモードで、現在カーソルがおかれている単語の末尾の文字へのカーソル移動を行います。

25 D Esc

第3章 ー テキストデータ処理

［解説］

viエディタで入力モードからコマンドモードに切り替えるキーは、D Escです。

A Ctrlはアルファベットとの組み合わせで検索やスクロールなどができます。

B ShiftはaではなくAなどの大文字キーの入力時に使います。

C Altはviエディタでは使用しません。

26 B /etc/passwd

第4章 ー ユーザ管理

［解説］

ユーザアカウントの情報が記載されているファイルは、B /etc/passwdです。

A /etc/skelはuseradd実行時、ホームディレクトリのテンプレートになるディレクトリです。

C /etc/groupはグループ情報が記載されているファイルです。

D /etc/userはFHSのディレクトリ階層に存在しません。

27 B usermod

第4章 ー ユーザ管理

［解説］

ユーザが所属するグループを変更するときに使うコマンドは、B usermodです。オプション-gでプライマリグループ、オプション-Gでサブグループを変更できます。

A groupmodはグループの名前やIDの変更が可能です。

C chgrpはファイルの所有グループの変更が可能です。

D groupdelはグループの削除が可能です。

28 A ps

第4章 ー プロセス管理

【解説】

プロセスの一覧を表示することができるコマンドは、A psです。
B killはプロセスへシグナルを送るコマンドです。
C jobsは停止中のジョブとバックグラウンドのジョブを表示するコマンドです。
D fgはジョブをフォアグラウンドへ移すコマンドです。

29 D SIGTERM

第4章 ー プロセス管理

【解説】

通常の終了を意味するシグナルは、D SIGTERMです。
A SIGHUPは制御端末の切断を意味するシグナルです。
B SIGINTはキーボードからの割り込みを意味するシグナルです。
C SIGKILLは強制終了を意味するシグナルです。

30 C 15 3 * * 1 script.sh

第4章 ー プロセス管理

【解説】

毎週月曜日の3時15分にscript.shを実行するcrontabの設定行は、C 15 3 * * 1 script.sh です。
A 3 15 * * 1 script.shは毎週月曜日の15時3分、
B 3 15 * * 7 script.shは毎週日曜日の15時3分、
D 15 3 * * 0 script.shは毎週日曜日の3時15分に実行するため誤りです。

31 C atコマンドはlinuxユーザとuserユーザのみ使用可

第4章 ー プロセス管理

【解説】

/etc/at.allowファイルと/etc/at.denyファイルが同時に存在するときは/etc/at.allowファイルしかチェックしないため、C atコマンドはlinuxユーザとuserユーザのみ使用可、が正解です。

32 B システムクロックの時刻を表示・設定できる

第4章 ー 時刻管理

[解説]

dateコマンドでできることは、Bシステムクロックの時刻を表示・設定できる、です。
Aハードウェアクロックの時刻を表示できるのはhwclockコマンドです。
CNTPを使ってネットワーク上のNTPサーバの時刻と同期できるのはchronycコマンドやntpdateコマンドです。
Dネットワーク上のNTPサーバを探すことができるコマンドは存在しません。

33 B ntpd、C Chrony

第4章 ー 時刻管理

[解説]

NTPのソフトウェアで正しい名称は、BntpdとCChronyです。
AstratumはNTPで基点となる時計からの距離を表す値です。
Dtzselectはタイムゾーンの設定方法を確認するコマンドです。

34 A /etc/localtimeのリンク先を変更する、D 環境変数TZの値を変更する

第4章 ー 時刻管理

[解説]

タイムゾーンの変更方法で正しいのは、A/etc/localtimeのリンク先を変更する、D環境変数TZの値を変更する、の2つです。
B/usr/share/zoneinfoのリンク先を変更する、の/usr/share/zoneinfoは/etc/localtimeの参照先のファイルが置かれるディレクトリなので誤りです。
C環境変数TIMEZONEの値を変更する、のTIMEZONEは存在しない環境変数のため誤りです。

35 A journalctlコマンドを実行する、C /var/log/messagesファイルをtailコマンドなどで開く

第4章 ― ログ管理

［解説］

Linux上の一般的なログを表示させる方法として適切なのはAjournalctlコマンドを実行する、C/var/log/messagesファイルをtailコマンドなどで開くです。

Bjournaldコマンドを実行する、のjournaldはデーモンの名称であり、コマンドではないため誤りです。

D/var/log/systemlogファイルをtailコマンドなどで開く、の/var/log/systemlogというファイルはデフォルトでは存在しないため、誤りです。

36 D logrotate

第4章 ― ログ管理

［解説］

ログファイルの肥大化を防ぐ機能は、Dlogrotateです。

Asyslogはrsyslogの1代前のログシステムの名称です。

BrsyslogはUNIX時代から続く旧来のログシステムの名称です。

Cjournaldはsystemdを使用時のログシステムの名称です。

37 A systemd-cat、B logger

第4章 ― ログ管理

［解説］

システムログにメッセージを送信できるコマンドは、Asystemd-catとBloggerです。

Clog、Dsystemcatというコマンドは存在しません。

38 C dnf、D rpm、E yum

第4章 ― パッケージ管理

［解説］

Redhat系のパッケージ管理コマンドは、Cdnf、Drpm、Eyumです。

Aapt、BdpkgはDebian系のパッケージ管理コマンドです。

39 A rpm -q httpd

第4章 ー パッケージ管理

解説

インストール済みのパッケージか確認するために実行するコマンドで適切なのは、A rpm -q httpd です。
B rpm -i httpdはパッケージの追加に使用するため誤りです。
C yum update httpdはパッケージの更新を行うため誤りです。
D yum remove httpdはパッケージの削除を行うため誤りです。

40 D yum install

第4章 ー パッケージ管理

解説

パッケージ追加を行うコマンドは、D yum installです。
A yum add、B yum app、C yum insertというコマンドは存在しません。

41 D lsblk

第4章 ー デバイス管理

解説

デバイス情報を確認するコマンドで、ディスクの状態を表示できるコマンドは、D lsblkです。blkはディスクとデータをやり取りする単位であるブロックがもとになっています。
A lspciはPCI接続しているデバイスを表示します。
B lsusbはUSB接続しているデバイスを表示します。
C lsdiskというコマンドは存在しません。

42 B lpq、C lpc

第4章 ー デバイス管理

解説

印刷キューの状態を表示できるコマンドは、B lpq、C lpcです。
A lprは印刷要求を印刷キューへ送るコマンドです。
D lprmは印刷キューにある印刷要求を削除するコマンドです。

43 C パーティション分割→ファイルシステム作成→マウント

第4章 ― ディスク管理

解説

ディスクの追加の順番で正しいのは、C パーティション分割→ファイルシステム作成→マウントです。

44 A fdisk、B gdisk、C parted

第4章 ― ディスク管理

解説

パーティション分割を行うコマンドは、A fdisk、B gdisk、C partedです。パーティションテーブルがMBRの場合はA fdiskまたはC partedを使い、GPTの場合はB gdiskまたはC partedを使います。
D mkfsはファイルシステムを作成するコマンドです。
E mountはマウントを行うコマンドです。

45 A ext4、D XFS

第4章 ― ディスク管理

解説

Linuxのファイルシステムとして採用されることが多いのは、A ext4とD XFSです。
B VFATはWindowsやUSBなどに使われるファイルシステムです。
C iso9660はCD/DVDなどに使われるファイルシステムです。

46 A /dev/sdb1 /mnt xfs default 0 0

第4章 ― ディスク管理

解説

/etc/fstabファイルの書式で正しいのは、A /dev/sdb1 /mnt xfs default 0 0です。
/etc/fstabファイルの書式は左から、デバイスファイル名、マウントポイント、ファイルシステムの種類、マウントオプション、dump、fsckと決まっています。

47 B testファイルの内容が表示される

第4章 ― ディスク管理

［解説］

testファイルに対するハードリンク、tset_hlが存在する環境で、testファイルを削除したあと、test_hlをcatコマンドなどで開いたときの動作として正しいのは、B testファイルの内容が表示される、です。ハードリンクはiノードを共有しますので、元のファイルが削除されても、内容は消えません。
もしtest_hlがシンボリックリンクだった場合は、A ファイルが見つかりません、というエラーが表示される、が正解となります。
C コマンドが見つかりません、というエラーが表示される、D test_hlと表示される、の選択肢は設問と関係ありません。

48 C type、D which

第4章 ― ディスク管理

［解説］

引数で指定したコマンドの絶対パスを表示できるコマンドは、C typeとD whichです。
A findは条件式をもとにすべてのファイルを検索できるコマンドです。
B locateは指定したパターンを含むすべてのファイルを検索できるコマンドです。

49 C BIOS → GRUB → vmlinuz → systemd

第4章 ― 起動管理

［解説］

Linuxの起動順序で正しいのは、C BIOS → GRUB → vmlinuz → systemdです。

50 D /etc/rc.d/rc3.d

第4章 ― 起動管理

［解説］

initプロセスがランレベル3で起動するときに参照されるディレクトリは、D /etc/rc.d/rc3.dです。
A /dev/rc.d/rc3.d、B /var/rc.d/rc3.d、C /home/rc.d/rc3.dは存在しないディレクトリです。また、/devはデバイスファイル、/varはログファイルなどよく変化するファイル、/homeはユーザのホームディレクトリが格納されます。

51 C emergency.target

第4章 ― 起動管理

【解説】
systemdで緊急モードを意味するターゲットは、C emergency.targetです。
A multi-user.targetはCUIでのマルチユーザのモードを意味します。
B rescue.targetはrootユーザのみアクセス可能なシングルユーザモードを意味します。
D default.targetは起動時にどのターゲットにするかのリンクです。

52 B shutdown -r now

第4章 ― 起動管理

【解説】
システムを今すぐ再起動するコマンドは、B shutdown -r nowです。
A shutdown –h nowは今すぐシャットダウンするコマンドのため誤りです。
C shutdown -j now、D shutdown -a nowで使われているオプションは存在しないため誤りです。

53 C ipconfig

第4章 ― ネットワーク管理

【解説】
LinuxでIPアドレス設定ができないコマンドは、C ipconfigです。このコマンドはWindowsのコマンドであり、Linuxには存在しません。
A ip、B ifconfig、D nmcliはLinuxでIPアドレス設定ができるコマンドです。

54 D netstat

第4章 ― ネットワーク管理

【解説】
Linuxでデフォルトゲートウェイの設定ができないコマンドは、D netstatです。このコマンドはssコマンドの前にネットワーク状況を確認できるコマンドとして使われていたコマンドで、デフォルトゲートウェイの設定はできません。
A ip、B route、C nmcliはLinuxでデフォルトゲートウェイの設定ができるコマンドです。

55 A hosts:　　file dns

[解説]

名前解決方法の順序を決めているファイルは/etc/nsswitch.confファイルであり、書式は、A hosts:　　file dns、です。
B 203.0.113.100　　www.example.comは/etc/hostsファイルの書式で、ローカルホスト内で名前解決をするときに使います。
C nameserver　　192.168.0.1は、/etc/resolv.confファイルの書式で、名前解決の問い合わせ先であるDNSサーバのIPアドレスを指定する書式です。
D domain example.comは、/etc/resolv.confファイルの書式で、名前解決で問い合わせるときにドメイン名がなかった場合に補足する情報を指定する書式です。

56 A ip

[解説]

Linuxでホスト名の設定ができないコマンドは、A ipです。
B hostname、C hostnamectl 、D nmcli は、ホスト名を設定することができるコマンドです。

57 B /sbin/nologin、C /bin/false

[解説]

一般ユーザのログインをひとりずつ禁止するときに、ユーザのシェルとして設定することがあるファイルは、B /sbin/nologinとC /bin/falseです。
A /etc/nologinはrootユーザ以外のログインを禁止するために作成するファイルのため誤りです。
D /bin/bashはシェルのプログラムファイルのため誤りです。

58 A visudo

[解説]

sudoコマンドで管理コマンドを実行できるように設定するため、実行するコマンドは、A visudoです。
B sudoviというコマンドはありません。
C vi /etc/sudoersでのファイル編集は非推奨です。
D suはユーザを切り替えるコマンドなので誤りです。

59 Ⓐ chmod a+x,g-w test.txt、Ⓑ chmod a=rx,u+w test.txt

第4章 ― セキュリティ管理

【解説】

-rw-rw-r--. 1 user user 0 Nov 6 11:46 test.txt
上記のファイルのアクセス権を755にする、ということはアクセス権をrw-rw-r--→rwxr-xr-xにする、という意味です。実行するコマンドはⒶchmod a+x,g-w test.txt、と、Ⓑchmod a=rx,u+w test.txtです。

Ⓒchmod a+x,g+w test.txt
a+xですべてのユーザグループにxの権限を与えます。この時点でアクセス権はrw-rw-r--→rwxrwxr-xとなります。グループの書き込み権が邪魔なので、必要になるのはg-wとなり、g+wでは誤りです。

Ⓓchmod a=rx,u-w test.txt
a=rxですべてのユーザグループにrxを指定します。この時点でアクセス権はrw-rw-r--→r-xr-xr-xとなります。所有者の書き込み権が外れてしまったので、必要になるのはu+wとなり、u-wでは誤りです。

60 Ⓑ chown、Ⓓ chgrp

第4章 ― セキュリティ管理

【解説】

ファイルの所有グループを変更できるコマンドは、ⒷchownとⒹchgrpです。
Ⓐchmodはアクセス権を変更するコマンドです。
Ⓒchageはパスワードの期限を変更するコマンドです。

61 Ⓐ rwsr-xr-x

第4章 ― セキュリティ管理

【解説】

特殊なアクセス権であるSUIDが設定されているアクセス権は、Ⓐrwsr-xr-xです。
Ⓑrwxr-sr-xは、SGIDが設定されているアクセス権です。
Ⓒrwxr-xr-sは、存在しないアクセス権です。
Ⓓrwxr-xr-tは、スティッキービットが設定されているアクセス権です。

62 A /etc/hosts.allow

第4章 ー セキュリティ管理

解説

TCP WrapperでアクセⅠス許可を行っているファイルは、A /etc/hosts.allowです。
B /etc/hosts.admit、D /etc/hosts.confというファイルは存在しないため誤りです。
C /etc/hosts.denyはアクセス拒否を行うファイルのため誤りです。

63 B /etc/ssh/ssh_config

第4章 ー セキュリティ管理

解説

SSHクライアントの設定ファイルは、B /etc/ssh/ssh_configです。
A ~/.ssh/known_hostsはホスト認証に使われるファイルです。
C /etc/ssh/sshd_configはSSHサーバの設定ファイルです。
D ~/.ssh/authorized_keysはユーザ認証に使われるファイルです。

64 B source script.sh、D . script.sh

第4章 ー その他管理

解説

現在のシェルでシェルスクリプトscript.shを実行することができるコマンドはB source script.shと、D . script.shです。
A bash script.shは新たにbashを起動し、bash上で実行します。
C ./script.shとE script.shはファイル名を指定し実行します。この時子シェル上で実行されるため、現在のシェルでは実行しません。

65 B test -f /etc/shadow、C [-f /etc/shadow]

第4章 ー その他管理

解説

/etc/shadowファイルが、ファイルとして存在しているかを確認するコマンドは、B test -f /etc/shadowとC [-f /etc/shadow]です。
A check -f /etc/shadowのcheckというコマンドは存在しません。
D function -f /etc/shadowのfunctionは関数を設定するコマンドのため誤りです。

66 B for、D while

第4章 ー その他管理

解説

繰り返し処理を行うコマンドは、Bforと Dwhileです。いずれもその後に続くdo〜doneの間の処理を繰り返します。
Aifと Ccaseは条件分岐のコマンドのため誤りです。

67 D else

第4章 ー その他管理

解説

ifコマンドで条件と合致しなかった場合の処理を記述するために使用するコマンドは、Delseです。
Adoは繰り返し処理の開始を表すコマンドです。
Bthenは条件に合致した場合の処理を記述するために使用されるコマンドです。
Cdoneは繰り返し処理の終了を表すコマンドです。

68 D SMTP

第4章 ー その他管理

解説

宛先のメールサーバに送信するときに使われるプロトコルはDSMTPです。
AIMAPや BPOPは宛先ユーザの受信トレイからメールを取得するときに使われるプロトコルです。
CFTPはファイル転送プロトコルになるため、メールとは関係がありません。

69 C メールの暗号化

第4章 ー その他管理

解説

mailコマンドでできないことは、Cメールの暗号化です。
Aメールの送信、B受信メールの閲覧、D受信メールの削除はmailコマンドで実行可能です。

70 B newaliasesコマンドを実行する

[解説]

/etc/aliasesファイルを編集後、メール転送が有効にならない場合の対応として正しいのは、B newaliasesコマンドを実行する、です。

A ファイルのアクセス権を600に変更する、はforwardファイルを編集時にうまく動作しないときに行う作業のため、誤りです。

C aliasコマンドを実行する、のaliasコマンドはコマンドの別名を設定するコマンドであり、設問とは関係がないため誤りです。

D 一度ログアウトしてログインしなおす、は実行しても変化はないため誤りです。

付録

付録ではLinux環境の作り方と、シェルスクリプトの実行ができる例題集を掲載しています。

Linuxは日常生活で触れるPCやタブレット、スマートフォンなどの操作方法であるGUIとは異なり、コマンドで操作するCUIの環境です。実際に触れて、コマンドを実行する経験を積むことで、よりLinuxとは何かを理解できるようになるでしょう。

シェルスクリプトの実行例題集は、まず実行して動きを理解するところから始めるとよいかと思い用意しました。スクリプトが何をしているのかを理解できたら、cpコマンドでコピーしてバックアップを取り、viエディタで編集してオリジナルのスクリプトにするのもよいでしょう。

それぞれLinuxの理解に役立てていただければ幸いです。

付録1

環境設定

Linuxの学習においては、とにかく実際にコマンドを入力して操作してみることが重要です。この節では実際にコマンドを入力して操作できる環境を設定していきます。

環境設定の概要

本書では、学習用にLinuxの仮想マシンのデータ（CentOS 7）を用意しています。用意しているデータはOracle社が提供するOracle VM VirtualBox(以降VirtualBox）で動作します。VirtualBoxは様々なOS上で仮想環境を提供できるアプリケーションです。普段使っているパソコンにインストールすることで、Windowsやmacを使いながらLinuxにも触れることができます。

対応しているOSは執筆時点で以下の通りです。

- Windows hosts (64-bit):
    - Windows 8.1
    - Windows 10
    - Windows 11 21H2
- macOS hosts (64-bit):
    - 10.15 (Catalina)
    - 11 (Big Sur)
    - 12 (Monterey)

※市販のOSインストール済みPCを想定し、サーバ用のOSやLinuxの対応OSは省いています。
※搭載されるCPUの種類によってはインストールできないことがあります。

以降、Windows10でのインストールについて案内します。

VirtualBoxのインストール

1 WindowsへVirtualBoxをインストールするには事前に「Microsoft Virtual C++ 2015-2022 Redistributable」のインストールが必要です。

下記URLへアクセスします。

https://learn.microsoft.com/ja-jp/cpp/windows/latest-supported-vc-redist?view=msvc-170

ダウンロードはWindows10であればX64の「https://aka.ms/vs/17/release/vc_redist.x64.exe」のリンクをクリックします。

2 ダウンロードした「VC_redist.x64.exe」を実行し、インストールします。

3 次にVirtualBoxのインストーラをダウンロードするため、下記URLへアクセスします。

https://www.virtualbox.org/wiki/Downloads

4 自分の環境に合わせたデータをクリックしてダウンロードします。

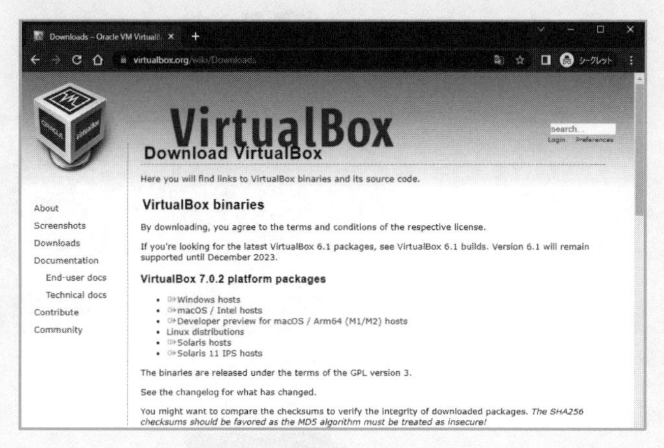

・Windows 10の場合：「Windows hosts」

・macOSの場合：「macOS / Intel hosts」

5 ダウンロードしたファイルをダブルクリックするとインストールが開始されます。

※この際、「このアプリがデバイスに変更を加えることを許可しますか？」といったインストールにおける警告メッセージが表示される場合は、「はい」をクリックして進めてください。

6 インストールウィザードが表示されるので、「Next >」をクリックします。

7 Custom Setup画面ではデフォルトのまま、「Next >」をクリックします。

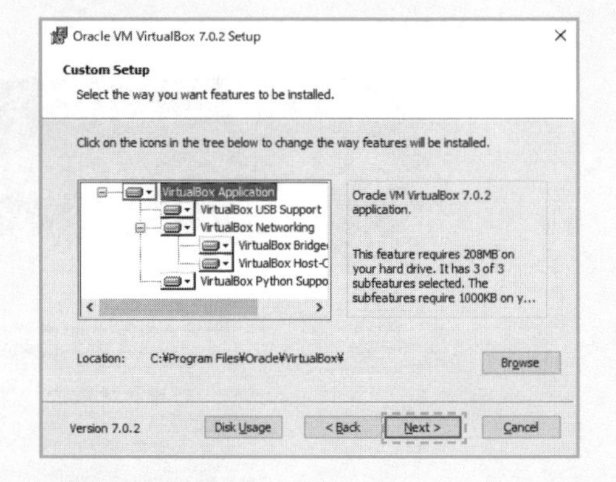

8 警告画面が表示されますので、「Yes」をクリックしてください。

※ネットワークが瞬間的に切断されます、という内容です。動画やWeb会議システムが一瞬止まるかもしれませんので、気になるようであれば対象のアプリケーションを一時停止したり、終了するとよいでしょう。

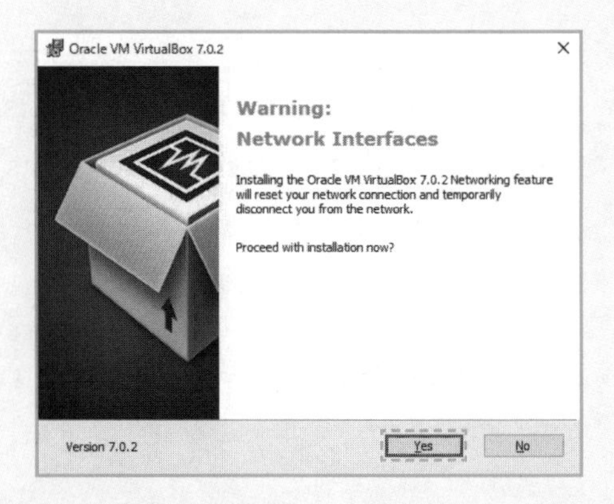

❾ 必要なアプリケーションをインストールするか確認する画面が表示されるので、「Yes」をクリックします。

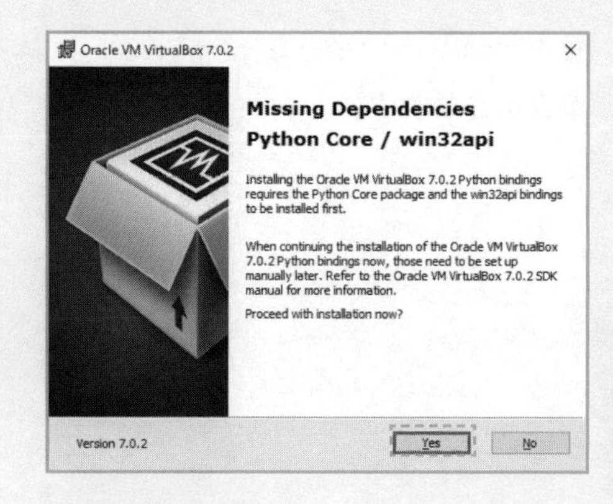

❿ インストールの準備が整ったことを知らせる画面に遷移するので「Install」をクリックし、インストールを開始してください。

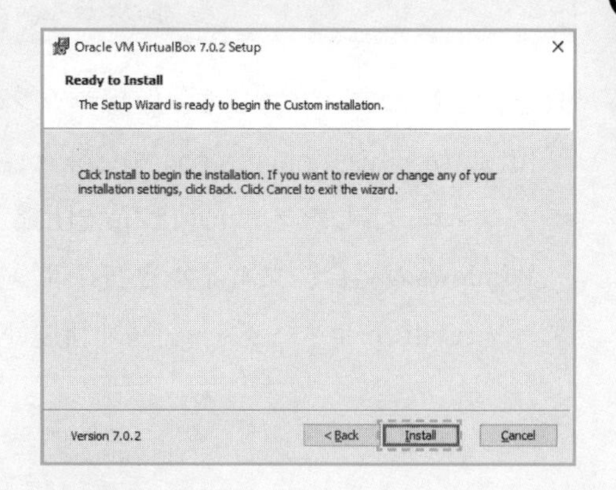

⓫ インストールが完了すると、以下の画面が表示されます。チェックボックスにチェックが入った状態で「Finish」をクリックしてください。

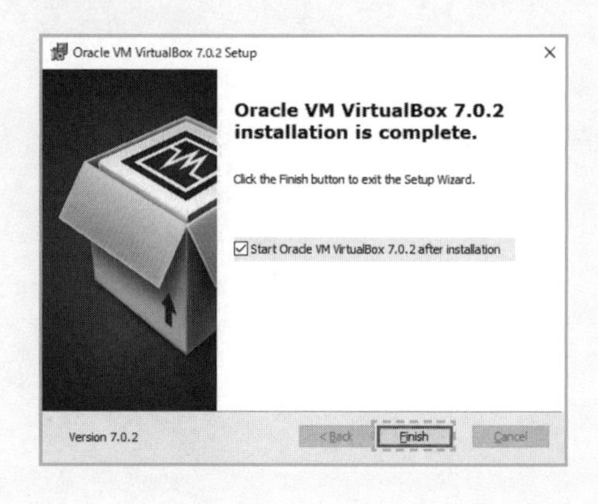

12 VirtualBox マネージャーの画面が表示されます。

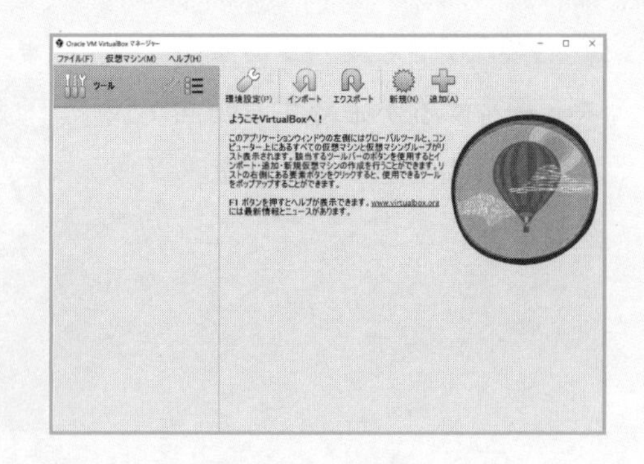

仮想マシンの設定

1 下記URLにアクセスして、仮想マシンのデータをダウンロードします。

https://www.shoeisha.co.jp/book/present/9784798177823/

2 ダウンロードしたファイルはZipで圧縮されているので、展開してください。

Windowsの場合、ファイルを右クリックして[すべて展開]を選択します。

3 「VirutalBoxマネージャー」の[新規(N)]アイコンをクリックします。

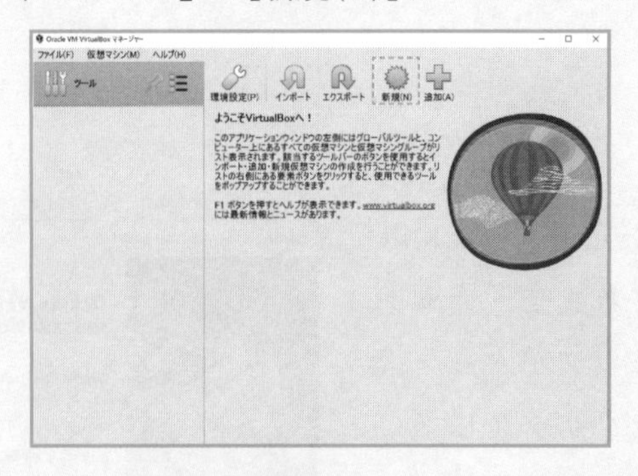

4 「Virual machine Name and Operating System」画面が表示されたら、名前に「CentOS7vm」と入力します。タイプが「Linux」、バージョンに「Red Hat(64bit)」が選択されているのを確認して「次へ」ボタンをクリックします。

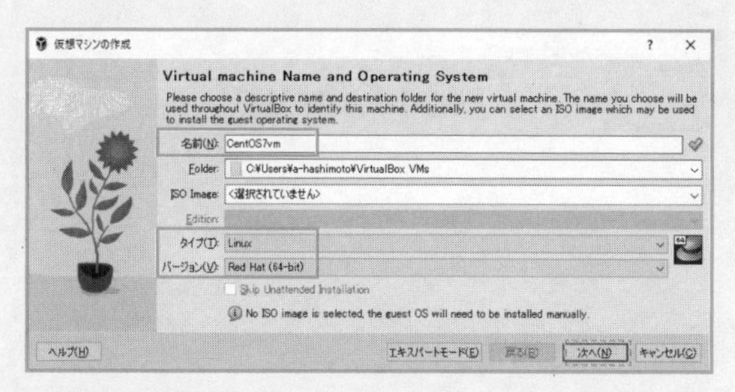

5 「Hardware」画面が表示されたら、メモリ容量を決めるテキストボックスを「1024MB」に設定し、「次へ」ボタンをクリックします。

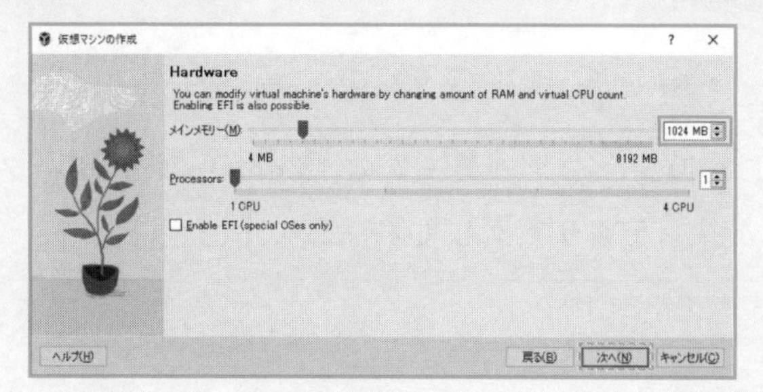

6 「Virtual Hard disk」画面が表示されたら、「Use an Existing Virtual Hard Disk File」をクリックし、プルダウン横のフォルダのマークをクリックします。

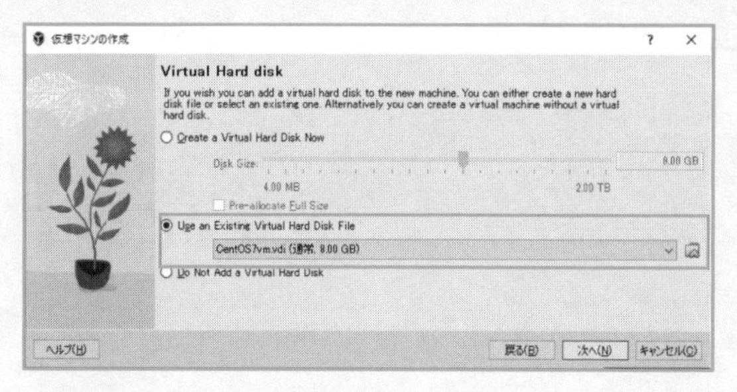

7 「ハードディスク選択」画面が表示されたら、「追加」ボタンをクリックします。

8 手順**2**で展開した仮想マシンのデータの「CentOS7vm.vdi」ファイルを選択して「開く」ボタンをクリックします。

9 選択画面に戻ったら「CentOS7vm.vdi」ファイルがハイライトされているので、「Choose」ボタンをクリックします。

10 「Virtual Hard disk」画面に戻るので、「次へ」ボタンをクリックします。

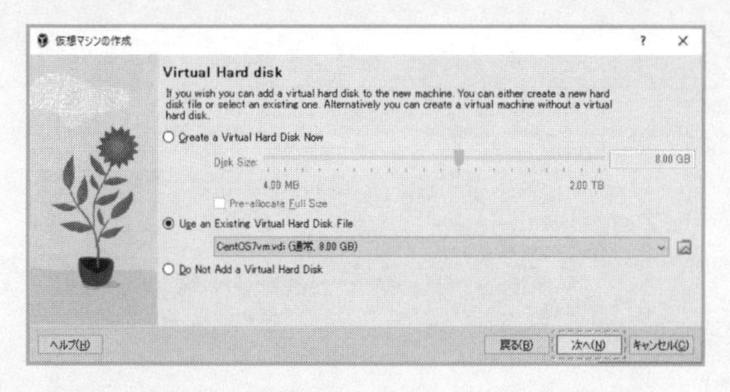

11 「概要」画面を確認し「完了」をクリックします。

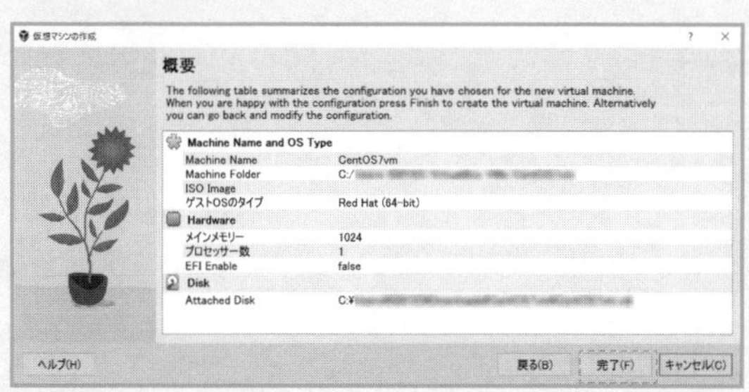

⑫ 最初の画面に戻ったら、「CentOS7vm」が選択されているので「設定」ボタンをクリックします。

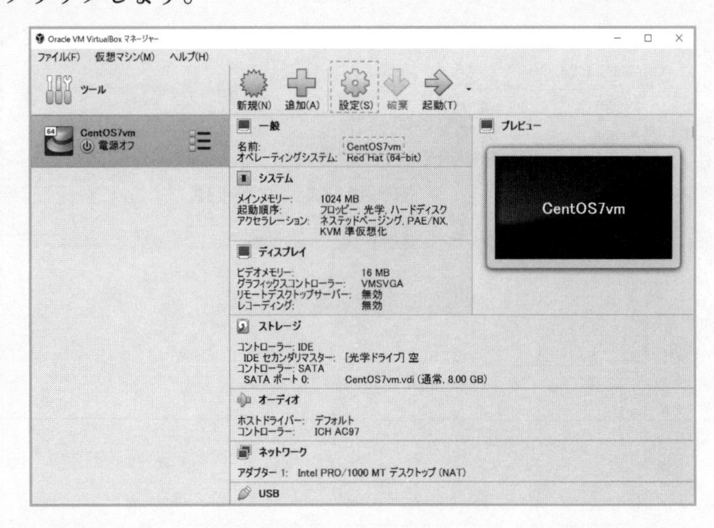

⑬ 設定画面が表示されたら、左のメニューから「ネットワーク」を選択し、割り当てを「ブリッジアダプター」にし、「OK」ボタンをクリックします。

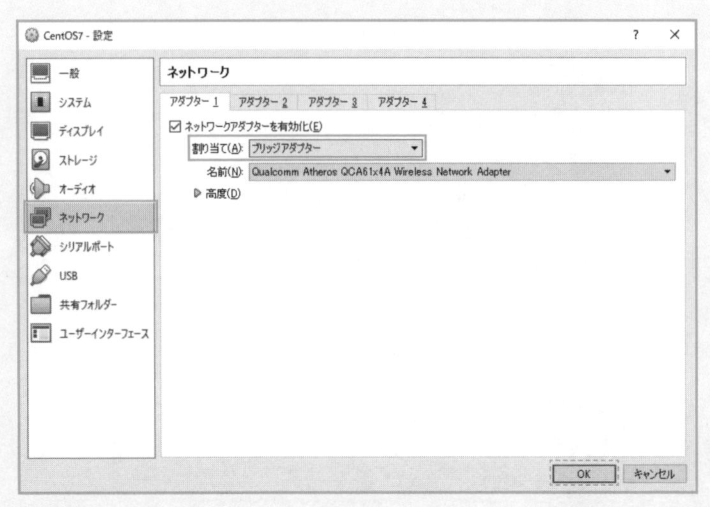

⑭ 最初の画面に戻りますので、画面右側上部の「起動」ボタンをクリックします。

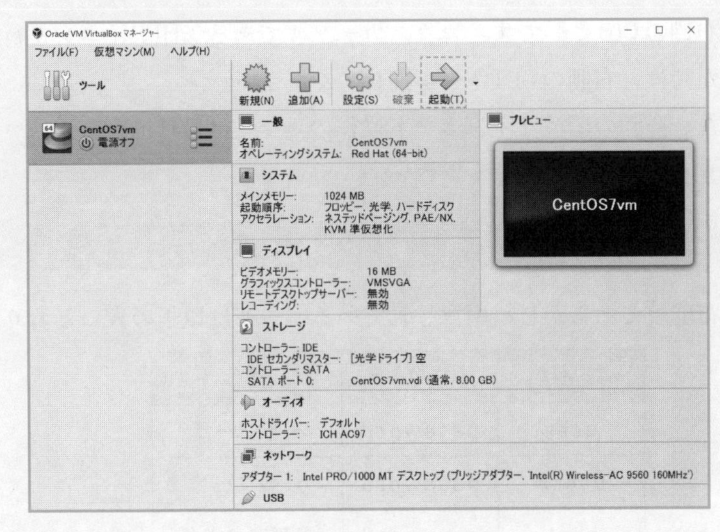

⑮ 下記ログイン画面が表示されるまでしばらく待ちます。

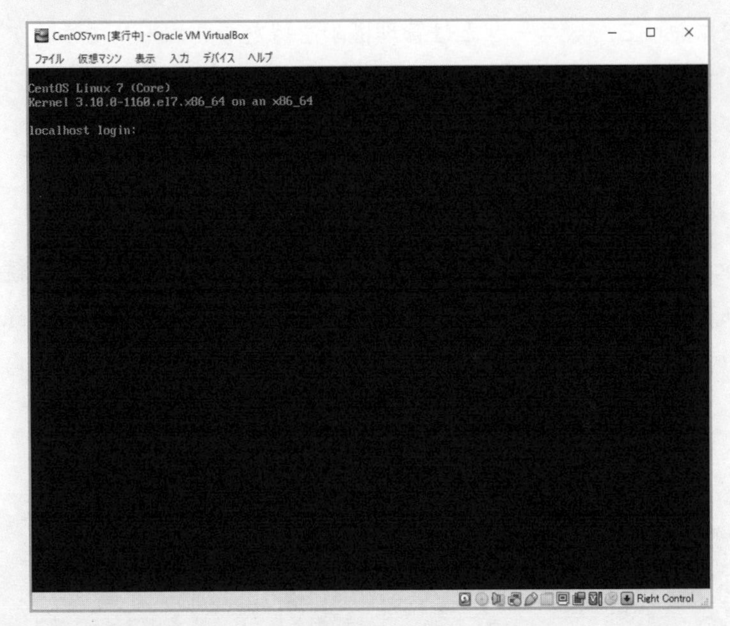

この画面が表示されればLinuxの準備は完了です。

VirtualBoxでは、Windows側を操作するモードと仮想の環境を操作するモードがあります。切り替えのキーは、ウィンドウ右下に表示されている通り、右側のCtrlキーです。マウスカーソルである矢印アイコンが行方不明になった時は、右側のCtrlキーを押してください。

また、今回の環境はキーボード操作のみを受け付けています。マウスを使用できませんのでご注意ください。

ログイン

配布環境であらかじめ用意されているユーザは以下の表のとおりです。

ユーザ名	パスワード	備考
user	password	一般ユーザ
user2	password	一般ユーザ
root	password	管理者ユーザ

表における一般ユーザとは管理権限を持たないユーザです。アプリケーションをインストールしたり、システムの設定を変更したりといった、大事な変更を加える作業は管理者ユーザのrootユーザのみに許されています。

では一般ユーザであるuserでログインしてみましょう。
「localhost login:」に、「user」を入力し、Enterキーを押します。続けて表示される「Password:」に「password」を入力してください。「Password:」の入力ではセキュリティ上、何文字入力したかは表示されません。自分の指を信じ、正しく入力してEnterキーを押しましょう。

```
localhost login: user
Password:
Last login : Sun Nov  6 11:44:48 on tty1
[user@localhost ~]$
```

ログインが成功すると、「[user@localhost ~]$」と表示されます。

これはプロンプトといい、今Linuxがコマンドを受け付けていますよ、という合図です。内容は、現状を表示しています。

user → ログインしたユーザ名
@localhost → ホスト名（マシン名）
~ → 現在地（カレントディレクトリ）
$ → 一般ユーザの場合の記号

※管理者ユーザであるrootユーザでログインした場合は、$記号ではなく#記号になります。
※プロンプトの表記はディストリビューションやバージョン、使用しているシェルなどにより異なります。

なお、ログインが失敗すると次のような表記になります。ユーザ名が間違っていないか、パスワードは正しく入力したかなどを確認し、再度入力してみましょう。

```
localhost login: user
Password:
Login incorrect

localhost login:
```

ログアウト

userの使用を終了するときやrootに切り替えたいときなどは、ログアウトが必要です。
「exit」コマンドを入力してEnterを押すと、ログイン画面に戻ります。

```
[user@localhost ~]$ exit
```

シャットダウン

シャットダウンとはアプリケーションを終了し、Linuxの電源を切ることを言います。Linuxは複数人が同時接続可能なマルチユーザ環境のため、基本的にはrootユーザのみシャットダウンが行えます。シャットダウンをするときは、rootユーザでログインし、「shutdown -h now」コマンドを実行しましょう。

```
localhost login: root
Password:
Last login : Tue Nov  8 11:34:04 on tty1
[root@localhost ~]# shutdown -h now
```

Linuxのシャットダウンをするのに、VirtualBoxのステータスバーにある「×」ボタンをクリックしても終了は可能です。

ただ、せっかくLinuxを学習していますので、コマンドでのシャットダウンを身に付けていきましょう。

シェルスクリプト例題集

シェルスクリプトは難しそうというイメージがあるかもしれませんが、まずは使ってみることから始めるとよいでしょう。本書で紹介した条件分岐処理ができるifコマンドや繰り返し処理ができるwhileコマンドを用いた簡単なシェルスクリプトを環境に用意しています。

まずはuserユーザでログインしましょう。

```
localhost login: user
Password:
Last login : Tue Nov  8 11:34:04 on tty1
[user@localhost ~]$
```

次に、カレントディレクトリをbinディレクトリに移動して､lsコマンドでどのようなファイルがあるかあげてみましょう。

```
[user@localhost ~]$ cd bin
[user@localhost bin]$ ls
args.sh  casetest.sh  fortest.sh  iftest.sh  sample.sh
whiletest.sh
```

lsコマンドで表示された.shで終わるファイルが今回用意したシェルスクリプトの例題になります。

現時点でのアクセス権や所有者なども確認しておきましょう｡ls -lコマンドを実行します。

```
[user@localhost bin]$ ls -l
total 24
-rw-r--r--. 1 user user  78 Nov 13 18:56 args.sh
-rw-r--r--. 1 user user 121 Nov 23 19:16 casetest.sh
-rw-r--r--. 1 user user  48 Nov 13 18:56 fortest.sh
-rw-r--r--. 1 user user  99 Nov 13 18:57 iftest.sh
-rw-r--r--. 1 user user  48 Nov 13 18:57 sample.sh
-rw-r--r--. 1 user user  66 Nov 13 18:57 whiletest.sh
```

ファイルに実行権はありません。後半で付与の仕方を紹介しますので、まずはbashコマンドで実行する方法を確認しましょう。

args.sh

シェルスクリプトの引数にした情報を、シェルスクリプトの中で使用できます。どんな記号で、どんな引数を取得できるのか確認できるのがargs.shです。

args.shの中身は下記の通りです。

```
#!/bin/bash
echo '$0=' $0
echo '$1=' $1
echo '$2=' $2
echo '$@=' $@
echo '$#=' $#
```

実行するときは、今回の場合bashコマンドを用います。

bashコマンドの後ろにシェルスクリプトファイルの名前を入力し、その後ろにスペースを区切りとして入れ、引数を入力します。

```
[user@localhost bin]$ bash args.sh aaa bbb ccc ddd
$0=args.sh
$1=aaa
$2=bbb
$@=aaa bbb ccc ddd
$#=4
```

どの記号が何を表しているかは、本書の「シェルの特殊な変数」のページを確認してください。

casetest.sh

caseコマンドは条件分岐処理を行えるコマンドの1つです。caseコマンドのすぐ後ろに指定された変数の内容により、処理を分岐させます。caseコマンドを使ったテストスクリプトがcasetest.shです。

casetest.shの中身は下記の通りです。

```
#!/bin/bash
case $1 in
  a) echo '$1 =' A ;;
  b) echo '$1 =' B ;;
  c) echo '$1 =' C ;;
  *) echo '$1 =' other ;;
esac
```

実行するときは、bashコマンドとシェルスクリプトの名前を使います。その後ろにスペースを区切りとして入れ、aを入力してみましょう。

```
[user@localhost bin]$ bash casetest.sh a
$1 = A
```

次は、最後の引数をbに変更し、入力してみましょう。

```
[user@localhost bin]$ bash casetest.sh b
$1 = B
```

次は、最後の引数をcに変更し、入力してみましょう。

```
[user@localhost bin]$ bash casetest.sh c
$1 = C
```

次は、最後の引数をdに変更し、入力してみましょう。

```
[user@localhost bin]$ bash casetest.sh d
$1 = other
```

このような挙動になるのはなぜか、本書の「条件分岐処理のコマンド」のページを参考に考えてみましょう。

fortest.sh

forコマンドは繰り返し処理を行えるコマンドの1つです。forコマンドのすぐ後ろに指定された変数名へ、inの後ろのリストを順次入れながらdoからdoneの間を繰り返します。forコマンドを使ったテストスクリプトがfortest.shです。

fortest.shの中身は下記の通りです。

```
#!/bin/bash
for i in `seq 3`
do
  echo $i
done
```

実行するときは、bashコマンドとシェルスクリプトの名前を使います。名前を入力し、実行してみましょう。

```
[user@localhost bin]$ bash fortest.sh
1
2
3
```

このような挙動になるのはなぜか、本書の「繰り返し処理のコマンド」のページを参考に考えてみましょう。

iftest.sh

ifコマンドは条件分岐処理を行えるコマンドの1つです。ifコマンドのすぐ後ろに条件式を設定します。条件式とマッチしている状態ならthen、マッチしていないならばelseの処理を行います。ifコマンドを使ったテストスクリプトがiftest.shです。

iftest.shの中身は下記の通りです。

```
#!/bin/bash
if [ -f $1 ]
then
  echo "$1 is regular file"
else
  echo "$1 is not regular file"
fi
```

実行するときは、シェルスクリプトの名前を使います。名前を入力し、今回は引数として/etc/passwdを指定します。

```
[user@localhost bin]$ bash iftest.sh /etc/passwd
/etc/passwd is regular file
```

次に、シェルスクリプトの名前を入力し、引数として/tmpを指定します。

```
[user@localhost bin]$ bash iftest.sh /tmp
/tmp is not regular file
```

このような挙動になるのはなぜか、本書の「条件分岐処理のコマンド」のページを参考に考えてみましょう。

whiletest.sh

whileコマンドは繰り返し処理を行えるコマンドの1つです。whileコマンドのすぐ後ろに条件式を設定します。条件式とマッチしている状態ならdoからdoneの間を繰り返します。条件とマッチしなくなれば繰り返しが終了します。whileコマンドを使ったテストスクリプトがwhiletest.shです。

whiletest.shの中身は下記の通りです。

```
#!/bin/bash
i=1
while [ $i -le 3 ]
do
  echo $i
  let i=i+1
done
```

実行するときは、シェルスクリプトの名前を使います。名前を入力し、実行してください。

```
[user@localhost bin]$ bash whiletest.sh
1
2
3
```

このような挙動になるのはなぜか、本書の「繰り返し処理のコマンド」のページを参考に考えてみましょう。

ファイル名のみでの実行方法

コマンドと同じようにファイル名だけで実行する場合、スクリプトファイルに実行権があり、かつ、環境変数PATHにスクリプトファイルが置かれているディレクトリの絶対パスの登録が必要です。

今回の環境であれば、chmodコマンドを使用し、スクリプトファイルへ実行権のアクセス権を付与してください。

※PATH変数に/home/user/binは登録済みのため追加設定しなくても問題ありません。

```
[user@localhost bin]$ chmod a+x args.sh
[user@localhost bin]$ ls -l args.sh
-rwxr-xr-x. 1 user user 78 Nov 13 18:56 args.sh
[user@localhost bin]$ echo $PATH
/usr/local/bin:/bin:/usr/bin:/usr/local/sbin:/usr/sbin:/
home/user/.local/bin:/home/user/bin
```

上記の通り設定ができれば、bashコマンドなしでも実行が可能です。

```
[user@localhost bin]$ args.sh aaa bbb ccc ddd
$0=args.sh
$1=aaa
$2=bbb
$@=aaa bbb ccc ddd
$#=4
```

正しく動作しない場合は下記を参考にして下さい。

●アクセス権が正しく設定されていない場合

```
[user@localhost bin]$ args.sh aaa bbb ccc ddd
-bash:/home/user/bin/args.sh: Permission denied
```

●環境変数PATHへの設定が正しくないor入力したスクリプトファイル名に誤りがある場合

```
[user@localhost bin]$ args.sh aaa bbb ccc ddd
-bash: args.sh: command not found
```

索引

記号

数字

A

B

T

U

V

W

X

Y

ア

橋本 明子（はしもと あきこ）

大学卒業後、IT講師職に4年半従事。UNIX・Linux・ネットワーク・プログラム・ストレージなど幅広い分野を担当。その後、産業ITシステムの開発業務に携わり、現在はエンキャリア株式会社の講師や、エンライズソリューション株式会社にて、エンジニアの育成責任者に従事しつつ、社外セミナーなどのLinux講師としても登壇。

松田 貴之（まつだ たかゆき）

大学を卒業後、2017年に株式会社エンライズコーポレーション（後のエンライズソリューション株式会社）に入社。入社後、データセンターでの運用監視業務を経て、現在は大手企業向けシステムの運用設計業務などを担当。

小井塚 早央里（こいづか さおり）

2017年に、未経験者対象の中途採用でエンライズコーポレーション（後のエンライズソリューション株式会社）に入社。入社後、オンプレ、データセンターおよびクラウド環境での監視運用業務を経て、現在はAWS環境でのWebポイントシステムのインフラ設計構築保守業務などを担当。

装丁・本文デザイン　MOAI（岩永香織）
挿画　SHIMA
組版　株式会社明昌堂

Linux教科書

図解でパッとわかる LPIC/LinuC

2023年4月25日 初版 第1刷発行

著者	橋本 明子(はしもと あきこ)、松田 貴之(まつだ たかゆき)、小井塚 早央里(こいづか さおり)
発行人	佐々木 幹夫
発行所	株式会社 翔泳社(https://www.shoeisha.co.jp)
印刷	昭和情報プロセス株式会社
製本	株式会社 国宝社

ISBN978-4-7981-7782-3 Printed in Japan